“十二五”职业教育国家规划教材
经全国职业教育教材审定委员会审定
普通高等教育“十一五”国家级规划教材

C语言程序设计与实训

第2版

主　编　周　屹　李　萍
副主编　聂相举　钟玉峰
参　编　李　朴　王　丁
主　审　王培东

机械工业出版社

本书是“十二五”职业教育国家规划教材，经全国职业教育教材审定委员会审定。本书在第 1 版的基础上，对各章节进行了局部内容和结构的调整，完善了例题并增加大量的实训案例，深入浅出地讲解了 C 语言基本概念、数据类型、基本结构、程序设计方法及典型设计案例。相比于第 1 版，本书层次更清晰、例题更丰富、实用性更强，便于教学组织和实践操作，注重培养学生的程序设计能力。

本书可作为普通高等院校应用型本科理工类专业学生的程序设计教材，也可以作为计算机专业本、专科学生学习计算机语言的入门教材。

为方便教学，本书配备电子课件等教学资源。凡选用本书作为教材的教师均可登录机械工业出版社教育服务网 www.cmpedu.com 免费下载。如有问题请致信 cmpgaozhi@sina.com，或致电 010-88379375 联系营销人员。

图书在版编目（CIP）数据

C 语言程序设计与实训 / 周屹，李萍主编．—2 版．—北京：机械工业出版社，2016.1

“十二五”职业教育国家规划教材　普通高等教育“十一五”国家级规划教材

ISBN 978-7-111-52588-2

Ⅰ．①C…　Ⅱ．①周…　②李…　Ⅲ．①C 语言－程序设计－高等学校－教材　Ⅳ．①TP312

中国版本图书馆 CIP 数据核字（2015）第 308200 号

机械工业出版社（北京市百万庄大街 22 号　邮政编码 100037）
策划编辑：刘子峰　责任编辑：刘子峰
责任校对：张　薇　封面设计：陈　沛
责任印制：李　洋
北京振兴源印务有限公司印刷
2016 年 1 月第 2 版·第 1 次印刷
184mm×260mm·16.5 印张·426 千字
0001－3000 册
标准书号：ISBN 978-7-111-52588-2
定价：35.00 元

凡购本书，如有缺页、倒页、脱页，由本社发行部调换

电话服务
服务咨询热线：010-88379833
读者购书热线：010-88379649

网络服务
机 工 官 网：www.cmpbook.com
机 工 官 博：weibo.com/cmp1952
教育服务网：www.cmpedu.com
金 书 网：www.golden-book.com

前　言

在众多的程序设计语言中，C 语言以其灵活性和实用性受到了广大计算机应用、设计人员的喜爱，也一直是许多计算机专业人员和程序爱好者学习程序设计的首选入门语言。

本书第 1 版于 2008 年 2 月出版，是普通高等教育“十一五”国家级规划教材。为了适应发展需要，并结合这些年的教学实践以及广大读者提出的建议和需求，我们对原书从结构到内容做了较大的增删和修改，特别是各章节增加了例题，方便教师教学，同时让学生更好地掌握和理解 C 语言，全面培养程序设计思想和能力。

本书由两部分构成：第一部分是 C 语言基础，第二部分是案例实训。课堂讲授时可根据学生及专业情况对内容酌情取舍。由于学时的限制，本书的第二部分可作为学生课外练习或课程设计内容，同时可对学生做不同层次的要求。

在内容安排上，本书在考虑与一般教材兼容的同时，在实用性方面又做了补充。与第 1 版相比，本次修订主要有以下几方面的调整：第 1 章中增加了算法与结构化程序设计的内容；调整了第 5～8 章整体框架和各小节的层次结构顺序，并对内容进行了调整；第 14 章中增加了简单计算器的内容；增加了第 15 章综合案例设计——游戏和第 16 章 C++简介，删除原第 15 章 Windows 程序设计；每章增加了许多连续性的例题，实训部分增加了实训目的和丰富的案例内容。

本书由长期承担程序设计基础课教学、具有丰富编程经验的一线教师编写。作者根据多年从事程序设计课程教学活动以及软件开发的经验，针对学生的认知规律，在详细阐述 C 语言基础知识的基础上，着重讨论了程序设计的基本原理、概念和方法，穿插演示性案例于理论讲解之中，使枯燥的理论变得更易于理解和接受。此外，每章安排了实训内容，目的是提高学生综合利用所学知识解决实际问题的能力。

本书由周屹、李萍主编，聂相举、钟玉峰任副主编，参加编写的还有李朴、王丁。其中，第 1、2、6、7、9 章由周屹编写，第 3、4、8、10 章由李萍编写，第 11、15 章由聂相举编写，第 5、12、16 章由钟玉峰编写，第 13 章和附录由李朴编写，第 14 章由王丁编写，全书由周屹统稿。王培东教授任主审。

本书在编写过程中，得到了各方面有关专家的大力支持和帮助，在此对所有人的工作与支持表示衷心的感谢。由于编者水平有限，书中难免存在不足，敬请广大读者批评指正。

编　者

目　录

1 第一部分 C 语言基础

第 1 章 C 语言概述

C 语言具有简洁紧凑、灵活方便、运算符与数据结构丰富、生成代码质量高、程序执行效率高等诸多优点，成为世界上应用最广泛的几种计算机语言之一。使用它不仅可以编写系统软件，也可以编写应用软件。

1.1 C 语言的演变

C 语言是由 UNIX 的研制者 Dennis Ritchie 和 Ken Thompson 设计的。C 语言是在 B 语言的基础上发展起来的，它的根源可以追溯到 ALGOL 60。1960 年出现的 ALGOL 60 是一种面向问题的高级语言，它离硬件比较远，不宜用来编写系统程序，因此在 1963 年英国的剑桥大学推出了 CPL（Combined Programming Language）语言。CPL 语言在 ALGOL 60 的基础上接近硬件一些，但规模比较大，难以实现。

C 语言的第一次发展在 1969 年到 1973 年之间，是由一种早期的被称为 B 语言的编程语言发展而来的。1967 年英国剑桥大学的 Matin Richards 对 CPL 语言作了简化，推出了 BCPL（Basic Combined Programming Language）语言。1970 年，美国贝尔实验室的 Ken Thompson 以 BCPL 语言为基础，又作了进一步简化，使得 BCPL 能压缩在 8KB 内存中运行，这个简单且很接近硬件的语言就是 B 语言（取 BCPL 的第一个字母），使用它写了第一个 UNIX 操作系统，并在 DEC PDP-7 上实现。但 B 语言过于简单，并且功能有限，和 BCPL 都是“无类型”的语言。

1973 年，C 语言被用于编写 UNIX 操作系统的内核，这是第一次用 C 语言来编写操作系统的内核。Dennis Ritchie 和 Brian Kernighan 在 1978 年出版了《C 程序设计语言》（The C Programming Language，经常简称为“白皮书”或“K&R”）。1980 年以后，贝尔实验室使 C 语言更为广泛地流行，并一度成为操作系统和应用程序编程的首选。甚至到今天，它仍被用于编写操作系统以及作为广泛的计算机教育的语言。

随着微型计算机的日益普及，出现了许多 C 语言版本。1983 年，美国国家标准委员会（ANSI）对 C 语言进行了标准化，并颁布了第一个 C 语言标准草案（83 ANSI C），后来于 1987 年又颁布了另一个 C 语言标准草案（87 ANSI C）。最新的 C 语言标准是在 1999 年颁布并在 2000 年 3 月被 ANSI 采用的 C99。20 世纪 80 年代晚期，Bjarne Stroustrup 和贝尔实验室为 C 语言添加了面向对象的特性，扩展出 C++语言。目前，C++语言已广泛应用于基于 Microsoft Windows 系统平台的商业应用程序的编写。然而 C 语言的特点和优势，使其仍然是 UNIX 世界的热门编程语言。

1.2 C 语言的特点

C 语言广泛应用于不同的操作系统，如 UNIX、MS-DOS、Microsoft Windows 及 Linux

等。C 语言是一种面向过程的语言，同时具有高级语言和汇编语言的优点。在 C 语言的基础上发展起来的有支持多种程序设计风格的 C++语言，以及现在网络上广泛使用的 Java、JavaScript、微软的 C#等。

许多著名的系统软件，如 DBASE Ⅲ PLUS、DBASE Ⅳ、Windows 操作系统、UNIX 操作系统等都是由 C 语言编写的。使用 C 语言并加上一些汇编语言的子程序，就更能显示出 C 语言的优势，如 PC-DOS、WORDSTAR 等。归纳起来，C 语言具有下列特点。

1．C 语言是结构化语言

结构化语言的显著特点是代码及数据的分隔化，即程序的各个部分除了必要的信息交流外彼此独立。这种结构化方式可使程序层次清晰，便于使用、维护及调试。C 语言是以函数形式提供给用户的，这些函数可方便地调用，提供了多种循环语句和条件语句实现控制程序流向，使程序完全结构化。

2．C 语言功能齐全

C 语言具有各种各样的数据类型，并引入了指针概念，使程序效率更高。C 语言还具有强大的图形功能，支持多种显示器和驱动器，而且计算功能、逻辑判断功能也比较强大，可以实现决策目的。

3．C 语言适用范围广

C 语言的一个突出优点就是适用于多种操作系统，同时也适用于多种机型。由于实现了对硬件的编程操作，因此C语言集高级语言和低级语言的功能于一体，既可用于系统软件的开发，也适合于应用软件的开发。

C语言还具有生成目标代码质量高、程序执行效率高的特点。此外，与汇编语言相比，用 C 语言编写的程序可移植性好。但 C 语言对程序员要求也高，较其他高级语言在学习上要困难一些。

目前较为流行的C语言有几个版本：Microsoft C 或称为 MS C、Borland Turbo C 或称为 Turbo C、AT&T C，这些C语言版本不仅实现了 ANSI C 标准语法，而且在此基础上各自作了一些扩充，使之更加方便、完美。

4．C 语言的语法特点

1）C 语言简洁、紧凑，使用方便、灵活。ANSI C 一共有 32 个关键字，在 C 语言中，关键字都是小写的。

2）运算符丰富，共有 34 种。C 语言把括号、赋值符号、逗号等都作为运算符处理。C 语言丰富的运算符，可以实现其他高级语言难以实现的运算。

3）数据结构类型丰富。

4）具有结构化的控制语句。

5）语法限制不太严格，程序设计自由度大。

6）C 语言允许直接访问物理地址，能进行位（bit）操作，能实现汇编语言的大部分功能，可以直接对硬件进行操作。

在 C 语言的基础上，贝尔实验室又推出了 C++语言。C++语言进一步扩充和完善了 C 语言，成为一种面向对象的程序设计语言。C++语言目前流行的版本有 Borland C++ Builder 6.0、Microsoft Visual C++ 6.1 和 Microsoft Visual C++ 2012。C 语言是 C++语言的基础，C++语言和C语言在很多方面是兼容的，因此掌握了C语言，再进一步学习 C++语言，以一种熟悉的语法来学习面向对象的语言，可以达到事半功倍的效果。

1.3　C 语言的编写过程

程序是为实现特定目标或解决特定问题而用计算机语言编写的命令序列集合，即使用某种计算机语言编写程序来完成特定任务。用 C 语言编写的程序称为源程序（Source Program）。C 语言程序设计是一种结构化程序设计，它利用 C 语言运行环境来实现各种算法，以完成特定的目标。

1.3.1　程序开发过程

将源程序翻译成机器语言的过程称为编译，由于计算机本身并不能直接理解这样的程序，需要经过解释程序或编译程序将其翻译成机器语言，计算机才能理解并运行程序。编译的结果是得到了源程序的目标代码（Object Program），还要将目标代码与系统提供的函数和自定义的过程（或函数）链接起来，最后得到机器可执行的程序，称为可执行程序或可执行文件。

1. 源程序翻译

C 语言源程序的扩展名为.c。它是不能直接在计算机上运行的，必须通过机器翻译成目标代码，再将目标代码链接成可加载模块（可执行文件），才能在计算机上运行。这种把源程序翻译成目标代码的程序称为编译器或翻译器。适合 C 语言的编译器不止一种，不同的机器、不同的操作系统可能会有一种或多种不同的编译器。C 语言源程序的翻译过程如图 1-1 所示。它由词法分析器、语法分析器和代码生成器 3 部分组成。

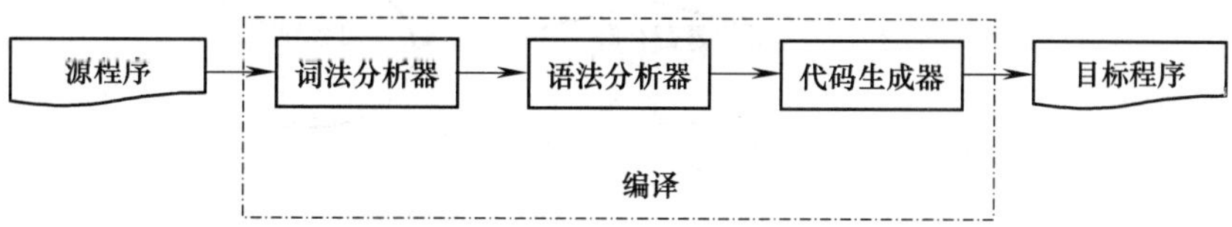

图 1-1　程序语言翻译过程

（1）词法分析器

词法分析器（Lexical Analyzer）主要是对源程序进行词法分析，它是按单个字符的方式阅读源程序，并且识别出哪些符号的组合可以代表单一的单元，并根据它们是否是数字值、单词（标识符）、运算符等，将这些单词分类。词法分析器将词法分析结果保存在一个结构单元里，这个结构单元称为记号（Token），并将这个记号交给语法分析器。词法分析器会忽略源程序中的所有注释。

（2）语法分析器

语法分析器（Parser）直接对记号进行分析，并识别每个成分所扮演的角色。这些语法规则也就是程序设计语言的语法规则。

（3）代码生成器

代码生成器（Code Generator）将经过语法分析后没有语法错误的程序指令转换成机器语言指令。

如果源程序没有错误，就会生成一个目标代码程序，具体的命令与每种程序语言的编译器有关。

2. 链接目标程序

通过翻译产生的目标代码程序尽管是机器语言的形式，但却不是机器可以执行的方式，目标程序只是一些松散的机器语言，要获得可执行的程序，还需要将它们链接起来。

程序的链接工作由链接器（Linker）来完成。链接器的任务就是将目标程序链接成可执行的程序（或称载入模块），这种可执行的程序是一种可存储在磁盘存储器上的文件。

上面对程序进行编译、链接都只针对了一个源程序文件，实际上，可以将多个源程序文件通过编译，链接成一个可执行文件。

对于程序的编译、链接，有必要强调以下几点：

1）并不是任何目标程序都可以链接成可执行程序。

2）被链接成可执行程序的目标程序中，只允许在一个程序中有且仅有一个可被加载的入口点。

3）对于具体的程序语言，编译、链接程序的方法会有所不同，针对某一种程序语言的编译器，不可以用于对另一种源程序语言的编译。

4）上面对 C 语言进行编译、链接的方式并不是唯一的，它允许有一些其他的变化，具体可参考各编译器的使用说明。

一个 C 语言程序的具体开发步骤如图 1-2 所示。

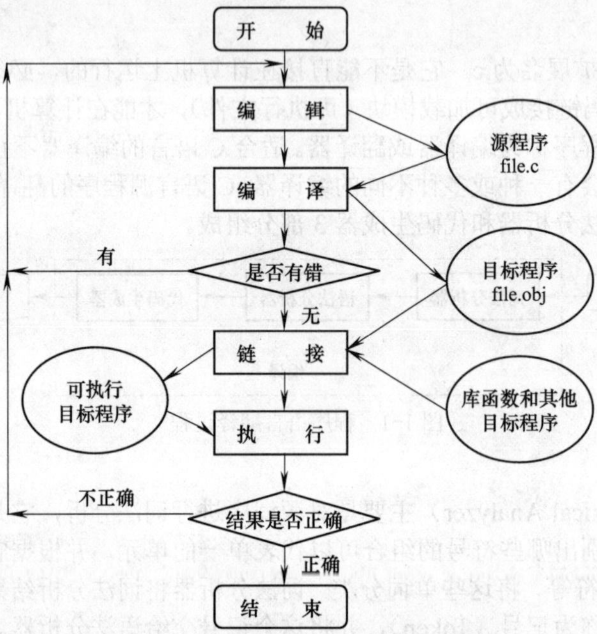

图 1-2 C 语言程序的具体开发步骤

从图 1-2 中可以看出，一个 C 语言程序的开发需经过编辑、编译、链接和执行 4 个步骤。源程序经过编译器（编译程序）被翻译成目标程序，再通过链接器（链接程序）与其他目标程序或库函数链接起来，生成可存储在外存中的可执行程序。生成了可执行程序，就可以反复地被加载执行，而不需要重新编译、链接，如果修改了源程序，也不会影响到已生成的可执行程序，除非对修改后的源程序重新编译和链接，生成一个新的可执行程序。目前 C 语言程序的开发都是在集成开发环境（如 Turbo C、Visual C++、C-Free、Dev-C++、Codeblocks 等）中进行的，程序的编辑、编译、链接和执行 4 个步骤都在一个窗口中进行，极大地简化了编程过程，提高了编程效率。

1.3.2 算法与结构化程序设计

结构化程序设计方法是从 20 世纪 70 年代开始逐步形成的一种程序设计方法。它要求程序员按照一定的规范，采用成熟的设计方法进行程序设计。它强调程序的风格、程序结构的规范化以及自顶向下、逐步细化和模块化的设计方法，追求的主要目标是提高程序的易读性和易维护性。

Bohn 和 Jacopini 于 1966 年就提出了结构化程序设计的理念。结构化程序设计思想和方法的引入，使程序结构更清晰，易于阅读、修改和验证，从而提高了程序设计的质量和效率。

结构化程序设计方法适用高级语言表示的结构化算法。该方法的基本思路是将一个复杂问题的求解过程分阶段进行，每个阶段处理的问题都控制在人们容易理解和处理的范围内。

1．结构化程序设计的原则

1）自顶向下。程序设计时，应该先总体，后细节；先全局，后局部。一开始不要过多地追求细节，应从最上层总体目标开始，逐步使问题具体化。

2）逐步细化。复杂问题分解成一些子问题，逐步细化。

3）模块化设计。所谓模块化设计，就是按模块组装的方法编程。把一个待开发的软件分解成若干个小的、简单的部分，称为模块。每个模块都独立地开发、测试，最后再组装出整个软件。这种开发方法是在软件开发领域中对待复杂事务所采用的“分而治之”的一般原则。

模块化澄清和规范了软件中各部分间的界面，便于的软件设计人员团队工作，也促进了更可靠的软件设计实践。

4）结构化编码。软件开发的最终目的是产生能在计算机上执行的程序，即使用选定的程序设计语言，把模块的过程性描述翻译为用该语言书写的源程序（源代码）。重要的是结构化编码的思想，具备了该思想，语言就只是工具了。

总体来说，程序设计应该强调简单而清晰。结构化程序设计方法以算法为核心，程序=算法+数据结构，算法和数据结构是两个独立的整体。

早在计算机发明以前，算法就是数学家的工具，被用来描述特定问题的解决方法。开发出来的算法是以人能理解的语言描述的，为了让计算机能接受算法，计算机必须具有自己的语言系统。计算机能理解的语言被称作程序设计语言，程序设计语言规定了书写程序可使用的一组记号和一组语法规则。做任何事情都有一定的步骤，为解决一个问题而采取的方法和步骤，称为算法。计算机能够执行的算法就是计算机算法。计算机算法可分为数值运算算法和非数值运算算法两大类。

例 1-1　求 5!（5! =1×2×3×4×5）。

最开始算法为：步骤 1：先求 1×2，得到结果 2。
步骤 2：将步骤 1 得到的乘积 2 乘以 3，得到结果 6。
步骤 3：将 6 再乘以 4，得 24。
步骤 4：将 24 再乘以 5，得 120。

这样的算法虽然正确，但太繁。

改进后的算法如下：S1：使 t=1。
S2：使 i=2。
S3：使 t×i，乘积仍然放在变量 t 中，可表示为 t×i→t。
S4：使 i 的值+1，即 i+1→i。
S5：如果 i≤5，返回重新执行步骤 S3 以及其后的 S4 和 S5；否则，算法结束。

如果计算 66! 只需将 S5 中的 i≤5 改成 i≤66 即可。改进后的算法不仅正确，而且是较好的算法，因为计算机是高速运算的自动机器，实现循环轻而易举。

2．算法的特性

并不是所有组合起来的操作步骤都可以称为算法。算法必须符合以下5项基本特性：

1）有穷性。一个算法应包含有限的操作步骤而不能是无限的。

2）确定性。算法中每一个步骤应当是确定的，并且在任何条件下算法都只能有一条可执行路径，无歧义性。

3）可行性。算法中所有操作都必须是可执行的。如果按照算法逐步去做，将得到确定的结果。

4）有零个或多个输入。在程序运行过程中，有的数据是需要在算法执行过程中输入的，而有的算法表面上看没有输入，但实际上数据已经被嵌入其中了。没有输入的算法是缺少灵活性的。

5）有一个或多个输出。算法进行信息加工后应该得到至少一个结果，没有输出的算法是没有用的。

3．算法的表示

表示一个算法可以用不同的方法，常用的有自然语言、传统流程图、N-S流程图、伪代码等。

（1）用自然语言表示算法

自然语言就是人们日常使用的语言，可以是汉语、英语或其他语言。用自然语言表示算法通俗易懂，但文字冗长，容易出现“歧义性”。自然语言表示的含义往往不严格，要根据上下文才能判断其正确含义，描述包含分支和循环的算法时也不方便。因此，除了有些很简单的问题外，一般不用自然语言描述算法。如例1-1的算法就是用自然语言表示的。

（2）用传统流程图表示算法

美国国家标准化协会（American National Standard Institute, ANSI）规定了一些常用的流程图符号，如图1-3所示。

例1-1用传统流程图表示如图1-4所示。

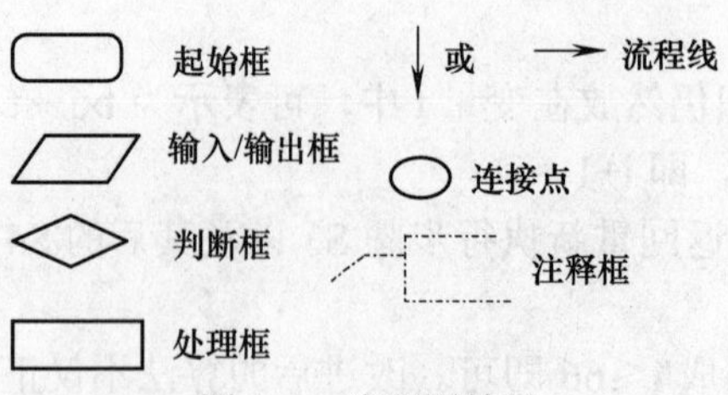

图1-3　流程图符号

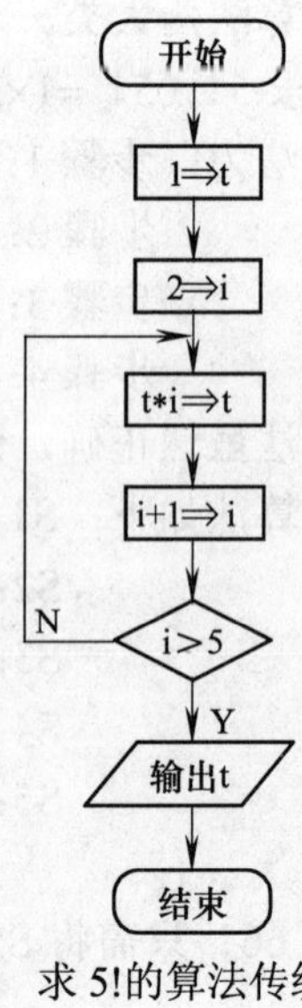

图1-4　求5!的算法传统流程图

传统流程图用流程线标出各框的执行顺序，对流程线的使用没有严格限制。因此，使用者可以不受限制地将流程线随意地转向，使流程图变得毫无规律，而阅读者要花大量的精力去追踪流程，使算法的逻辑难以理解。

（3）用N-S流程图表示算法

1973 年提出了一种新的流程图形式。在这种流程图中，完全去掉了带箭头的流程线，全部算法写在一个矩形框内，在该框内还可以包含其他的从属于它的框，或者说由一些基本的框组成一个大的框。这种流程图又称 N-S 结构化流程图。

用 N-S 流程图描述例 1-1 求 5！的算法，如图 1-5 所示。

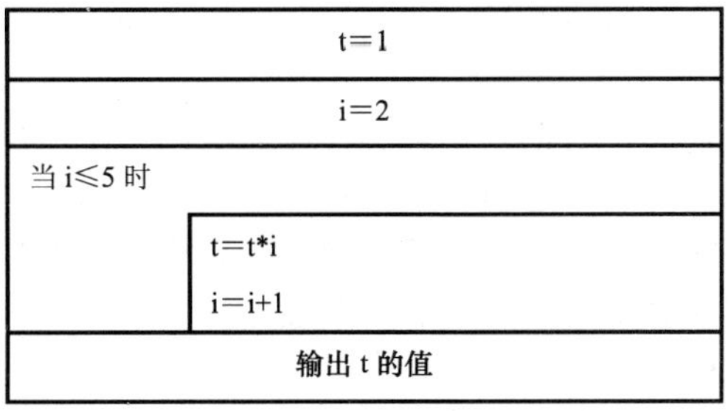

图 1-5　N-S 流程图

（4）用伪代码表示算法

伪代码是用介于自然语言和计算机语言之间的文字和符号来描述算法。它如同一篇文章一样，自上而下地写下来，每一行（或几行）表示一个基本操作。它不用图形符号，因此书写方便、格式紧凑，也易懂，便于向计算机语言算法（即程序）过渡，适用于设计过程中需要反复修改时的流程描述。

例 1-2　打印 x 的绝对值。

用伪代码表示为：

```
IF x is positive
THEN print x
ELSE print -x
```

也可以用汉字伪代码表示为：

```
若 x 为正  打印 x
否则  打印-x
```

还可以中英文混用，例如：

```
IF x 为正  print x
ELSE print -x
```

4．算法评价

算法评价的目的首先是从解决同一个问题的不同算法中选择出较为合适的一种，其次是知道怎样对现有算法进行改进，进而设计出更好的算法。对于算法的评价可以从以下几个方面进行：

（1）正确性

正确性是设计和评价算法的首要条件。一个正确的算法是指在有合理的数据输入情况下，能够在有限的运行时间内得出正确的结果。要从理论上证明一个算法的正确性，并不是一件容易的事，所以通常可采用各种典型的输入数据上机调试算法，并使算法中的每段代码都通过测试，若发现错误及时修正，最终可以验证出算法的正确性。

（2）健壮性

健壮性是指一个算法对不合理（又称为不正确、非法、错误等）数据输入的反应和处理能力。一个好的算法应该能够识别出错误数据并进行相应的处理。对错误数据的处理一般包括打印错误信息、调用错误处理程序、返回标识错误的特定信息、中止程序运行等方法。

（3）可读性

可读性是指一个算法供人们阅读和理解的容易程度。一个可读性好的算法，应该符合结构化和模块化程序设计的思想；应该对其中的每个功能模块、重要数据类型或语句加以必要注释；应该建立相应的文档，对整个算法的功能、结构、使用及有关事项进行说明。

（4）简单性

简单性是指一个算法所采用数据结构和方法的简单程度，如对数组进行查找时，采用顺序查找的方法比采用二分查找的方法要简单；对数组进行排序时，采用简单选择排序的方法比采用堆排序或快速排序的方法要简单。但最简单的算法往往不是最有效的，即有可能占用较长的运行时间和较多的存储空间。算法的简单性是便于用户编写、分析和调试，所以对于处理少量数据的情况是适用的，但若要处理大量的数据，则算法的有效性比简单性更重要。有效性主要表现为时间复杂度和空间复杂度。

（5）时间复杂度

时间复杂度是指计算机执行一个算法时在时间上的消耗度量。度量一个程序的执行时间通常有两种方法：事后统计和事前分析估算。

（6）空间复杂度

空间复杂度是指在一个算法的运行过程中，对临时耗费的存储空间的度量，而不包括问题的原始数据占用的空间（因为这些单元与算法无关）。

目前由于计算机硬件的发展，一般都有足够的内存空间，因此在算法评价中应着重考虑时间因素。

1.4　简单C程序介绍

为了说明C语言源程序结构的特点，先看以下几个程序。这几个程序由简到难，表现了C语言源程序在组成结构上的特点。虽然有关内容还未介绍，但可从这些例子中了解到组成一个C语言源程序的基本组成和书写格式。

例1-3　在屏幕上显示“Hello，C!”。

```
#include <stdio.h>
main()                          /*主函数*/
{
    printf("Hello, C!\n");          /*输出语句*/
}
```

C语言源程序的结构特点如下：一个C语言源程序可以由一个或多个源文件组成；每个源文件可由一个或多个函数组成；一个源程序不论由多少个文件组成，都有一个且只能有一个main函数，即主函数。

例1-3中main是主函数的函数名，表示这是一个主函数。每一个C语言源程序都必须有且只能有一个主函数。一对花括号“{}”是主函数的定界符，例1-3中主函数中只有一个语句，该语句中调用了格式输出库函数 printf()，用于向屏幕上输出一个字符串。printf 函数的功能是把要输出的内容送到标准输出设备上，默认的标准输出设备是显示器。由“/*”和“*/”括起来的任何文字是注释，程序不执行注释部分。语句用分号结束。

主函数体分为两部分：一部分为说明部分；另一部分为执行部分。说明是指变量的类型说明。例 1-3 中未使用任何变量，因此无说明部分。

C 语言规定，源程序中所有用到的变量都必须先说明，后使用，否则将会出错。这一点是编译型高级程序设计语言的一个特点。说明部分是 C 语言源程序结构中很重要的组成部分。

例 1-4　输出两个变量的和。

```
#include <stdio.h>
void main()
{
    int x,y;          /*变量定义语句：定义两个整型变量 x、y*/
    x=2;              /*可执行的赋值语句：将 2 赋值给变量 x*/
    y=5;      /*可执行的赋值语句：将 5 赋值给变量 y*/
    printf("%d\n",x+y);
}
```

本例中使用了两个变量 x、y，用类型说明符 int 来说明这两个变量。说明部分后的 3 行为执行部分或称为执行语句部分，用以完成程序的功能。执行部分的第一、二行是赋值语句，printf 函数在显示器上输出表达式 x+y 的值 7，至此程序结束。

例 1-5　利用函数实现输出最小值。

```
#include <stdio.h>
int min(int a,int b);                 /*函数说明*/
void main()                               /*主函数*/
{
    int x,y,z;                        /*变量说明*/
    printf("input two numbers：\n");
    scanf("%d%d",&x,&y);          /*输入 x、y 的值*/
    z=min(x,y);                   /*调用 min 函数*/
    printf("nin number=%d",z);        /*输出*/
}
int min(int a,int b)              /*定义 min 函数*/
{
    if(a<b) return a; else return b; /*把结果返回主函数*/
}
```

例 1-5 中程序的功能是由用户输入两个整数，程序执行后输出其中较小的数。程序由两个函数组成，主函数 main()和求最小值函数 min()。函数之间是并列关系，可从主函数中调用其他函数。min 函数的功能是比较两个数，然后把较小的数返回给主函数。min 函数是一个用户自定义函数，因此在主函数中要给出说明。可见，在程序的说明部分中，不仅可以有变量说明，还可以有函数说明。关于函数的详细内容将在以后章节中介绍。

例 1-5 中程序的执行过程如下：首先在屏幕上显示提示串，请用户输入两个数，回车后由 scanf 函数接收这两个数并送入变量 x、y 中；然后调用 min 函数，并把 x、y 的值传送给 min 函数的参数 a、b；在 min 函数中比较 a、b 的大小，把较小的数返回给主函数的变量 z，最后在屏幕上输出 z 的值。

C 语言词汇分为 6 类：标识符、关键字、运算符、分隔符、常量、注释符。

1．标识符

在 C 语言中，标识符是程序的基本语法单位。标识符是一个名称，在程序中使用的变量名、函数名、标号等统称为标识符。除库函数的函数名由系统定义外，其余都由用户自定义。

C 语言规定，标识符只能是由字母（A～Z 和 a～z）、数字（0～9）和下画线（_）组成的字符串，并且其第一个字符必须是字母或下画线。

由用户根据需要定义的标识符称为用户标识符。用户标识符一般被用来给变量、函数、数组、语句标号或文件等命名。例如，a、b、_2x、y、BOOK1、max5、yes 等均是合法的用户标识符；而-3x（以负号开头）、123$（以数字开头）、s*T（出现非法字符*）、char（系统关键字）等均是非法的用户标识符。

标识符命名时应注意以下几点：

1）“见名知意”。标识符虽然可由程序员随意定义，但标识符是用于标识某个量的符号。因此，命名应尽量有相应的意义，以便阅读理解。所谓“见名知意”就是指通过变量名就知道变量值的含义。通常应选择能表示数据含义的英文单词（或缩写）作变量名，或汉语拼音字头作变量名，如 sum（求和）、max（最大）、PI（π）、BT（β）等。

2）大小写有区别。习惯上变量名、函数名等用小写，如 x、book、min()等；符号常量用大写，如 BOOK、PI、BT 等。其中，小写的 book 和大写的 BOOK 是两个不同的标识符。

3）用户标识符决不能与系统规定的关键字同名，如“int=3”“float=3.0”是非法的；也不要使用系统提供的标准库函数的函数名（如 printf、getchar、fabs 等）和编译预处理命令（如 define、include 等）。

4）尽量不要用下画线开头且长度不超过 8 位。原因是 Turbo C 系统内部使用了部分用下画线开头的标识符，如_fd、_cs、_ds、_ss 等十几个扩展关键字。

标准 C 语言不限制标识符的长度，但它受各种版本的 C 语言编译系统限制，同时也受到具体机器的限制。例如，在某版本 C 语言中规定标识符前 8 位有效，当两个标识符前 8 位相同时，则被认为是同一个标识符。

2．关键字

关键字是由 C 语言规定的具有特定意义的字符串，又称为保留字。它是由系统提供的，表示特定的语法成分。

所有的关键字均为小写字母，专供系统本身使用，用户定义的标识符不应与关键字相同。下面分别给出 ANSI C 规定的 32 个关键字，见表 1-1。

表 1-1　关键字

auto	break	case	char	const	continue	default
do	double	else	enum	extern	float	for
goto	if	int	long	register	return	short
signed	static	sizeof	struct	switch	typedef	union
unsigned	void	volatile	while			

C 语言的关键字分为以下几类：

1）类型说明符。用于定义、说明变量、函数或其他数据结构的类型，包括 char、double、enum、float、int、long、short、signed、struct、union、unsigned、void 共 12 个。如前面例题中用到的 int。

2）语句定义符。用于表示一个语句的功能，如例 1-3 中用到的 if else 就是条件语句的语句定义符。包括 break、case、continue、default、do、else、for、goto、if、return、switch、while 共 12 个。

3）存储类别关键字。包括 auto、extern、register、static 共 4 个。

4）其他关键字。包括 const、sizeof、typedef、volatile 共 4 个。

3. 运算符

C 语言中含有相当丰富的运算符。运算符与变量、函数一起组成表达式，表示各种运算功能。运算符由一个或多个字符组成。

4. 分隔符

在 C 语言中采用的分隔符有逗号和空格两种。逗号主要用在类型说明和函数参数表中，分隔各个变量。空格多用于语句各单词之间，作间隔符。在关键字、标识符之间必须要有一个以上的空格符作间隔，否则将会出现语法错误。例如，把“int a;”写成“inta;”则 C 语言编译器会把 inta 当成一个标识符进行处理，其结果必然出错。

5. 常量

C 语言中使用的常量可分为数字常量、字符常量、字符串常量、符号常量、转义字符等多种常量。

6. 注释符

C 语言的注释符是以“/*”开头并以“*/”结尾的串，在“/*”和“*/”之间的即为注释。程序编译时，不对注释作任何处理。注释可出现在程序中的任何位置。注释用来向用户提示或解释程序的意义。在调试程序中对暂不使用的语句也可用注释符括起来，使翻译程序跳过它不作处理，待调试结束后再去掉注释符。

1.5 C 语言编程环境简介

适合 C 语言的集成开发工具很多，如 Turbo C、Borland C++、Microsoft C、Visual C++、Dev C++、C++ Builder、Gcc 等。这些集成开发工具各具特点，分别适合于 DOS 环境、Windows 环境和 Linux 环境，几种常用的 C 语言开发工具的基本特点和所适合的环境见表 1-2。

表 1-2 几种常用的 C 语言开发工具

开发工具	运行环境	各工具的差异	基本特点
Turbo C	DOS	不能开发 C++语言程序	1. 符合标准 C 2. 各系统具有一些扩充内容 3. 能开发 C 语言程序（集程序编辑、编译、链接、调试、运行于一体）
Borland C	DOS		
Microsoft C	DOS		
Visual C++	Windows	能开发 C++语言程序（集程序编辑、编译、链接、调试、运行于一体）	
Dev C++	Windows		
Borland C++	DOS、Windows		
C++ Builder	Windows		
Gcc	Linux		

从表 1-2 中可以看出，有些集成开发工具不仅仅适合于开发 C 语言程序，还适合开发 C++语言程序。这些既适合于 C 语言又适合于 C++语言的开发工具，一开始并不是为 C 语言而写的，而是为 C++语言设计的集成开发工具，但因为 C++语言是建立在 C 语言的基础之上，C 语言的基本表达式、基本结构和基本语法等方面同样适合 C++语言，因此，这些集成开发工具也能开发 C 语言程序。

1.5.1 MS-DOS 编程环境

MS-DOS 是美国微软公司的产品，是一个单用户、单作业的微型计算机操作系统，其主要功能是文件管理和设备管理。DOS 是 Disk Operating System 的缩写。MS-DOS 采用层次模块结构，由 3 个模块和 1 个引导程序 BOOT 组成。这 3 个模块是：输入输出系统（IBMBIO）、文件管理系统（IBMDOS）和命令处理程序（COMMAND）。

引导程序 BOOT 用来把 IBMBIO 和 IBMDOS 装入内存。输入/输出系统 IBMBIO 处在 MS-DOS 的最里层，负责驱动外围设备。IBMDOS 是整个操作系统的核心部分，主要任务是管理所有的磁盘文件，负责建立、删除、打开、关闭、读写和检索各类文件。IBMDOS 向外层模块提供一系列的系统功能调用，通过这些功能调用，使 MS-DOS 的外层程序或用户程序可以方便使用计算机系统的资源。COMMAND 是 MS-DOS 的最外层模块，负责接收、识别和执行用户从终端输入的各种命令。

由于 MS-DOS 是一个单用户操作系统，因此对系统没有提供相应的保护，是一个全开放的系统。在 MS-DOS 系统下编程时，应用软件可以使用全部的系统资源，甚至是修改操作系统。对系统的访问可以分成以下 4 个层次：

第一个层次是通过调用 C 语言标准函数库访问系统资源，这是一个最基本的方法，也是最简单和最安全的方法。这种方法由于使用的是标准函数库，通用性较强，可移植性较好，适合初学者使用。

第二个层次是通过 DOS 功能调用访问系统资源。这种方法使用起来难度较大，需要程序员对 DOS 操作系统有较深入的了解。使用 DOS 功能调用可以充分发挥 DOS 的潜力，开发出功能更强、效率更高的软件。

第三个层次是通过基本输入/输出系统 BIOS 访问系统资源。BIOS 是由主板生产厂商提供的底层驱动程序，是硬件和操作系统之间的接口。通过 BIOS 访问硬件资源可以越过 DOS 系统，能够实现很多 DOS 不支持的功能。

第四个层次是直接访问硬件。通过使用库函数中的端口操作函数或者是直接用嵌入的汇编语言编程来操作硬件。这种方法要求程序员具备良好的硬件基础知识，对计算机硬件结构有充分的了解。在一些驱动程序和工业控制软件的开发中，经常使用这种直接访问硬件的方法。该方法效率高、控制能力强，但是软件的可移植性差。

在 DOS 环境下的 C 编译器常用的有 Turbo C 2.0、MS-C 7.0、Watcom C 和 Gnu 的 Gcc 等。其中，比较流行的是 Turbo C 2.0。在 DOS 下编程一般以文本方式为主，也可以使用图形方式编程，但由于操作系统没有对图形方式提供充分的支持，编写程序时难度较大。

DOS 应用程序的特点是可以访问系统的全部资源，不受任何限制，同时具有系统稳定、能够长期连续运行的优点，在工业控制中得到了广泛的应用。

1.5.2 Windows 编程环境

微软的 Windows 是目前市场中最主流的操作系统平台。经过了 20 多年的不断改进，

Windows 已经发展到了 Windows 8.1/2013 乃至更高版本，它的设计融合了分层操作系统和客户端/服务器（微内核）操作系统的特点。

Windows 通过硬件机制实现了核心态以及用户态两个特权级别。当操作系统状态为前者时，CPU 处于特权模式，可以执行任何指令，并且可以改变状态。而在后面一个状态下，CPU 处于非特权（较低特权级）模式，只能执行非特权指令。一般来说，操作系统中那些至关紧要的代码都运行在核心态，而用户程序一般都运行在用户态。当用户程序使用了特权指令，操作系统就能借助于硬件提供的保护机制剥夺用户程序的控制权并作出相应处理。

在 Windows 系统中，只有那些对性能影响很大的操作系统组件才在核心态下运行。因为核心态和用户态的区分，所以应用程序不能直接访问操作系统特权代码和数据，所有操作系统组件都受到了保护，以免被错误的应用程序侵扰。这种保护使得 Windows 可能成为坚固稳定的应用程序服务器，并且从操作系统服务的角度来看，Windows 作为工作平台仍是稳固的。

Windows 的核心态组件使用了面向对象设计原则。但是 Windows 并不是一个严格的面向对象系统，出于可移植性以及效率因素的考虑，其大部分代码不是用面向对象语言编写的，而是使用了 C 语言并采用了基于 C 语言的对象实现。

选择哪种编程工具决定了程序员在应用程序中可以做什么以及如何做。Windows 上常用的 C 语言开发工具有 Visual C++和 Borland C++ Builder。这两种开发工具都可以开发出优秀的 Windows 应用程序，而在系统开发方面更常用的是 Visual C++。

Visual C++是在 Windows 上建立 32 位应用程序的强大且复杂的工具，借助于生成代码向导，能在数秒内生成可运行的 Windows 应用程序的外壳。它不仅仅是程序设计语言，而且也还是一个非常全面的应用程序开发环境，使用它可以开发出具有专业水平的 Windows 应用程序。Visual C++附带的类库，即 Microsoft Foundation Classes（MFC），已成为许多 C++语言编译器进行 Windows 软件开发的工业标准。

Visual C++中引入了微软定义的基本类库（MFC）后，使 Windows 程序设计彻底实现了模板化，从而降低了程序设计的复杂性。MFC 中包含了许多微软公司已经定义好的程序开发过程中最常用到的对象，具有很好的扩展性。程序员还可以利用面向对象技术中很重要的“继承”方法，从类库中的已有对象派生出自己所需要的对象。MFC 的应用使得程序员在编制应用程序时，所需要编写的代码大为减少，并有力地保证了程序具有良好的可调试性。

1.5.3　UNIX 编程环境

UNIX 操作系统诞生于 1969 年，是由贝尔实验室的两位研究人员 Ken Thompson 和 Dennis Ritchie 开发的。当时，Ken Thompson 在一台 PDP-7 计算机上开发了一个新的操作系统，并称之为 UNIX，在该系统中 Thompson 组合了许多其他操作系统中最有价值的部分，很好地利用了其他操作系统的工作成果。

UNIX 最初是用汇编语言开发的。1973 年，Ken 和 Dennis 成功地用 C 语言重写了 UNIX 操作系统。UNIX 操作系统中 95%的代码是用 C 语言编写的，其余很小的一部分用汇编语言编写，这部分主要集中在系统内核，直接与硬件打交道。UNIX 操作系统有两个主要版本，即 AT&T（美国电信电话公司）UNIX 系统和 Berkeley（伯克利）UNIX 系统，其他的 UNIX 变体都基于这两个版本。

UNIX 操作系统的 Linux 变体是芬兰赫尔辛基大学计算机科学专业的学生 Linus Torvalds 开发的。Linux 是为基于 Intel 处理器的个人计算机而设计的，是一个可自由发布的 UNIX 版本，并且可以免费使用。由于版权方面的原因，没有把 Linux 称为 UNIX，但它实际上就是 UNIX，遵从的标准大部分都与 UNIX 是一样的。

UNIX 操作系统是一个包括文本编辑器、编译器和其他系统工具程序的程序集，是按分层软件模型实现的。

1）UNIX 内核也称为基本操作系统，负责管理所有与硬件相关的功能。这些功能由 UNIX 内核中的各个模块实现。内核包括直接控制硬件的各个模块，这样能够在极大程度上保护这些硬件，以避免应用程序直接操作硬件而导致混乱。用户不能直接访问内核。

2）常驻模块层提供执行用户请求服务的例程。这些服务包括输入和输出控制服务、文件和磁盘访问服务（称为文件系统）以及进程创建和中止服务。应用程序通过系统调用访问常驻模块层。

3）工具层是 UNIX 的用户接口，通常称为 shell。shell 和其他 UNIX 命令及工具都是独立的程序，它们是 UNIX 系统软件的组成部分，但不是内核的组成部分。

4）UNIX 操作系统向系统中的每个用户指定一个执行环境。这个环境称为虚拟计算机，包括一个用户接口终端和共享的其他计算机资源。UNIX 是一个多用户操作系统，可视为虚拟计算机的集合。对用户而言，每个用户都有自己的专用虚拟计算机。由于与其他虚拟计算机共享 CPU 和其他硬件资源，虚拟计算机比真实的计算机要慢。

5）UNIX 操作系统通过进程向用户和程序分配资源。每个进程都有一个进程标识号和一组与之相关的资源。进程在虚拟计算机环境下执行，就好像在一个专用的 CPU 上执行一样。

UNIX 操作系统都自带 C 语言编译器 cc，既可以在文本界面下编程，也可以用在图形界面下实现应用程序。

本章小结

1. C 语言的演变过程。

2. C 语言的丰富特点和优势，使得其被广泛使用至今。书写程序时应遵循书写清晰，便于阅读、理解，从维护的角度出发，增加程序的可读性，以养成良好的编程风格。

3. C 语言词汇分为 6 类：标识符、关键字、运算符、分隔符、常量和注释符等。标识符、关键字之间必须至少加一个空格以示间隔。若已有明显的间隔符，也可不再加空格来间隔。

4. C 程序的开发过程及算法简介。

5. C 程序的运行环境。

习题与实训

一、习题

1. 下列关于 C 程序的叙述中，正确的是______。（多选）

① 一个 C 程序可由一个或多个源程序文件组成。

② 一个 C 程序由函数组成，其中必包含一个且只能包含一个主函数 main()，但可包含 0 个或多个其他函数——库函数和用户函数。

③ 一个不包含 main 函数的 C 源程序文件，既不能编译，也不能运行。

④ 一个 C 程序，只能有一个 main 函数。

⑤ 一个 C 程序的执行，总是从 main 函数开始执行，经调用其他函数后，返回到 main 函数中结束程序的运行。

⑥ 一个 C 程序的执行是从第一个函数开始，直到最后一个函数结束。

⑦ 在 C 语言程序中，要调用的函数必须在 main 函数中定义。

⑧ C 语言程序中的 main 函数必须放在程序的开始部分。

2. 下列关于标识符的叙述中，正确的是______。(多选)

① 标识符的作用是命名，如为变量命名、为函数命名等。

② 在 C 程序中定义标识符，程序员可随意书写，无语法规则需要遵守。

③ 在一个 C 函数中，标识符不允许同名。

④ 标识符只能以字母或下画线带头，后跟若干字母、数字、下画线。

⑤ 用大写和小写的同名标识符，是代表一个标识符。

⑥ 关键字可作标识符使用。

⑦ 与关键字的字符相同，但其中包含一个或多个大写字母，可作标识符使用。

3. 下列标识符中不合法的是______。(多选)

① age	② int	③ notebook2	④ for	⑤ 4girls
⑥ !xyz	⑦ _33years	⑧ INT	⑨ –56	⑩ A_1
⑪ a bc	⑫ $100	⑬ A1.0	⑭ CloseOne	⑮ A*cd

二. 实训

(一) 实训目的

1. 了解 C 语言的发展历程和特点。
2. 掌握 C 语言源程序的结构特点与书写规则。
3. 了解 C 语言的不同编程环境。
4. 掌握一种 C 语言的集成环境的使用。
5. 掌握 C 语言源程序的建立、编辑、修改、保存及编辑和运行。

(二) 实训内容

1. 输入并运行下面程序。

```
/*程序 s1.c 为已知两边求长方形的周长和面积*/
#include <stdio.h>
main()
{
    float a,b,c,s;
    a=5;
    b=6;
    c=(a+b)*2;
    s=a*b;
    printf("%4.1f,%4.1f, c is %4.1f\n s is %4.1f\n",a,b,c,s);
}
```

2. 编写程序实现用*号输出字母 A 的图案。
3. 编写程序实现在屏幕上输出“Very Beautiful!”。

第 2 章　基本数据类型

数据是计算机处理的对象，在计算机科学领域所说的数据是广义的，数值、字符、文字、表格、图形和图像、声音等都称为数据。所有能被计算机处理的信息统称为数据，不同的数据之间往往还存在某些联系。程序所处理的数据都具有某一种数据类型，数据类型规定了数据的存储形式、数据的取值范围以及数据的操作。

C 语言提供了以下一些数据类型，由这些数据类型可以构造出不同的数据结构如图 2-1 所示。所谓数据结构指的是数据的组织形式。

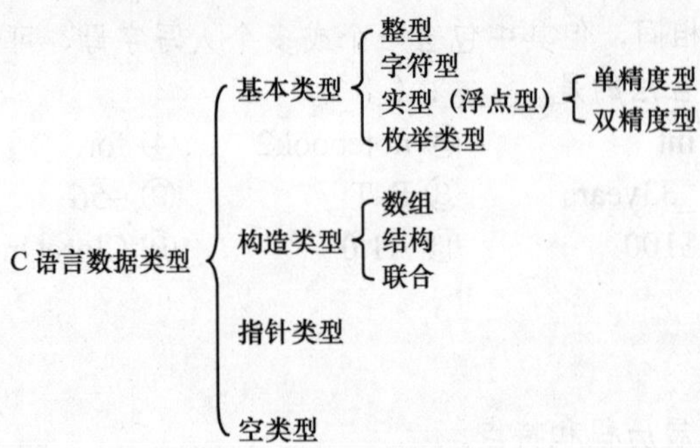

图 2-1　C 语言数据类型

1. 基本数据类型

基本数据类型最主要的特点是，其值不可以再分解为其他类型。也就是说，基本数据类型是自我说明的。

2. 构造数据类型

构造数据类型是根据已定义的一个或多个数据类型用构造的方法来定义的。也就是说，一个构造类型的值可以分解成若干个“成员”或“元素”。每个“成员”都是一个基本数据类型或是一个构造类型。在 C 语言中，构造类型有数组类型、结构类型、联合类型等。

3. 指针类型

指针是一种特殊的，同时又是具有重要作用的数据类型，其值用来表示某个量在内存储器中的地址。虽然指针变量的取值类似于整型量，但这是两个类型完全不同的量，因此不能混为一谈。

4. 空类型

在调用函数值时，通常应向调用者返回一个函数值。这个返回的函数值是具有一定的数据类型的，应在函数定义及函数说明中给予说明。例如，下面的 void，表示返回值为空类型。

例 2-1　交换整型变量 a 和 b 的值。

```
#include <stdio.h>
void main()
{
    int a=135,b=246,temp;
    temp=a;
     a=b;
     b=temp;
     printf("a=%5d,b=%5d",a,b);
}
```

其中，int 是类型说明符，表示该变量的值是整型量；temp 是中间变量用于交换。有一类函数是空类型（void）的，即调用后并不需要向调用者返回函数值。函数类型在函数部分再作详细介绍。

2.1　常量与变量

对于基本数据类型量，按照其值是否可以改变又分为常量和变量两种。在程序执行过程中，其值不发生改变的量称为常量，其值可变的量称为变量。它们可与数据类型结合起来进行分类。例如，可分为整型常量、整型变量、实型常量、实型变量、字符常量、字符变量、枚举常量、枚举变量。在程序中，常量是可以不经说明而直接引用的，而变量则必须先说明后使用。

2.1.1　常量

常量也就是通常所说的常数，其值在程序执行过程中不发生改变。C 语言中的常量可以分 4 类：数值常量、字符常量、字符串常量和符号常量。数值常量又分为整型常量和实型常量。

在 C 语言中，通常用一个标识符来代替常量，代替常量的符号称为符号常量。习惯上符号常量的标识符用大写字母，变量标识符用小写字母，以示区别。

符号常量在使用之前必须先定义，其一般格式如下：

```
#define 标识符 常量
```

其中，#define 是一条预处理命令（预处理命令都以“#”开头），称为宏定义命令（在编译预处理一章将进行详细介绍），其功能是把该标识符定义为其后的常量值。

例 2-2　符号常量的使用。

```
#define N 5
#define EOF -2
#define NULL 0
main()
{
    int kum,thhe;
    kum=N;
    thhe=kum* EOF +NULL;
```

```
        printf("thhe=%d" ,thhe);
    }
```

其中，N、EOF（结束标志）和NULL（空）是符号常量，分别代替常量5、−2和0。每个符号常量的定义式只能定义一个符号常量，并且占据一个书写行。

2.1.2 变量

在程序执行过程中，其值可以改变的量称为变量。一个变量具有一个名称，即变量名。它在内存中占据一定的存储单元，该存储单元用来存放变量的值。

1. 变量名和变量值

变量名和变量值是两个不同的概念，变量名实际上是以一个名字对应代表一个地址，在对程序编译连接时由编译系统给每一个变量名分配对应的一个内存地址。程序在运行过程中从变量中取值，实际上是通过变量名找到相应的内存地址，然后从存储单元中读取数据。

变量名和变量值的关系如图2-2所示。其中，p是变量名，5为变量p的值，即p=5，方框代表存储单元。

C语言规定所有变量在使用前都必须说明。一条变量说明语句由数据类型和其后的一个或多个变量名组成。

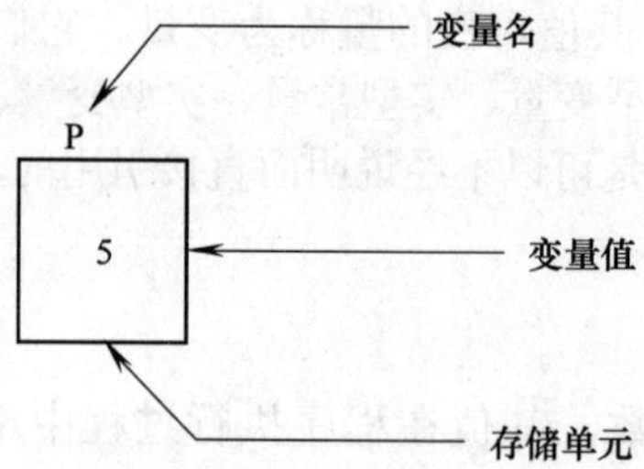

图2-2　变量名和变量值

对变量必须先声明后使用的原因在于：

1）不同类型的数据在编译时分配的内存空间大小不同，如字符型占一个字节，整型占两个字节，而实型占4个字节。

2）不同类型的数据在内存中的存储形式不同，如字符型是以ASCII码形式存储的，整型是以补码形式存储的，实型是以指数形式存储的。

3）对不同类型的数据所使用的运算符不同，比如%（求余）运算符只能用于整型变量而不能用于实型变量。

变量说明的一般格式如下：

　　类型 <变量表>;

其中，类型是指C语言的有效数据类型。变量表是一个或多个标识符名，每个标识符之间用“,”分隔。例如：

```
int i, j, k;
unsigned char c, str[5], p;
```

在选择变量名和其他标识符时，应注意做到“见名知意”，即选有含意的英文单词作标识符，建议变量名的长度最好不要超过8个字符。

命名变量名时应该注意以下 4 点：

1）对变量名要求不严格，可用小写字母，也可用大写字母或大小写字母混用，但一般用小写字母。

2）变量名要长短适当，以提高程序的可读性。

3）变量名不能与系统的关键字同名，以免造成不必要的错误。

4）变量名的首字符必须是英文字母或下画线“_”，中间不能有空格。

例如，a1、x1、sum、_size、new 等均是合法的变量名，而以下是一些不合法的变量名：number-1（含有非法字符“-”）、p□iece（含有非法空格符□）、int（使用系统的关键字）、6_student（以数字 6 开头）。

2. 变量初始化

C 语言允许在说明变量的同时给变量赋一个初值，称为变量的初始化。其一般格式如下：

　　数据类型关键字　变量名＝表达式;

例如：

```
int s=12;            /*定义 s 为整型变量，初值为 12 */
float i=3.1415;      /*定义 i 为实型变量，初值为 3.1415 */
char c='z';          /*定义 c 为字符型变量，初值为 z */
```

初始化时应注意以下 4 种情况：

1）几个相同类型的变量同时初始化。例如：

```
int i=4, j=5, k=6;
```

2）部分变量初始化。例如：

```
int i, j, k=20;
```

3）变量的初始化是在程序运行阶段执行本函数时赋初值，相当于一条赋值语句。例如：

　　int a, b, c=8;　等价于　int a, b, c;　/*定义变量 a, b, c */　c=8; /*给变量 c 赋值为 8 */

4）对于几个变量同时赋一个初值时，不能写成如下形式：

　　int a=b=c=20;　或　int a=20;b=20;c=20;

而应当分别赋初值：

　　int a=20; int b=20; int c=20;　或　int a=20,b=20,c=20;

2.2　数据类型

2.2.1　整型数据

整型量包括整型常量、整型变量。在C语言中，使用的整型常数有二进制、八进制、十六进制和十进制等。

1. 整型常量

1）八进制整常数必须以 0 开头，即以 0 作为八进制数的前缀。数码取值为 0～7。八进制数通常是无符号数。

以下各数是合法的八进制数：011（十进制为 9）、0101（十进制为 65）、0177777（十进制为 65535）。

以下各数不是合法的八进制数：256（无前缀 0）、03A2（包含了非八进制数码）。

2）十六进制整常数的前缀为 0X 或 0x。其数码取值为 0～9、A～F 或 a～f。

以下各数是合法的十六进制整常数：0X2B（十进制为 43）、0XA0（十进制为 160）、0XFFFE（十进制为 65534）。

以下各数不是合法的十六进制整常数：5A（无前缀 0X）、0X3H（含有非十六进制数码）。

3）十进制整常数没有前缀，其数码为 0～9。

以下各数是合法的十进制整常数：226、–538、735、1627。

以下各数不是合法的十进制整常数：023（不能有前导 0）、23D（含有非十进制数码）。

在程序中是根据前缀来区分各种进制数的。因此在书写常数时，注意不要将前缀弄混、弄错而使结果不正确。

基本整型的长度是 2 字节 16 位字长，因此表示数的范围也是有限定的。有符号数为 –32768～+32767，无符号整数的范围为 0～65535。八进制无符号数的表示范围为 0～0177777。十六进制无符号数的表示范围为 0X0～0XFFFF 或 0x0～0xFFFF。如果使用的数超过了上述范围，就需用长整型数来表示。长整型数是用后缀“L”或“l”来表示的。

例如，十进制长整数 128L（十进制为 128）、–358000L（十进制为–358000）；八进制长整数 012L（十进制为 10）、077L（十进制为 63）、0200000L（十进制为 65536）；十六进制长整数 0X15L（十进制为 21）、0XA5L（十进制为 165）、0X10000L（十进制为 65536）。

长整数 128L 和基本整型数 128 在数值上并无区别。但对 128L，因为是长整型量，C 语言编译系统将为它分配 4 个字节存储空间。而对 128，因为是基本整型，只分配 2 个字节的存储空间。因此在运算和输出格式上要予以注意，避免出错。无符号数也可用后缀表示，整型常数的无符号数的后缀为“U”或“u”。例如，658u、0x38Au、235Lu 均为无符号数。前缀、后缀可同时使用以表示各种类型的数。如 0XA5Lu 表示十六进制无符号长整数 A5，其十进制为 165。

2. 整型变量

整型变量可分为以下几类：

1）基本型，类型说明符为 int，在内存中占 2 个字节，其取值为基本整常数。

2）短整型，类型说明符为 short int 或 short，所占字节和取值范围均与基本型相同。

3）长整型，类型说明符为 long int 或 long，在内存中占 4 个字节，其取值为长整型数。

4）无符号型，类型说明符为 unsigned。无符号型又可与上述 3 种类型匹配而构成：无符号基本型，类型说明符为 unsigned int 或 unsigned；无符号短整型，类型说明符为 unsigned short；无符号长整型，类型说明符为 unsigned long。各种无符号类型变量所占的内存空间字节数与相应的有符号类型变量相同，但由于省去了符号位，故不能表示负数。

ANSI C 标准定义了整数类型的字节长度和取值范围，见表 2–1。

表 2–1　整数类型的字节长度和取值范围

数据类型	数值范围		字节数
有符号基本整型　int	–32768～32767	即 -2^{15}～（$2^{15}-1$）	2
无符号基本整型　unsigned int	0～65535	即 0～（$2^{16}-1$）	2
有符号短整型　short [int]	–32768～32767	即 -2^{15}～（$2^{15}-1$）	2
无符号短整型　unsigned short	0～65535	即 0～（$2^{16}-1$）	2
有符号长整型　long [int]	–2147483648～2147483647	即 -2^{31}～（$2^{31}-1$）	4
无符号长整型　unsigned long	0～4294967295	即 0～（$2^{32}-1$）	4

表 2-1 中列出了各类整型变量所分配的内存字节数及数的表示范围。方括号内的部分在定义变量时可以省略，不影响变量在内存中的取值范围。在定义变量时，根据数据的大小选取合适的类型，特别是将整型常量赋给整型变量时，类型要匹配。

在 Visual C++或其他系统中所分配的内存字节数会有不同，如整型有分配 4 字节，其他类型按比例递增。具体情况以系统定义为准。

整型变量说明的一般格式如下：

类型说明符 变量名标识符,变量名标识符, … ;

例如：

```
int a, b, i,        /* 定义变量 a、b、i 为整型*/
short x;        /*定义变量 x 为有符号短整型*/
unsigned long s, r;        /* 定义变量 s、r 为无符号长整型*/
unsigned k;        /*定义变量 k 为无符号整型*/
```

在书写变量说明时，应注意以下几点：①允许在一个类型说明符后，说明多个相同类型的变量，各变量名之间用逗号间隔，类型说明符与变量名之间至少用一个空格间隔；②最后一个变量名之后必须以分号“;”结尾；③变量说明必须放在变量使用之前，一般放在函数体的开头部分。

在 C 语言中使用变量前必须先定义，原因有以下几点：

1）凡未被事先说明的变量，不能作为变量名，否则程序编译时会出错。

2）在编译时系统自动为每个变量分配相应的存储单元，因此定义时要为每个变量指定一个确定的类型。例如，指定 m、n 为 int 型，则 Turbo C 2.0 编译系统自动为 m 和 n 各分配 2 个字节的存储单元，并按基本整型的数据方式存储。

3）为了便于检查变量在编译时所进行的运算是否合法，规定每个变量只能属于一种类型。

例 2-3　整型变量的定义与应用。

```
#include <stdio.h>
main()
{
        int a,b,i1,i2;
        unsigned int x;
        a=25;
        b=-40;
        x=10;
        i1=a+x;
        i2=b+x;
        printf("a+x=%d,b+x=%d\n",i1,i2);
}
```

程序运行结果：

a+x=35, b+x=-30

分析：在 printf 函数中，%d 表示输出整型数据，而\n 表示换行输出。另外，双引号括起来的其他字符按原样输出。

各种整数类型都有各自的取值范围，一旦超出了这个范围，就不能正确地表示数据，这种情况称为“溢出”。下面通过例题来说明这种现象。

例 2-4　数据溢出举例。

```
#include <stdio.h>
void main()
{
        int max,min;
        max =32767;
        min = max +1;
        printf("max =%d, min =%d\n", max, min);
}
```

程序运行结果：

max =32767, min =-32768

C 语言中有符号基本整型变量的范围是–32768～32767，无法表示大于 32767 的数。一旦遇到此情况，就会发生溢出，但运行时并不报错，就好像汽车里程表一样，达到最大值后又自动返回到最小值开始计数。所以，32767 加 1 得不到 32768，而得到–32768，这与编程人员的本意恰好相反。解决方法是将程序中第 4 行“int max, min;”语句改为“long max, min;”，并将第 7 行输出函数的输出格式改为%ld，就可得到预期的结果 32768。

为什么 max 加 1 以后会产生负值呢？这是因为整数在内存中是以补码形式存储的，最高位是符号位，符号位为 0 时表示正数，为 1 时表示负数，而补码运算中符号位是参与运算的：

```
max:      0111111111111111
   +                     1
min:      1000000000000000
```

不同类型的量可以参与运算并相互赋值，其中的类型转换是由编译系统自动完成的。

2.2.2　实型数据

1. 实型常量

实型也称为浮点型。实型常量也称为实数或者浮点数。在 C 语言中，实数只采用十进制。它有两种形式：十进制小数形式和十进制指数形式。

十进制小数形式由数码 0～9 和小数点组成。例如，0.0、6.89、0.24、5.0、142.、–267.8230 等均为合法的实数。注意：必须有小数点。

十进制指数形式的一般形式为 aEn。其中，a 为十进制数，n 为十进制整数，其值为 $a\times10^n$。例如，1.6E4（等于 1.6×10^4）、2.9E–2（等于 2.9×10^{-2}）、.3E7（等于 0.3×10^7）、–5.8E–2（等于-5.8×10^{-2}）。

以下不是合法的实数：145（无小数点）、E6（阶码标志 E 之前无数字）、–8（无阶码标志）、23. –E7（负号位置不对）、3.9E（无阶码）。

标准 C 语言允许实数使用后缀。后缀为 f 或 F 即表示该数为实数，如 26f 和 26.是等价的。

2. 实型变量

实型变量分为 3 类：单精度型（float）、双精度型（double）和长双精度型（long double）。C 语言中实型变量的字节长度和取值范围见表 2-2。

表 2-2　实型变量的字节长度和取值范围

数据类型	字节长度	有效数字	取值范围
单精度型 float	4	6～7	-3.4×10^{-38}～$3.4\times10^{+38}$
双精度型 double	8	15～16	-1.7×10^{-308}～$1.7\times10^{+308}$
长双精度型 long double	16	18～19	-1.1×10^{-4932}～$1.1\times10^{+4932}$

表 2-2 中的有效位是指数据在几位之内为有效数字。单精度型占 4 个字节（32 位）内存空间，其数值范围为 3.4E–38～3.4E+38，只能提供 7 位有效数字。双精度型占 8 个字节（64 位）内存空间，其数值范围为 1.7E–308～1.7E+308，可提供 16 位有效数字。例如，实型数据 12345.789 只能保证前 7 位数据的准确性，即 12345.7××，而后面的两位小数将出现随机数，小数点也占一位。双精度型与长双精度型的精度都比单精度高。

在使用实型变量之前，要先定义。实型变量说明的格式和书写规则与整型相同。

实型变量说明的一般格式如下：

类型说明符 变量名标识符, 变量名标识符, ... ;

例如：

```
float a, b;     /*定义 a、b 为单精度实数*/
double i, j, k ;   /*定义 i、j、k 为双精度实数*/
long double x;    /*定义 x  为长双精度实数*/
```

对 long double 型用得较少，因此不作详细介绍，读者只需知道此类型即可。下面通过例题来说明实型变量的应用。

例 2-5　实型数据输入、输出举例。

```
#include <stdio.h>
void main()
{
      float a;
      doublc b;
      a=33333.555555;
      b=77777.55555555555555;
      printf("%f\n%f\n",a,b);
}
```

程序运行结果：

```
33333.554688
77777.555556
```

从例 2-5 中可以看出 float 与 double 的不同。由于 a 是单精度实型，有 4 字节，有效位数只有 7 位。而整数已占 5 位，故小数点后两位之后均为无效数字。b 是双精度型，有 8 字节，有效位为 16 位。但 Turbo C 规定小数点后最多保留 6 位，其余部分四舍五入。

2.2.3　字符型数据

1. 字符型常量

字符常量是用一对单撇号“ ' ”括起来的单个字符，例如'c'、'F'、'5'、'–'、'!'都是合法字符常量。单撇号作为字符常量的定界符，不表示字符常量本身。在C语言中，字符常量的取值是该字符所对应的 ASCII 码值，可以用整型数据描述。另外，将一个字符常量赋给一个变量时，就是把该字符常量的 ASCII 码值赋给该变量。例如：

```
I='G';        /*等价于 i=71*/
T='$' +6;   /*等价于 t=36+6*/
S='%' +'X'; /*等价于 s=37+88*/
```

字符常量只能是单个字符，不能是字符串；字符常量只能用单引号括起来，不能用双引号或其他括号；字符可以是字符集中任意字符。

转义字符：转义字符是一种特殊的字符常量。转义字符以反斜线“\”开头，后跟一个或几个字符。转义字符具有特定的含义，不同于字符原有的意义，故称“转义”字符。例如，在前面各例题 printf 函数的格式串中用到的\n 就是一个转义字符，其意义是“回车换行”。转义字符主要用来表示那些用一般字符不便于表示的控制代码。

常用的转义字符及其含义见表 2-3。

表 2-3　常用转义字符及其含义

转 义 字 符	含　义	ASCII 码
\n	换行，从当前位置移到下一行开头	10
\t	水平制表（跳到下一个 Tab 位置）	9
\0	空操作	0
\b	退格，从当前位置移到前一列	8
\r	回车，从当前位置移到本行开头	13
\f	换页，从当前位置移到下页开头	12
\\	反斜杠字符	92
\'	单引号字符	39
\"	双引号字符	34
\ddd	1～3 位八进制数所代表的字符	000～177
\xhh	1～2 位十六进制数所代表的字符	X00～x7f

C 语言字符集中的任何一个字符均可用转义字符来表示。表 2-3 中的\ddd 和\xhh 正是为此而提出的。ddd 和 hh 分别为八进制和十六进制的 ASCII 码。例如，\103 表示字母'C'，ASCII 码为 67；\104 表示字母'D'，ASCII 码为 68；\134 表示反斜线，ASCII 码为 92；\X0A 表示换行，ASCII 码为 10 等。

例 2-6　转义字符的使用。

```
#include <stdio.h>
void main()
{
      printf(" ab c\t de\rf\tg\n");
      printf("h\ti\b\bj k");
}
```

程序运行时，在打印机上得到的结果如下：

```
fab c     gde
h         jik
```

在显示器上得到的结果如下：

```
f          gde
h          j k
```

这是由于\r 使当前位置回到本行开头，自此输出的字符（包括空格和跳格所经过的位置）将取代原来屏幕上该位置上显示的字符。实际上，屏幕上完全按程序要求输出了全部的字符，只是因为在输出前面的字符后很快又输出后面的字符，在人们还未看清楚之前，新的已取代了旧的，所以误以为未输出应输出的字符。而在打印机输出时，不像显示器那样会“抹掉”原字符，留下了不可磨灭的痕迹，它能真实反映输出的过程和结果。

2．字符型变量

字符变量用来存放字符常量，且每个字符变量只能存放一个字符常量，在内存中占用一个字节。有符号字符型数取值范围为−128～127，无符号字符型数值范围是 0～255。字符在内存中是以编码的形式存放的，最常用的编码方式是 ASCII 码，存储一个字符，实际上是把它的 ASCII 码放入内存中。

字符变量定义的一般格式如下：

```
char 变量 1, 变量 2, … , 变量 n;
```

例如：

```
char c1, c2; /*定义 c1、c2 为字符型变量*/
```

其中，c1 和 c2 为字符型变量，分别存放一个字符常量，因此可以用“char c1='a', c2='b';”对 c1、c2 赋值。注意：赋值语句不能写成“c1="a", c2="b";”。

将一个字符常量赋给一个字符变量并不是把该字符本身存放在内存单元中，而是将相应字符常量的 ASCII 码值存放在存储单元中。因为数据在内存中都是以二进制形式表示的，因此字符型和整型之间有相通性。

相通性表现在：字符型数据可以用整型形式输出，反之，一定范围内的整数也可以用字符形式输出；字符型和整型之间可以进行混合运算；整型变量可以接收字符常量，字符变量也可以接收整型数值，但要在一定范围之内。

例 2-7　ASCII 码的应用。

```
#include <stdio.h>
main()
{
        char c1,c2;
        unsigned char c3;
        c1='A';
        c2='B';
        c3=63;
        printf("%c,%c,%c\n",c1,c2,c3);
        printf("%d,%d,%d\n",c1,c2,c3);
}
```

程序运行结果：

A，B，？

65，66，63

分析：字符型数据在内存中以 ASCII 码值存储。在存储字符型变量 c1 和 c2 时，系统先将“A”和“B”转换成整数 65 和 66，然后分别存放在 c1 和 c2 的存储单元中。将整数 63 直接存放在 c3 的内存单元中。按%c 的格式输出时，变量 c1、c2 和 c3 的 ASCII 码值分别为

65、66 和 63，然后转换成相对应的字符 A、B 和“？”进行输出；按%d 的格式输出时变量 c1、c2 和 c3 直接将 ASCII 码值 65、66 和 63 输出。

英文大小写字母之间有以下关系：相应小写字母的 ASCII 码比大写字母大 32。根据这一关系，可以将大小写字母任意转换。

2.2.4 字符串常量

字符串常量简称字符串，是用一对双引号“" "”括起来的一个或多个字符序列。例如，"CHINA"、"a"、"C program："、"1234"、"Class-1"和"$12.5"都是合法的字符串常量。双引号作为字符串常量的定界符，不表示字符串常量本身。在 C 语言中没有相应的字符串变量。

注意'a'和"a"是两个不同的常量，'a'是字符常量，占一个字节；"a"是字符串常量，占两个字节，其中一个字节存储该字符串，另一个字节存储该字符串的结束标志符'\0'。C 语言规定，每一个字符串尾部都要加一个字符串结束标志'\0'。

字符串常量和字符常量是不同的量。它们之间主要有以下区别：字符常量由单引号括起来，字符串常量由双引号括起来；字符常量只能是单个字符，字符串常量则可以含一个或多个字符；可以把一个字符常量赋予一个字符变量，但不能把一个字符串常量赋予一个字符变量；字符常量占一个字节的内存空间，字符串常量占的内存字节数等于字符串中字符个数加 1，增加的一个字节中存放字符'\0'（ASCII 码为 0），这是字符串结束的标志。

例如，字符串"C program"在内存中所占的字节为：C program\0，共 10 个字节。

又如，“char c1="a";”，给字符变量 c1 这样赋值是不正确的。因为 C 语言规定在每个字符串结尾都要加一个结束标志符'\0'，以便系统判断字符串是否结束。而"a"并不是一个字符，而是一个字符串。字符串"a"包括字符'a'和'\0'两个字符，因此不能将它赋给一个字符变量。

2.3 数据类型转换

C 语言允许不同类型的数据进行混合运算，但需要进行类型转换，即将不同类型的数据转换成同一类型，然后进行运算。转换规则如图 2-3 所示。

```
double←float
↑
unsigned long
↑
long
↑
int←char
```

图 2-3 类型转换

C 语言自动类型转换的总体原则是：把短类型转换成长类型。在图 2-3 中水平方向的转换是自然进行的，比如当遇到字符类型，编译系统直接把它作为 int 型来处理，正如在前面指出的，char 和 int 类型是相通的；对单精度 float 也自动作双精度 double 处理。

变量的数据类型是可以转换的。转换的方法有两种：一种是隐式转换；一种是强制转换。隐式转换在以下情况发生：运算转换，不同类型数据混合运算时；赋值转换，把一个值赋给与其类型不同的变量时；输出转换，输出时转换成指定的输出格式；函数调用转换，实参与形参类型不一致时转换；运算转换规则，不同类型数据运算时先自动转换成同一类型。强制类型转换是通过类型转换运算来实现的。

1. 整型提升

整型（包括 int、short、long）、实型（包括 float、double）可以混合运算。在进行运算时，不同类型的数据要先转换成同一类型，然后进行运算。转换发生在不同数据类型的混合运算时，由编译系统自动完成。

整型自动转换遵循以下规则：

1）若参与运算的量类型不同，则先转换成同一类型，然后进行运算。

2）转换按数据长度增加的方向进行，以保证精度不降低。如 int 型和 long 型运算时，先把 int 量转成 long 型后再进行运算。

3）char 型和 short 型参与运算时，必须先转换成 int 型。

2. 寻常算数转换

所有的实运算都是以双精度进行的，即使仅含 float 单精度量运算的表达式，也要先转换成 double 型，横向自动转换后再作运算。

在赋值运算中，赋值号两边量的数据类型不同时，赋值号右边量的类型将转换为左边量的类型。如果右边量的数据类型长度左边长时，将丢失一部分数据，这样会降低精度，丢失的部分按四舍五入向前舍入。

3. 强制类型转换

强制类型转换是通过类型转换运算来实现的。

其一般格式如下：

(类型说明符)(表达式)

其功能是把表达式的运算结果强制转换成类型说明符所表示的类型。

例如，(float)a 把 a 转换为实型、(int)(x+y)把 x+y 的结果转换为整型。

在使用强制转换时应注意以下问题：类型说明符和表达式都必须加括号（单个变量可以不加括号），如把(int)(x+y)写成(int)x+y 则成了把 x 转换成 int 型之后再与 y 相加了。

无论是强制转换或是自动转换，都只是为了本次运算的需要而对变量的数据长度进行的临时性转换，而不改变数据说明时对该变量定义的类型。

例 2-8　数据类型强制转换。

```
#include <stdio.h>
void main()
{
    float x;
    int i;
    x=5.7;
    i=(int)x;
    printf("x=%f,i=%d",x,i);
}
```

程序运行结果：

x=5.670000, i=5

本章小结

本章主要介绍C语言中的常量、变量等基本概念，数据类型中最基本的整型、实型、字符型的定义和使用规则。

在C语言中，数据类型可分为基本数据类型、构造数据类型、指针类型、空类型 4 大类。数据按其取值是否可改变又分为常量和变量。详细讲解了整型数据的常量和变量，基本类型的分类及运算；实型数据的常量和变量，基本类型的分类及运算；字符型数据的常量和变量，基本类型的分类及运算；字符串和符号常量及各数据类型之间的转换。

基本概念和基本数据类型使用方法注意以下几点：

1）C 语言中的常量：①数值型（整型、实型）；②符号常量；③字符常量（字符常量、转义字符常量）；④字符串常量。各种类型常量的表示及它们之间的区别和联系。

2）C 语言中变量的类型、变量名、变量值及变量的使用。在程序中使用的各种变量都应预先加以说明，必须“先定义后使用”。

习题与实训

一、习题

1. 下列合法的常量是：________________________。（多选）

① 12345　② 058　③ –6.0　④ 53L　⑤ 0x456
⑥ –8.316　⑦ .9535　⑧ 7.　⑨ –35124L　⑩ 0x2.8
⑪ 043.6　⑫ fc32　⑬ 0x5eL　⑭ 3e6　⑮ E-9
⑯ 0x3e-7　⑰ 9.3e　⑱ 3.7e-5.8

2. 下列不合法的常量是：________________________。（多选）

① '@'　② '123'　③ "Visual C++"　④ '\0x7A'
⑤ '\12'　⑥ " "　⑦ "c1%"　⑧ '\38'
⑨ "\\\""　⑩ "c""　⑪ '\x4AD'　⑫ '\01'
⑬ '\xag'　⑭ "123"　⑮ "characters"　⑯ "\xaif"

3. 下列是在一个函数中的变量定义，指出错误并修改正确。

int　PAGE1=10, a, b,　________________________
char ch1, ch2="Y";　________________________
double X1–1, y=0.0, eps=1e–6, m=0;　________________________

4. 下列 4 组选项中，均不是 C 语言关键字的是______。

A. define，IF，type　　B. getc，char，printf
C. include，scanf，case　　D. while，go，pow

5. 在 C 语言中，char 型数据在内存中的存储形式是______。

A. 补码　B. 反码　C. 原码　D. ASCII 码

6. 下列变量定义中合法的是______。

A. short _x=2–.le–1;　　B. double y=4+5e5.5;
C. long _go=0xbcfL;　　D. float 7_word=3–e–2;

二．实训

（一）实训目的

1. 掌握 C 语言基本数据类型的基本概念、基本运算。
2. 掌握如何定义和使用常量和变量。
3. 掌握整型、实型量、字符型的特点和运用。
4. 掌握不同数据类型的区别和转换。

（二）实训内容

1. 输入并运行下面程序。

```
void main()
{
      char c1,c2;
      c1='a';
      c2='b';
      printf("%c %c\n",c1,c2);
}
```

（1）在此基础上增加一个语句再运行，并分析结果。

```
printf ("%d%d\n", c1, c2);
```

（2）改写函数体中的第一行并分析结果。

```
int c1, c2;
```

（3）改写第 2、3 行并分析结果。

```
c1=a;   /*不用单撇号*/
c2=b;
```

2. 编写程序实现英文字母大小写转换。
3. 编写程序实现整型和实型的数据转换。

第 3 章　运算符和表达式

C 语言不仅数据类型丰富，运算符也十分丰富，几乎所有的操作都可作为运算符处理。由运算符加适当的运算对象可构成表达式，而表达式是 C 程序的要素之一，因此掌握好运算符的使用对编写程序是十分重要的。

C 语言运算符分为以下几类：

1）算术运算符，用于各类数值运算，包括加（+）、减（–）、乘（*）、除（/）、求余（或称模运算，%）5 种。

2）关系运算符，用于比较运算，包括大于（>）、小于（<）、等于（==）、大于或等于（>=）、小于或等于（<=）和不等于（! =）6 种。

3）逻辑运算符，用于逻辑运算，包括与（&&）、或（||）、非（! ）3 种。

4）位操作运算符，参与运算的量按二进制位进行运算，包括位与（&）、位或（|）、位非（~）、位异或（^）、左移（<<）、右移（>>）6 种。

5）赋值运算符，用于赋值运算，分为简单赋值（=）、复合算术赋值（+=、–=、*=、/=、%=），共 6 种。

6）条件运算符，这是一个三目运算符，用于条件求值（?:）。

7）逗号运算符，用于把若干表达式组合成一个表达式（，）。

8）位操作运算赋值（&=、|=、^=、>>=、<<=）共 6 种。

9）指针运算符，用于取内容（*）和取地址（&）两种运算。

10）求字节数运算符，用于计算数据类型所占的字节数（sizeof）。

11）特殊运算符，包括括号（）、下标[]、成员（–>、.）等几种。

3.1　算术运算符和算术表达式

1．算术运算符

C 语言有 5 种基本算术运算符，见表 3-1。如果只对一个运算对象进行运算，则称为单目运算符；如果一个运算符需要两个（多个）运算对象，就称为双目（多目）运算符。

表 3-1　算术运算符

运 算 符	作 用
+	加（一目取正）
-	减（一目取负）
*	乘
/	除
%	取模

在 C 语言中加、减、乘、除、取模的运算与其他高级语言相同，需要注意的是除法和取模运算。

1）加法运算符“+”为双目运算符，具有左结合性，应有两个量参与加法运算，如 a+b、4+8 等。

2）减法运算符“-”为双目运算符，具有左结合性。

3）乘法运算符“*”为双目运算符，具有左结合性；除法运算符“/”为双目运算符，具有左结合性，参与运算的量均为整型时，结果也为整型，舍去小数，如果运算量中有一个是实型，则结果为双精度实型。

4）求余运算符（模运算符）“%”为双目运算符，具有左结合性，要求参与运算的量均为整型，求余运算的结果等于两数相除后的余数。

例如：25/2 是 25 除以 2 商的整数部分，结果为 12；25%2 是 25 除以 2 的余数部分，结果为 1。

另外，由于 C 语言中字符型数会自动地转换成整型数，因此字符型数也可以参与双目运算。

例 3-1　小写字母变成大写字母。

```
#include <stdio.h>
void main()
{
    char m, n;        /*定义字符型变量*/
    m='c';            /*给 m 赋小写字母'c'*/
    n=m+'A'-'a';      /*将小写字母变成大写字母后赋给 n*/
    printf("m=%c,n=%c",m,n);
}
```

例 3-1 中 m='c'即 m=98，由于字母 A 和 a 的 ASCII 码值分别为 65 和 97。这样可以将小写字母变成大写字母；反之，如果要将大写字母变成小写字母，则用 m+'a'-'A'进行计算。

例 3-2　除法运算。

```
#include<stdio.h>
void main()
{
    printf ("\n\n%d,%d\n",30/7,-30/7);
    printf ("%f,%f\n",30.0/7,- 30.0/7);
}
```

例 3-2 中，30/7、-30/7 的结果均为整型，小数全部舍去。而 30.0/7 和-30.0/7 由于有实数参与运算，因此结果也为实型。

例 3-3　取余运算。

```
#include<stdio.h>
void main()
{
    printf("%d\n",20%3);
}
```

例 3-3 输出 20 除以 3 所得的余数 2。

2．算术表达式

用算术运算符和括号将运算对象（也称操作数）连接起来的、符合 C 语言语法规则的式子，称为 C 语言算术表达式。运算对象包括常量、变量、函数等。在表达式求值时，先按运算符的优先级别高低次序执行，先括号内然后先乘除后加减。

以下是算术表达式的例子：

a+b　(a*2)/c　(x+r)*8-(a+b)/7　sin(x)+sin(y)　(++i)-(j++)+(k--)

3.2 赋值运算符和赋值表达式

1. 简单赋值运算符和表达式

简单赋值运算符记为“=”，由“=”连接的式子称为赋值表达式。其一般格式如下：

变量=表达式

例如，x=a+b、w=sin(a)+sin(b)、y=i+++--j。

赋值表达式的功能是计算表达式的值再赋予左边的变量。赋值运算符具有右结合性，因此 a=b=c=5 可理解为 a=(b=(c=5))。在其他高级语言中，赋值构成了一个语句，称为赋值语句。而在 C 语言中，把“=”定义为运算符，从而组成赋值表达式。凡是表达式可以出现的地方均可出现赋值表达式。例如，式子 x=(a=5)+(b=8)是合法的。它的意义是把 5 赋予 a，8 赋予 b，再把 a、b 相加的和赋予 x，故 x 应等于 13。

2. 复合赋值运算符及表达式

在赋值符“=”之前加上其他二目运算符可构成复合赋值符。例如，+=、-=、*=、/=、%=、<<=、>>=、&=、^=、|=。构成复合赋值表达式的一般格式如下：

变量双目运算符=表达式

它等效于

变量=变量运算符表达式

例如，a+=5 等价于 a=a+5，x*=y+7 等价于 x=x*（y+7），r%=p 等价于 r=r%p。

复合赋值符这种写法，对初学者可能不习惯，但十分有利于编译处理，能提高编译效率并产生质量较高的目标代码。

3.3 自增运算符和自减运算符

C 语言中有两个特殊的算术运算符，即自增运算符（++）和自减运算符（--）。这两个运算符都是单目运算符，它们既可以放在运算对象之前，也可以放在运算对象之后，形成前置形式和后置形式，而运算对象也只能是变量。不管前置还是后置，其运算结果都是一样的，都是把运算对象的值增加 1 或减少 1。

设有整型变量 i，可有以下几种形式：

1）++i：i 自增 1 后再参与其他运算。

2）--i：i 自减 1 后再参与其他运算。

3）i++：i 参与运算后，i 的值再自增 1。

4）i--：i 参与运算后，i 的值再自减 1。

在理解和使用上容易出错的是 i++和 i--。特别是当它们出在较复杂的表达式或语句中时，常常难于弄清，因此应仔细分析。

使用自增、自减运算符应注意以下几点：

1）最常见的错误是把自增、自减运算符用在非简单变量的表达式上，如++(x+2)、++(-i)都是错误的。

2）自增、自减运算符的结合性是自右向左的。

3）如果两个运算对象之间连续出现多个运算符时，C 语言采用“最长匹配”原则，即在保证有意义的前提下，从左到右尽可能多地将字符组成一个运算符。

4）因字符类型和整型是相通的，故对字符变量也可以进行自增、自减运算。

例 3-4　自增、自减运算符。

```
#include <stdio.h>
void main()
{
    int i=6,j=6,p,q;
    p=(i++)+(i++)+(i++);
    q=(++j)+(++j)+(++j);
    printf("%d,%d,%d,%d",p,q,i,j);
}
```

这个程序中，对 p=(i++)+(i++)+(i++)应理解为 3 个 i 相加，故 p 的值为 18。然后 i 再自增 1，3 次相当于加 3，故 i 的最后值为 9。而对于 q 的值则不然，q=(++j)+(++j)+(++j)应理解为 j 先自增 1，再参与运算，由于 j 自增 1，3 次后值为 9，3 个 9 相加的和为 27，j 的最后值也为 9。

3.4　关系运算符和逻辑运算符

关系运算符用来比较两个运算对象的大小，比较的结果有真和假两个逻辑值；而逻辑运算符的操作对象和结果也都是逻辑值，因此这两种运算符在使用时有着密切的联系。

3.4.1　关系运算符

关系运算符是比较两个操作数大小的符号，C 语言的关系运算符见表 3-2。

表 3-2　关系运算符

运　算　符	作　　用
>	大丁
>=	大于或等于
<	小于
<=	小于或等于
==	等于
!=	不等于

关系运算符和逻辑运算符的关键是真（true）和假（false）的概念。C 语言中的 true 可以是不为 0 的任何值，而 false 则为 0。使用关系运算符和逻辑运算符表达式时，若表达式为真（即 true）则返回 1；否则，表达式为假（即 false），则返回 0。

例如：100>99，返回 1；10> (2+10)，返回 0。

应避免对实数作相等或不等的判断，如 1.0/3.0*3.0==1.0，结果为 0。可改写为

fabs(1.0/3.0*3.0-1.0)<1e-6，其中 fabs 为取绝对值库函数。

例 3-5　运算符综合应用。

```
#include <stdio.h>
void main()
{
    int a,b,c;
    a=b=c=5;
    a=b==c;
    printf("a=%d,b=%d,c=%d\n",a,b,c);
    printf("%d\n",a==(b=c++*2));
    printf("a=%d,b=%d,c=%d\n",a,b,c);
    a=b++>=++b>c++;
    printf("a=%d,b=%d,c=%d\n",a,b,c);
}
```

程序运行结果：

```
a=1,b=5,c=5
0
a=1,b=10,c=6
a=0,b=12,c=7
```

3.4.2　逻辑运算符

在逻辑运算中，逻辑运算符又称为逻辑连接词，它的运算对象都是真或假的命题。逻辑运算符共有 4 个：逻辑“非”、逻辑“与”、逻辑“或”和逻辑“异或”。其中，第一个是单目运算符，后 3 个是双目运算符，这里只介绍前 3 个运算符，见表 3-3。

表 3-3　逻辑运算符

运 算 符	作 用
&&	逻辑与
||	逻辑或
!	逻辑非

逻辑运算规则见表 3-4。

表 3-4　逻辑运算规则

a	b	!a	a&&b	a||b
0	0	1	0	0
0	非 0	1	0	1
非 0	0	0	0	1
非 0	非 0	0	1	1

1）&&：当且仅当两个运算量的值都为“真”时，运算结果为“真”，否则为“假”。

2）||：当且仅当两个运算量的值都为“假”时，运算结果为“假”，否则为“真”。

3）!：当运算量的值为“真”时，运算结果为“假”；当运算量的值为“假”时，运算结果为“真”。

例如，假定 x=5，则(x>=0) && (x<10)的值为“真”，(x<-1) || (x>5)的值为“假”。

所谓逻辑表达式是指用逻辑运算符将一个或多个表达式连接起来，进行逻辑运算的式子。逻辑表达式的值也是一个逻辑值，在 C 语言中，用逻辑表达式表示多个条件的组合。

例如，(year%4==0)&&(year%100! =0)||(year%400==0)就是一个判断某个年份是否是闰年的逻辑表达式。

C 语言用整数“1”表示“逻辑真”，用“0”表示“逻辑假”。但在判断一个数据的“真”或“假”时，以 0 和非 0 为根据：如果为 0，则判定为“逻辑假”；如果为非 0，则判定为“逻辑真”。

例如，假设 num=12，则！num 的值=0，num>=1& &num<=31 的值=1，num || num>31 的值=1。

说明：

1）逻辑运算符两侧的操作数，除了可以是 0 和非 0 的整数外，也可以是其他任何类型的数据，如实型、字符型等。

2）在计算逻辑表达式时，只有在必须执行下一个表达式才能求解时，才求解该表达式（即并不是所有的表达式都被求解）。例如，对于逻辑与运算，如果第一个操作数被判定为“假”，系统不再判定或求解第二操作数；对于逻辑或运算，如果第一个操作数被判定为“真”，系统不再判定或求解第二操作数。

例如，假设 n1、n2、n3、n4、x、y 的值分别为 1、2、3、4、1、1，则求解表达式(x=n1>n2) && (y=n3>n4)后，x 的值变为 0，而 y 的值不变，仍等于 1。

逻辑运算符的优先级别是：!（非）→&&（与）→ ||（或）。

例 3-6　逻辑运算符。

```
#include <stdio.h>
void main()
{
      int i=10,m,n;
      m=!! i;
      n=(4<i<8);
      printf("i=%d,m=%d,n=%d\n",i,m,n);
}
```

程序运行结果：

i=10,m=1,n=1

虽然经过!!i 运算，但 i 本身的值并没有改变，它返回给 m 的只是个中间结果。!!i=!(!10) =!0=1，所以 m 值是 1。

4<i<8 即 4<10<8，从数学上看这个不等式的结果应是假的，但在 C 语言中却是这样处理的：(4<i<8) = ((4<i)<8) = (1<8) =1。

3.5　条件运算符和逗号运算符

1. 条件运算符

“?:” 运算符是一个三目运算符，其一般格式如下：

<表达式P>?<表达式A>:<表达式B>;

“?:”运算符的含义是：先求表达式P的值，如果为真，则求表达式A的值并把它作为整个表达式的值；如果表达式P的值为假，则求表达式B的值并把它作为整个表达式的值。

程序流程如图 3-1 所示。

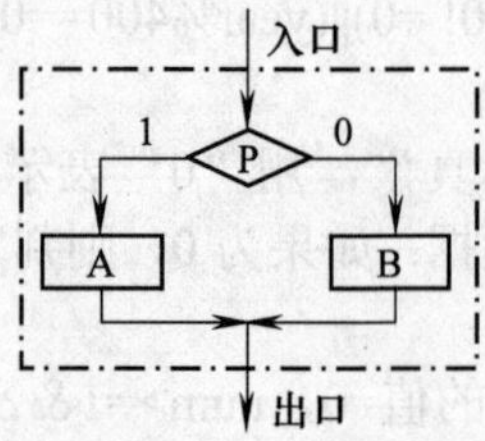

图 3-1　if-then-else 形式的语句流程

例 3-7　条件运算符应用。

```
#include <stdio.h>
void main()
{
    int a,b,c;
    a=b=c=2;
    a+=b;
    b+=c;
    c+=a;
    printf("(1)%d\n",a++>b?a：b);
    printf("(2)%d\n",a>b?c>a++：b-->a?c++：c--);
    (a>=b>=c)?printf("GOOD\n")：printf("FAIR\n");
    printf("a=%d,b=%d,c=%d\n",a,b,c);
}
```

程序运行结果：

(1) 4
(2) 1
FAIR
a=6,b=4,c=6

2．逗号运算符

“,”运算符的一般格式如下：

表达式 1,表达式 2

其求值过程是分别求两个表达式的值，并以表达式 2 的值作为整个逗号表达式的值。

“,”运算符可用于将多个表达式串在一起，“,”运算符的左边总不返回，最右边表达式的值才是整个表达式的值。

例 3-8　逗号表达式应用。

```
#include <stdio.h>
void main()
{
```

```
        int a=1,b=3,c=5,x,y;
        y=((x=a+b),(b+c));
        printf("y=%d,x=%d",y,x);
    }
```

程序运行结果：

y=8,x=4

本例中，y 等于整个逗号表达式的值，也就是表达式 2 的值，x 是第一个表达式的值。关于逗号表达式，还要说明几点：

1）逗号表达式一般形式中的表达式 1 和表达式 2 也可以又是逗号表达式。例如，“表达式 1,(表达式 2,表达式 3)”形成了嵌套情形。因此可以把逗号表达式扩展为以下形式：“表达式 1,表达式 2,…, 表达式 n”，整个逗号表达式的值等于表达式 n 的值。

2）程序中使用逗号表达式，通常是要分别求逗号表达式内各表达式的值，并不一定要求整个逗号表达式的值。

3）并不是在所有出现逗号的地方都组成逗号表达式，如在变量说明中，函数参数表中逗号只是用作各变量之间的间隔符。

3.6　其他运算符

1. sizeof 运算符

sizeof 运算符是一个单目运算符，它返回变量或类型的字节长度。不同系统定义不同的字节长度，所以不同系统会得到不同结果。

例如，sizeof(double)为 8；sizeof(int)为 2，是 Turbo C 中定义长度。

也可以求已定义的变量，例如：

```
float f;
int i;
i=sizeof(f);
```

则 i 的值为 4。

例 3-9　求 char、int、float 和 double 类型的长度。

```
#include <stdio.h>
void main()
{
    printf("sizeof(char)=%d\n",sizeof(char));
    printf("sizeof(int)=%d\n",sizeof(int));
    printf("sizeof(float)=%d\n",sizeof(float));
    printf("sizeof(double)=%d\n",sizeof(double));
}
```

程序运行结果：

sizeof(char)=1
sizeof(int)=2
sizeof(float)=4
sizeof(double)=8

因此有如下关系：sizeof(char)≤sizeof(int)≤sizeof(float)≤sizeof(double)。

2．“&”和“*”运算符

“&”运算符是一个返回操作数地址的单目操作符。

“*”运算符是对“&”运算符的一个补充，它返回位于这个地址内的变量值，也是单目操作符。后面会对地址运算符作详细的介绍。

例 3-10 “&”运算符。

```
# include <stdio.h>
void main()
{
    int i, j, *m;
    i=33;
    m=&i;              /*将变量 i 的地址赋给 m*/
    j=*m;              /*地址 m 所指的单元的值赋给 j*/
    printf("%x,%d",m,j);
}
```

上面程序运行后 i=33，m 为其对应的内存地址，j 的值也为 33。

3.7 运算顺序

C 语言中，运算符的运算优先级共分为 15 级。1 级最高，15 级最低。在表达式中，优先级较高的先于优先级较低的进行运算。而在一个运算量两侧的运算符优先级相同时，则按运算符的结合性所规定的结合方向处理。C 语言中各运算符的结合性分为两种，即左结合性（自左至右）和右结合性（自右至左）。例如，算术运算符的结合性是自左至右，即先左后右。如有表达式 x–y+z，则 y 应先与“–”号结合，执行 x–y 运算，然后再执行+z 的运算。这种自左至右的结合方向就称为“左结合性”。而自右至左的结合方向称为“右结合性”。最典型的右结合性运算符是赋值运算符，如 x=y=z，由于“=”的右结合性，应先执行 y=z 再执行 x=（y=z）运算。C 语言运算符中有不少为右结合性，应注意区别，以避免理解错误。

一般而言，单目运算符优先级较高，赋值运算符优先级低。算术运算符优先级较高，关系和逻辑运算符优先级较低。多数运算符具有左结合性，单目运算符、三目运算符、赋值运算符具有右结合性。

逻辑运算符中，逻辑“非”的优先级最高，逻辑“与”次之，逻辑“或”最低，即!（非）→&&（与）→||（或）。

C 语言规定了运算符的优先次序即优先级。当一个表达式中有多个运算符参加运算时，将按下面所规定的优先级进行运算。优先级从上往下逐渐降低，同一行优先级相同。例如，表达式 6>5&&!(80<79)||7<=3 的值为 1，表达式 6>5&&!(80<79)&&7<=3 的值为 0。

！→算术运算→关系运算→&&→||→赋值运算

C 语言运算符优先级和结合性见附录 C。

在 C 语言中，表达式求值次序在 ANSI C 标准中没有规定。对于不同的编译器，只要求遵守运算符优先级和结合性规则，而对表达式求值次序的内部实现不加限制。

本章小结

本章介绍了运算符和表达式。

首先介绍了算术运算符、关系运算符和关系表达式。由关系运算符和操作对象构成的式子称为关系表达式，其运算结果只有真（非 0）和假（0）两种。关系表达式的运算规则是按照运算符的优先级关系进行运算的。

条件运算符是“?:”，由条件运算符构成的式子称为条件表达式，其运算规则是当问号前面的条件为真（非 0）则表达式的值为冒号前面的式子的值，否则为冒号后面的式子的值。

由逻辑运算符和关系表达式构成的式子称为逻辑表达式，其运算结果也只有真（非 0）和假（0）两种。逻辑表达式的运算规则也遵循运算符的优先级关系。

C 语言的运算符不仅具有不同的优先级，而且还有一个特点，就是它的结合性。在表达式中，各运算量参与运算的先后顺序不仅要遵守运算符优先级别的规定，还要受运算符结合性的制约，以便确定是自左向右进行运算还是自右向左进行运算。这种结合性是其他高级语言的运算符所没有的，因此也增加了 C 语言的复杂性。

习题与实训

一、习题

1. 假设所有变量均为整型，则表达式(a=2,b=5,b++,a+b)的值为______。

   A. 7　　B. 8　　C. 6　　D. 2

2. 下列运算符中优先级最高的是______。

   A. <　　B. +　　C. &&　　D. !=

3. 以下关于运算符优先级的排序正确的是______。

   A. 关系运算符<算数运算符<赋值运算符<逻辑运算符
   B. 逻辑运算符<关系运算符<算数运算符<赋值运算符
   C. 赋值运算符<逻辑运算符<关系运算符<算数运算符
   D. 算数运算符<关系运算符<赋值运算符<逻辑运算符

4. 以下程序的运行结果是______。

```
#include <stdio.h>
main()
{
    int a,b,d=241;
    a=d/100%9;
    b=(-1)&&( -1);
    printf("%d,%d",a,b);
}
```

   A. 6,1　　B. 2,1　　C. 6,0　　D. 2,0

5. 设有定义“int x=2;”，则表达式（x++ * 1/3）的值是______。

   A. 1　　B. 4　　C. 11　　D. 0

6. 设有定义“int a=1,b=2,c=3,d=4,m=2,n=2;”，则执行(m=a>b)&&(n=c>d)后 n 的值为______。

   A. 1　　B. 2　　C. 3　　D. 4

7. 判断 char 型变量 c1 是否为小写字母的正确表达式为______。

A. 'a'<=c1<='z'　　B. (c1>=a)&&(c1<=z)

C. ('a'>=c1)||('z'<=c1)　　D. (c1>='a')&&(c1<='z')

8. 若有条件表达式(exp)?a++:b--，则以下表达式中能完全等价于表达式(exp)的是______。

A. (exp==0)　　B. (exp!=0)　　C. (exp==1)　　D. (exp!=1)

二、实训

（一）实训目的

1. 掌握 C 语言算术运算符的基本概念、基本属性、运算规则。
2. 掌握 6 个关系运算符、3 个逻辑运算符的基本概念、基本属性、运算规则。
3. 了解条件运算符和逗号运算符等运算符的含义。
4. 掌握运算符的优先级别和求值规则。

（二）实训内容

1. 写出下列代数式的对应的 C 语言表达式。

（1）$\dfrac{a+b+c}{2}+\sqrt{a^2+b^2}$　　（2）$\sin 5x+\cos 8x+e^x$

（3）$(3x)^2+x^3/8$　　（4）$5c-3(a+b)^2$

（5）$|x^3+\log_{10}x|$

2. 对下列表达式求值。

（1）若有定义“int e=1,f=4,g=2;float m=10.5,n=4.0,k;”，则计算赋值表达式 k=(e+f)/g+sqrt((double)n)*1.2/g+m 后 k 的值。

（2）若 x 和 y 都是 double 型变量，且 x 的初值为 3.0，y 的初值为 2.0，求表达式 pow(y, fabs(x))的值。

3. 写出下面程序的输出结果。

（1）

```
#include <stdio.h>
main( )
{
    int a=-1,b=4,k;
    k=(a++<=0)&&(!b--<=0);
    printf("%d,%d,%d",k,a,b);
}
```

（2）

```
#include <stdio.h>
main()
{
    int a=2;
    a%=3;
    a+=a*=a-=a*=3;
    printf("%d",a);
}
```

4. 编写程序用运算符实现比较和判断。

第 4 章　顺 序 结 构

从程序流程的角度来看，程序可以分为 3 种基本结构，即顺序结构、分支结构、循环结构。这 3 种基本结构可以组成各种复杂程序。C 语言提供了多种语句来实现这些程序结构。本章介绍这些基本语句及其在顺序结构中的应用。

C 语言程序的执行部分是由语句组成的，程序的功能也是由执行语句实现的。C 语言的语句可分为 5 类：表达式语句、函数调用语句、控制语句、复合语句、空语句。其中，控制语句用于控制程序的流程，以实现程序的各种结构方式。

4.1　程序的 3 种基本结构

前面介绍的简单的C语言程序设计都是顺序结构，主要是指不引入控制语句的程序设计；分支结构是指引入逻辑判断，选择表达式为真或假的不同处理过程；循环结构是很重要的结构，其特点是，在给定条件成立时，反复执行某程序段，直到条件不成立为止。给定的条件称为循环条件，反复执行的程序段称为循环体。

顺序结构的程序是按程序语句或模块在执行流中的顺序逐个执行，如图 4-1 所示。

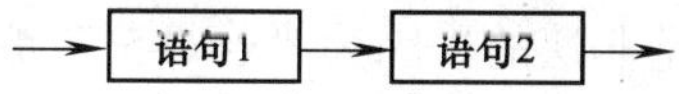

图 4-1　顺序结构

选择结构的程序是按设定的条件实现程序执行流的多路分支，如图 4-2 所示。

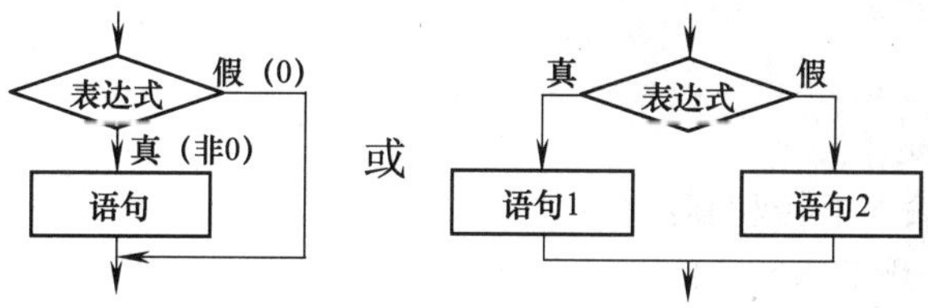

图 4-2　选择结构

循环结构的程序是按给定的条件重复地执行指定的程序段或模块，如图 4-3 所示。

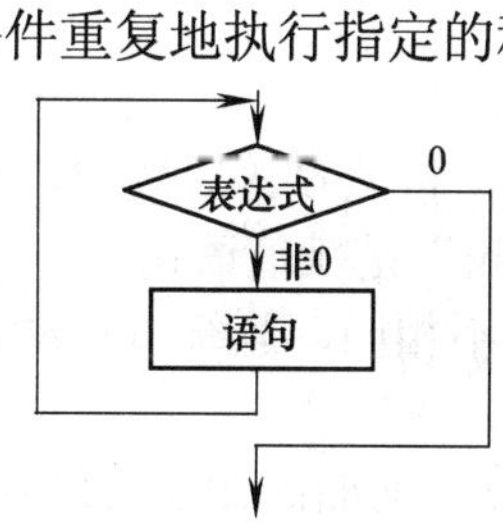

图 4-3　循环结构

4.2　赋值语句

赋值语句是由赋值表达式再加上分号构成的表达式语句，是最常用的语句之一。其一般格式如下：

变量=表达式;

赋值语句的功能和特点都与赋值表达式相同，在赋值语句的使用中需要注意以下几点：

1）由于在赋值符“=”右边的表达式也可以又是一个赋值表达式，因此形式“变量=（变量=表达式）;”。是成立的，从而形成嵌套的情形。其展开之后的一般形式为“变量=变量=…=表达式;”例如：

```
a=b=c=d=e=5;
```

按照赋值运算符的右结合性，实际上等效于：

```
e=5;
d=e;
c=d;
b=c;
a=b;
```

2）注意在变量说明中给变量赋初值和赋值语句的区别。给变量赋初值是变量说明的一部分，赋初值后的变量与其后的其他同类变量之间仍必须用逗号间隔，而赋值语句则必须用分号结尾。

3）在变量说明中，不允许连续给多个变量赋初值。例如，说明“int a=b=c=5;”是错误的，必须写为“int a=5, b=5, c=5;”，而赋值语句允许连续赋值。

4）注意赋值表达式和赋值语句的区别。赋值表达式是一种表达式，它可以出现在任何允许表达式出现的地方，而赋值语句则不能。例如，

语句“if((x=y+5)>0) z=x;”是合法的。该语句的功能是，若表达式 x=y+5 大于 0，则 z=x。又如，语句 if((x=y+5;)>0) z=x; 是非法的，因为“x=y+5;”是语句，不能出现在表达式中。

例 4-1 编程计算圆柱体的体积，$v=\pi r^2 h$。

```
#include <stdio.h>
void main()
{
    float r,h,v;
    printf("输入半径和高：");
    scanf("%f%f",&r,&h);
    v=3.1415926*r*r*h;
    printf("v=%8.2f\n",v);
}
```

在 C 语言中也可以组成赋值语句，按照 C 语言规定，任何表达式在其末尾加上分号就构成为语句。因此，“v=3.1415926*r*r*h;”是赋值语句。

如果赋值运算符两边的数据类型不相同，系统将自动进行类型转换，即把赋值号右边的类型换成左边的类型。具体规定如下：

1）实型赋予整型，舍去小数部分（前面的例子已经说明了这种情况）。

2）整型赋予实型，数值不变，但将以实数形式存放，即增加小数部分（小数部分的值为 0）。

3）字符型赋予整型，由于字符型为一个字节，而整型为两个字节，故将字符的 ASCII 码值放到整型量的低 8 位中，高 8 位为 0。

4）整型赋予字符型，只把低 8 位赋予字符量。

4.3　表达式语句和函数调用语句

表达式语句由表达式加上分号“;”组成。其一般格式如下：

表达式;

执行表达式语句就是计算表达式的值。例如，“x=y+z;”为赋值语句；“y+z;”为加法运算语句，但计算结果不能保留，无实际意义；“i++;”为自增 1 语句，i 值增 1。

函数调用语句由函数名、实际参数加上分号“;”组成。其一般格式如下：

函数名 (实际参数表);

执行函数语句就是调用函数体并把实际参数赋予函数定义中的形式参数，然后执行被调函数体中的语句，求取函数值（在函数一章中再详细介绍）。

例 4-2　表达式语句。

```
#include <stdio.h>
void main()
{
      int a,b,c;
      a=3;
      b=a*4,c=((5,6),a=8,20);
      printf("%d,%d,%d\n",a,b,c);
}
```

程序运行结果：

8,12,20

4.4　复合语句和空语句

把多个语句用括号“{}”括起来组成的一个语句称为复合语句。在程序中应把复合语句看成是单条语句，而不是多条语句，例如：

```
{
  x=y+z;
  a=b+c;
  printf("%d%d"，x，a);
}
```

这是一条复合语句。复合语句内的各条语句都必须以分号“;”结尾，在括号“}”外不能加分号。

只有分号“;”组成的语句称为空语句。空语句是什么也不执行的语句。在程序中空语句可用来作空循环体或空函数。例如：

```
while(getchar()!='\n') ;
```

本语句的功能是，只要从键盘输入的字符不是回车，则重新输入。这里的循环体为空语句。

4.5　格式输入/输出函数

本小节介绍的是输入/输出数据的语句。在 C 语言中，所有的数据输入、输出都是由库函数完成的，因此都是函数语句。先介绍 printf 函数和 putchar 函数，printf 函数称为格式输出函数，其关键字最末一个字母 f 即为“格式”（format）之意。其功能是按用户指定的格式，把指定的数据显示到显示器屏幕上。在前面的例题中已多次使用过这个函数。

C 语言的数据输入也是由函数语句完成的，从标准输入设备——键盘上输入数据的函数是 scanf()和 getchar()。scanf()称为格式输入函数，即按用户指定的格式从键盘上把数据输入到指定的变量之中。

4.5.1 格式输出函数

printf 函数用来按规定格式向标准输出设备（屏幕）输出数据。下面详细介绍这个函数的用法。

printf 函数的调用格式如下：

printf("<格式控制串>", <输出项表>);

其中，格式控制串可由格式字符串和非格式字符串组成。格式字符串是以%开头的字符串，在%后面跟有各种格式字符，以说明输出数据的类型、形式、长度、小数位数等。例如，%d 表示按十进制整型输出，%ld 表示按十进制长整型输出，%c 表示按字符型输出等。

非格式字符串在输出时按原样输出，在显示中起提示说明作用。例如：

printf("a=%d　x=%f ",10,27.96);

输出数据为“a=10　x=27.960000”。格式控制串中的%d 和%f 是格式串，“a=”“　”“x=”是普通串。用于输出的格式字符见表 4-1。

输出项表中给出了各个输出项，要求格式字符串和各输出项在数量和类型上应该一一对应。各参数之间用“,”分开，且顺序一一对应，其中格式控制字符串用于指定输出格式。

输出项表是表达式表，其一般格式如下：

表达式 1, 表达式 2, 表达式 3, 表达式 4, …

表达式可以是常量、变量、函数调用、表达式，无论哪种数据形式，都必须有确定的值。

表 4-1　用于输出的格式字符

格 式 字 符	说　　明
d, i	输出十进制有符号整数，“+” 号不输出，“-” 号输出
o	输出八进制无符号整数，前导 0 不输出
x, X	输出十六进制无符号整数，前导 0 不输出
u	输出十进制无符号整数
f	输出带小数点形式的实数
e, E	输出指数形式的实数
c	输出字符
s	输出字符串

格式控制串与输出项表必须保持一一对应关系，格式字符串与输出项个数要相同，顺序要一致，数据类型要匹配，如图 4-4 所示。

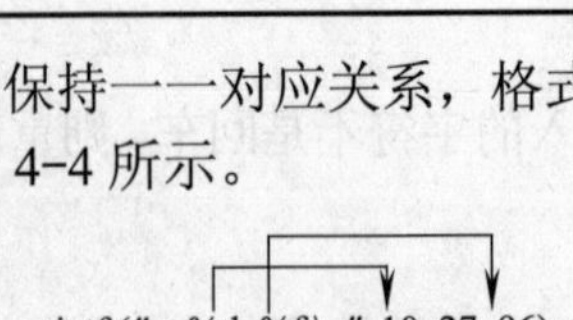

图 4-4　格式串与输出项表的关系

4.5.2 格式输入函数

scanf()是格式化输入函数，一般用于按规定格式从标准输入设备（键盘）读取输入的信息。其调用格式如下：

scanf("<格式控制串>", <输入项表>);

其中，格式控制串可由格式字符串和非格式字符串两种组成。格式字符串与 printf 函数中的格式字符串基本相同；非格式字符串在输出时原样输入，在显示中起说明作用。

输入项表只能是变量的地址，其一般格式如下：

&变量 1, &变量 2, &变量 3, &变量 4, …

常量、函数调用、表达式等都不能作为输入项。“&”运算符是取变量的地址。

格式字符串与输入项表的关系必须保持一一对应关系：格式串与输入项个数要相同，顺序要一致，数据类型要匹配，如图 4-5 所示。

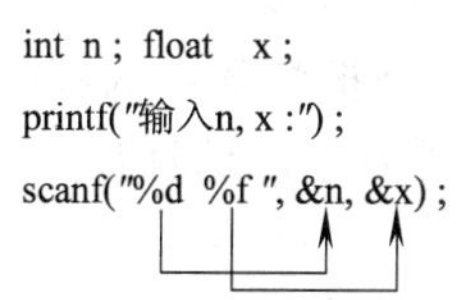

图 4-5 格式串与输入项表的关系

输入项表是需要读入所有变量的地址，而不是变量本身，这与 printf 函数完全不同，各个变量的地址之间用“,”分开。

scanf 函数是一个标准库函数，它的函数原型在头文件 stdio.h 中，与 printf 函数相同，地址是由地址运算符“&”后跟变量名组成的。例如，&a、&b 分别表示变量 a 和变量 b 的地址。这个地址就是编译系统在内存中给 a、b 变量分配的地址。在 C 语言中，使用了地址这个概念，这是与其他语言不同的。应该把变量的值和变量的地址这两个不同的概念区别开来。变量的地址是 C 编译系统分配的，不必关心具体的地址是多少。

变量的地址和变量值的关系如下：a 为变量名，567 是变量 a 的值，&a 是变量 a 的地址。在赋值表达式中给变量赋值，如 a=567，在赋值号左边是变量名，不能写地址，而 scanf 函数在本质上也是给变量赋值，但要求写变量的地址，如&a。这两者在形式上是不同的。&是一个取地址运算符，&a 是一个表达式，其功能是求变量的地址。

例 4-3 计算长方形的面积（用户输入长和宽）。

```
#include <stdio.h>
void main()
{
    double area,width,length;
    printf("输入长方形的长和宽（逗号分隔）：\n");
    scanf("%lf,%lf ",&length,&width);
    area=length*width;
    printf("面积=%20.8f\n",area);
}
```

在使用 Turbo C 环境调试本例时，由于 scanf 函数本身不能显示提示串，故先用 printf 语句在屏幕上输出提示，输入长方形的长和宽（逗号分隔）。执行 scanf 语句，则退出 Turbo

C 屏幕，进入用户屏幕等待输入。用户输入长和宽的值后按回车键，此时，系统又将返回 Turbo C 屏幕。由于在 scanf 语句的格式串“%lf, %lf”之间有逗号作为输入时的分隔符，因此在输入时要输入逗号，否则要用一个或以上的空格或回车键作为两个输入数之间的间隔。

格式字符串的一般格式如下：

%[*][输入数据宽度][长度]类型

其中，方括号[]中的项为任选项。各项的意义如下：

1）类型。表示输入数据的类型，其格式符和意义如下。

① %d：输出十进制整数，按数据的实际长度输出。可以对输出数据所占字节位数加以限制，方法是在%和 d 之间加一整数，整数可正可负。

② %ld：当输出的数据大于 32767 时，不能再用%d 格式，这时应该用长格式%ld 输出。例如：

printf("a=%ld",1234567);　输出为：a=1234567

③ %o：以八进制形式输出整数，是把整数在内存中的 ASCII 编码由低位向高位 3 位一组进行分节，每一节用一个八进制数码表示，这样如果原来的数据为负，则符号位的 1 也被作为八进制数的一部分加以处理了。

④ %x（或%X）：以十六进制形式输出整数，和八进制输出一样，只是它是对二进制编码按 4 位一组进行分节，每节用一个十六进制数码表示，同样也不考虑符号。

⑤ %u：以十进制形式输出无符号整数。可以用%u 格式输出定义为其他整数类型的数据，用其他输出整数的格式也可以输出定义为无符号整数的数据，只是要注意，这两种情况只能在正整数的区间内使用。

⑥ %c：输出一个字符，和字符 ASCII 编码对应的整数也以字符形式输出，并可以为其指定长度。例如：

```
char c='a';
printf("c=%c,%c\n",c,97);
printf("c=%5c\n",c);
```

则输出结果为：

```
c=a,a
c=    a
```

⑦ %s：按实际大小输出字符串，但若字符串中含有'\0'字符，则输出到'\0'截止，即并不把双引号中的内容全部输出。例如：

printf("s=%s\n", "China");　输出为：s=China

printf("s=%s\n","China\0Japan");　输出为：s=China

如果字符串中有控制字符，则控制字符也会发挥作用。例如，指定输出字符串的长度，规则如前：

printf("s=%6s","book");　输出为：s=　book　（右对齐）

printf("s=%-6s","book");　输出为：s=book　（左对齐）

printf("s=%2s","book");　输出为：s=book　（突破限制）

输出字符串前端的部分字符格式%<m>.<n>s。这种格式指明：在 m 列宽度中输出字符串的前 n 个字符，当 m<n 时，有 m=n。例如：

printf("s=%5.3s","China");　输出为：s=　Chi

printf("s=%-5.3s","China");　输出为：s=Chi

printf("s=%2.3s","China");　输出为：s=Chi

⑧ %f：以小数形式输出单精度、双精度类型的实数。以%f 格式输出实数时，整数部分全部输出，小数部分输出 6 位，但输出的不一定全是有效数字。对单精度数只有左边 7 位有效，而对双精度只有前 16 位有效。

也可以指定输出的宽度和小数位数，例如：

printf("f=%10.2f\n",123.456);　输出为：f=　　123.46

输出宽度中包含小数点位数，小数部分进行四舍五入。

⑨ %e（或%E）：以指数形式输出实数，包括单精度和双精度数。输出时，尾数的整数部分只有 1 位，系统自动指定尾数的小数部分宽度和指数部分的宽度。对此，不同的系统有不同的规定。对 Turbo C 来说，小数部分 5 位，指数部分 4 位（包括字母 e 或 E，1 位阶符，2 位阶码）。

程序中易出现的错误：把除%X、%E 外的控制字符写成大写，如%D 等；试图用%c 格式输出字符串的第一个字符。例如：

printf("%c","China");

这样输出不了'C'。

又如，试图用%s 格式输出字符

printf("%s\n",'a');

结果也是错误的。

2）“*”符号。表示该输入项读入后不赋予相应的变量，即跳过该输入值。如语句“scanf("%d %*d %d",&a,&b);”，当输入为“1 2 3”时，把 1 赋予 a，2 被跳过，3 赋予 b。

3）宽度说明。%d 的精度是指至少要打印的数字位数，例如：

printf("%.9d",123);　输出为：000000123

%g 的精度是指输出的有效数字的最大位数，例如：

printf("%.3g",12.385);　输出为：12.4

用十进制整数指定输入的宽度（即字符数），例如：

scanf("%5d",&a);

若输入“12345678”，则只把 12345 赋予变量 a，其余部分被截去。又如：

scanf("%4d%4d",&a,&b);

输入“12345678”，则将把 1234 赋予 a，而把 5678 赋予 b。

4）长度。长度格式符为 l 和 h，l 表示输入长整型数据（如%ld）和双精度实数（如%lf）；h 表示输入短整型数据。

可以在“%”和字母之间插入数字表示最大场宽。例如：%3d 表示输出 3 位整型数，不够 3 位右对齐；%9.2f 表示输出场宽为 9 的实数，其中小数位为 2，整数位为 6，小数点占一位，不够 9 位右对齐；%8s 表示输出 8 个字符的字符串，不够 8 个字符右对齐。

如果字符串的长度或整型数位数超过说明的场宽，将按其实际长度输出。但对实数，若整数部分位数超过了说明的整数位宽度，将按实际整数位输出；若小数部分位数超过了说明的小数位宽度，则按说明的宽度以四舍五入输出。

另外，若想在输出值前加一些 0，应在场宽项前加个 0。例如，%04d 表示在输出一个小于 4 位的数值时，将在前面补 0 使其总宽度为 4 位。

如果用实数表示字符或整型量的输出格式，小数点后的数字代表最大宽度，小数点前的数字代表最小宽度。例如，%6.9s 表示显示一个长度不小于 6 且不大于 9 的字符串，若原字符串长度大于 9，则第 9 个字符以后的内容将被删除。

在“%”和字母之间加小写字母 l，表示输出的是长型数。例如：%ld 表示输出 long 整数；%lf 表示输出 double 实数。

可以控制输出左对齐或右对齐，即在“%”和字母之间加入一个“-”号可说明输出为左对齐，否则为右对齐。例如：%-7d 表示输出 7 位整数左对齐；%-10s 表示输出 10 个字符左对齐。

使用 scanf 函数还必须注意以下几点：

1）scanf 函数中没有精度控制，如“scanf("%5.2f",&a);”是非法的，不能企图用此语句输入小数为 2 位的实数。

2）scanf 函数中要求给出变量地址，如给出变量名则会出错，如“scanf("%d",a);”是非法的，应改为“scanf ("%d",&a);”才是合法的。

3）在输入多个数值数据时，若格式字符串中没有非格式字符作输入数据之间的间隔则可用空格、TAB 或回车作间隔。C 语言编译时在碰到空格、TAB、回车或非法数据（如对“%d”输入“12A”时，A 即为非法数据）时即认为该数据结束。

4）在输入字符数据时，若格式控制串中无非格式字符，则认为所有输入的字符均为有效字符。例如：

```
scanf("%c%c%c",&a,&b,&c);
```

若输入为“d　e　f”，则把'd'赋予 a，'　'赋予 b，'e'赋予 c。只有当输入为“def”时，才能把'd'赋予 a，'e'赋予 b，'f '赋予 c。如果在格式控制中加入空格作为间隔，例如：

```
scanf("%c  %c  %c",&a,&b,&c);
```

则输入时各数据之间可加空格。

例 4-4　输入、输出字符。

```
#include <stdio.h>
void main()
{
    char ch1,ch2;
    printf("input character ch1,ch2\n");
    scanf("%c%c",& ch1,& ch2);
    printf("%c%c\n", ch1, ch2);
}
```

由于 scanf 函数“%c%c”中没有空格，输入“M N”，结果输出只有 M。而输入改为“MN”时则可输出 MN 两个字符。

如果格式字符串“%c %c”之间有空格时，输入的数据之间可以有空格间隔。如果格式字符串中有非格式字符则输入时也要输入该非格式字符。例如：

```
scanf("%d,%d,%d",&a,&b,&c);
```

其中用非格式符“，”作间隔符，故输入时应为“5，6，7”。又如：

```
scanf("a=%d,b=%d,c=%d",&a,&b,&c);
```

则输入应为“a=5,b=6,c=7”。如输入的数据与输出的类型不一致时，虽然编译能够通过，但结果将不正确。

例 4-5　输入、输出数据。

```
#include <stdio.h>
```

```
void main()
{
    int x;
    printf("input a number\n");
    scanf("%d",& x);
    printf("%ld", x);
}
```

由于输入数据类型为整型，而输出语句的格式串中说明为长整型，因此输出结果和输入数据不符。如改动程序如下：

```
#include <stdio.h>
void main()
{
    long x;
    printf("input x long integer\n");
    scanf("%ld",& x);
    printf("%ld", x);
}
```

程序运行结果：

```
input x long integer
2147483647
2147483647
```

当输入数据改为长整型后，输入、输出数据相等。

使用 printf 函数时还要注意一个问题，那就是输出表列中的求值顺序。不同的编译系统不一定相同，可以从左到右，也可从右到左。Turbo C 是按从右到左进行的。

4.5.3　字符输入/输出函数

非标准格式化输入/输出函数可以由前面讲述的标准格式化输入/输出函数代替，但这些专用函数编译后代码少，相对占用内存也小，从而提高了速度，同时使用也比较方便。

单个字符的输入/输出可利用非标准格式化输入/输出函数。使用非标准格式化函数前必须要用文件包含命令“#include <stdio.h>”。

1．单个字符的输出

putchar 函数：字符输出函数，其功能是向标准输出设备输出一个字符。其调用格式如下：

```
putchar(ch);
```

其中，ch 为一个字符变量或常量。putchar 函数的作用等同于“printf("%c", ch);”。

例如：“putchar('A');”输出大写字母 A；“putchar(x);”输出字符变量 x 的值；“putchar('\n');”换行对控制字符则执行控制功能，不在屏幕上显示。

例 4-6　输出单个字符。

```
#include <stdio.h>
void main()
{
    char x='G,y='O', z ='D';
```

```
        putchar(x);putchar(y);putchar(y);putchar(z);
        putchar('\n');
    }
```

程序运行结果：

GOOD

2. 单个字符的输入

getchar 函数：键盘输入函数，其功能是从键盘上输入一个字符。其一般格式如下：

getchar();

通常把输入的字符赋予一个字符变量，构成赋值语句。

使用 getchar 函数还应注意几个问题：

1）getchar 函数只能接收单个字符，输入数字也按字符处理。输入多于一个字符时，只接收第一个字符。

2）在 Turbo C 屏幕下运行含 getchar 函数的程序时，将退出 Turbo C 屏幕进入用户屏幕等待用户输入，输入完毕再返回 Turbo C 屏幕。

例 4-7 输入单个字符。

```
#include <stdio.h>
void main()
{
    char ch;
    ch=getchar();
    putchar(ch);
    putchar('\n');
}
```

运行程序时，如果从键盘输入字符'V'，运行结果就是 V。

本章小结

在顺序结构程序中，一般包括以下几个部分。

1）程序开头的编译预处理命令。在程序中要使用标准函数（又称库函数），除 printf 函数和 scanf 函数外，其他的都必须使用编译预处理命令，将相应的头文件包含进来。

2）顺序结构程序的函数体中，是完成具体功能的各个语句和运算，主要包括：

① 变量类型的说明。

② 提供数据语句。

③ 运算部分。

④ 输出部分。

C 程序的输入/输出操作是通过调用系统提供的标准库函数来完成的。scanf 函数和 printf 函数是使用最多、功能最强，同时也是最容易出错的输入/输出函数。正确使用这两个函数的关键是注意其中的格式控制字符。一般情况下，除 scanf 函数和 printf 函数外，使用其他输入/输出函数时，都要在源程序开头处用“#include”将头文件 stdio.h 包含进去。

习题与实训

一、习题

1. 程序的 3 种基本结构是：

____。

2. C 语言的 5 种语句是：

____。

3. 格式控制字符串和输出项表之间的关系是：

____。

4. printf 函数中用到格式符%5s，其中数字 5 表示输出的字符串占 5 列，如果字符串长度大于 5，则输出按方式________________________；如果字符串长度小于 5，则输出按方式________________________。

二、实训

（一）实训目的

1. 了解 3 种基本程序结构。
2. 掌握赋值语句、表达式语句和函数调用语句。
3. 掌握并熟练运用格式输入/输出函数 scanf()、printf()。
4. 能够编写简单顺序结构的程序。

（二）实训内容

1. 阅读程序，并跟踪程序中变量的值和输出结果。

（1）

```
#include <stdio.h>
void main()
{
float a,sum=0.0;     /* a 的值为______，sum 的值为_______ */
int b;               /* b 的值为______ */
printf("输入 a,b：");
scanf("%f %d",&a,&b); /*  输入 a，b：15 30<回车> */
sum=a+b;        /* a 的值为______，b 的值为______，sum 的值为_______ */
printf("sum=%f\n",sum); /* sum=__________________ */
}
```

（2）

```
#include <stdio.h>
main()
{
float a=123.456;double b=8765.4567;
printf("%f\n",a);
printf("%14.3f\n",a);
```

```
printf("%6.4f\n",a);
printf("%lf\n",b);
printf("%14.3lf\n",b);
printf("%8.4lf\n",b);
printf("%.4f\n",b);
}
```

2. 程序设计填空。

输入一个3位整数，将其按逆序输出。例如，输入3位整数为123，输出为321。

```
#include <stdio.h>
void main()
{
________________;
printf("输入一个3位整数：");
scanf("%d",&n);
d2=__________;     /* 取出百位数的数字 */
    d1=__________;     /* 取出百位数的数字 */
d0=__________;     /* 取出个位数的数字 */
printf("输出三位整数：%d\n",________________);
}
```

3. 编写包含scanf函数、printf函数的顺序结构程序。

第 5 章　分 支 结 构

与顺序结构一样，分支结构也是 C 语言程序的基本结构之一。所谓分支结构，就是根据不同的条件，选择不同的处理块（程序块或分程序）。设计分支结构程序，要考虑两个方面的问题：一是在 C 语言中如何来表示条件；二是在 C 语言中实现分支结构用什么语句。在 C 语言中表示条件，一般用关系表达式或逻辑表达式，实现分支结构用双分支 if 语句或多分支 switch 语句。

5.1　if 语句

用 if 语句可以构成分支结构。它根据给定的条件进行判断，以决定执行某个分支程序段。C 语言中的 if 语句有 3 种基本形式。

5.1.1　if 语句的格式

1．基本形式

if 语句的一般格式如下：

　　if (表达式) 语句；

其语义是：如果表达式的值为真，则执行其后的语句，否则不执行该语句。具体流程如图 5-1 所示。

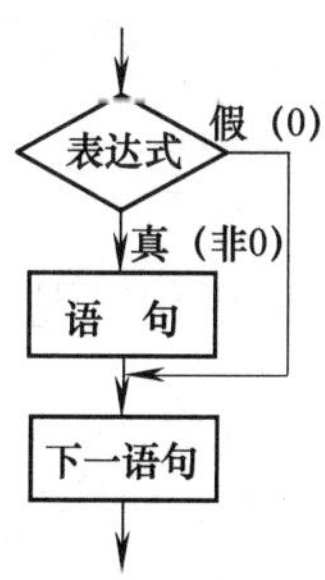

图 5-1　if 语句执行过程

例 5-1　使用 if 语句计算|a−b|。

```
#include <stdio.h>
void main( )
{
        int a,b,c=0;
        printf("输入 a 和 b 的值，用逗号分隔");
        scanf("%d,%d", &a,&b);
        if(a>b) c=a-b;
        if(a<b) c=b-a;
```

```
        printf("a–b 的绝对值:%d\n",c);
    }
```

程序运行结果：

输入 a 和 b 的值，用逗号分隔:

5, 10

a–b 的绝对值: 5

2．if-else 形式

if-else 语句的格式如下：

```
if(表达式)
    语句 1;
else
    语句 2;
```

其语义是：如果表达式的值为真，执行语句 1，否则执行语句 2。具体流程如图 5-2 所示。

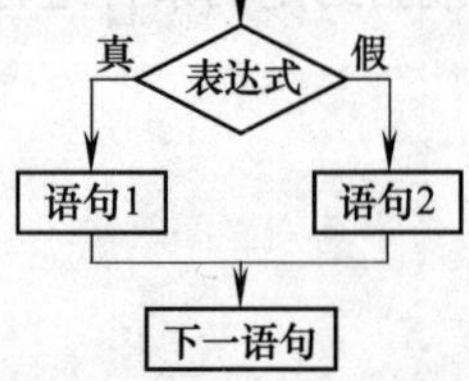

图 5-2　if-else 语句执行过程

如下列语句段：

```
x=10;
if(x>9) y=100; else y=200;
```

可以写成：

```
x=10;
y=x>9? 100: 200;
```

例 5-2　对例 5-1 进行改写，用 if-else 语句实现。

```
#include <stdio.h>
void main( )
{
    int a,b,c=0;
    printf("输入 a 和 b 的值, 用逗号分隔: ");
    scanf("%d,%d", &a,&b);
    if(a>b) c=a-b;
    else c=b-a;
    printf("a–b 的绝对值:%d\n",c);
}
```

例 5-3　对例 5-2 进行改写，用条件运算符实现。

```
#include <stdio.h>
void main( )
```

```
{
        int a,b,c=0;
        printf("输入 a 和 b 的值, 用逗号分隔: ");
        scanf("%d,%d", &a,&b);
        c=(a>b?a-b:b-a);
        printf("a–b 的绝对值:%d\n",c);
}
```

3. if-else-if 形式

前两种形式的 if 语句一般都用于两个分支的情况。当有多个分支时，可采用 if-else-if 语句，其一般格式如下：

```
if (表达式 1)
   语句 1;
else if (表达式 2)
   语句 2;
else if (表达式 3)
   语句 3;
…
else if (表达式 n)
   语句 n;
else
   语句 n+1;
```

其语义是：依次判断表达式的值，当出现某个值为真时，则执行其对应的语句，然后跳到整个 if 语句之外继续执行程序；如果所有的表达式均为假，则执行语句 n+1，然后继续执行后续程序。具体流程如图 5-3 所示。

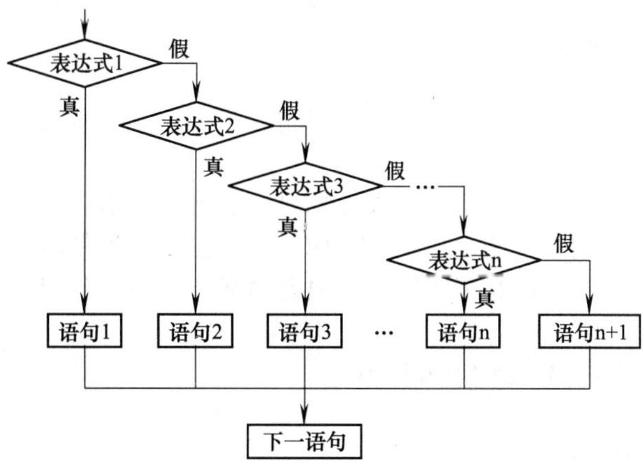

图 5-3　if-else-if 形式执行过程

例 5-4　编程实现输入某人出生年份，输出此人是“几零后”。

```
#include <stdio.h>
void main()
{
```

```
        int year;
        printf("请输入你的出生年份: ");
        scanf("%d",&year);
        if(year<1970)
                printf("你已过不惑之年了! \n");
        else if(year<1980)
                printf("你是 70 后! \n");
        else if(year<1990)
                printf("你是 80 后! \n");
        else if(year<2000)
                printf("你是 90 后! \n");
        else
                printf("你是 00 后! \n");
}
```

在使用 if 语句中还应注意以下问题。

1）在 else if 结构中，if 语句、else if 语句、else 语句属于同一程序模块。程序每运行一次，仅有一个分支的语句能得到执行。

2）各个表达式所表示的条件必须是互相排除的，也就是说，只有条件 1（表达式 1）不满足时才会判断条件 2，只有条件 2 也不满足时才会判断条件 3，其余依此类推，只有所有条件都不满足时才执行最后的 else 语句。

3）在 3 种形式的 if 语句中，在 if 关键字之后均为表达式。该表达式通常是逻辑表达式或关系表达式，但也可以是其他表达式，如赋值表达式等，甚至也可以是一个变量。

例如，“if(a=8) 语句;”“if(b) 语句;”都是允许的。只要表达式的值为非 0，即为“真”。如在“if (a=8) 语句;”中表达式的值永远为非 0，所以其后的语句总是要执行的，当然这种情况在程序中不一定会出现，但在语法上是合法的。又如，有程序段：

```
if(a=b) printf("%d",a);
else printf ("a=0");
```

本语句的语义是把 b 值赋给 a，如为非 0 则输出该值，否则输出“a=0”字符串。这种用法在程序中是经常出现的。

4）在 if 语句中，条件判断表达式必须用括号括起来，在语句之后必须加分号。在 if 语句的 3 种形式中，所有的语句应为单个语句，如果要想在满足条件时执行一组（多个）语句，则必须把这一组语句用“{}”括起来组成一个复合语句。但要注意的是在“}”之后不能再加分号。例如：

```
if(a>b) { a++; b++; } else { a=0;b=10;}
```

5.1.2 if 语句的嵌套

当 if 语句中的执行语句又是 if 语句时，则构成了 if 语句嵌套。其一般形式可表示如下：

if (表达式) if 语句; 或者　if (表达式) if 语句; else if 语句;

在嵌套内的 if 语句可能又是 if-else 形式的，这将会出现多个 if 和多个 else 重叠的情况，这时要特别注意 if 和 else 的配对问题。

例如，“if (表达式 1) if (表达式 2) 语句 1; else 语句 2;”，其中的 else 究竟是与哪一个 if

配对？

应该理解为：	还是应理解为：

if (表达式 1)
　if (表达式 2)
　　语句 1;
　else
　　语句 2;
	if (表达式 1)
	　if (表达式 2)
	　　语句 1;
	else
	　语句 2;

为了避免这种二义性，C 语言规定，else 总是与它前面最近的同层没有匹配的 if 配对，因此对上述例子应按前第一种情况理解。

例 5-5　用 if 语句的嵌套对例 5-4 进行改写。

```
#include <stdio.h>
void main()
{
        int year;
        printf("请输入你的出生年份: ");
        scanf("%d",&year);
        if(year<1980)
                if(year>=1970) printf("你是 70 后！ \n");
                else printf("你已过不惑之年了！ \n");
        else if(year<1990) printf("你是 80 后！ \n");
        else if(year<2000) printf("你是 90 后！ \n");
        else printf("你是 00 后！ \n");
}
```

if 语句不管是 3 种基本格式还是 if 嵌套结构，其共同特点是：if 后的表达式必须由圆括号括起来，且无分号“;”；if 的内嵌语句必须有分号“;”；if 语句的内嵌语句如果包含多个语句，必须用块语句，否则会产生语法错误或逻辑错误。

if 语句中的表达式允许是任何表达式，常用的是关系表达式和逻辑表达式。对于关系表达式和逻辑表达式，其值为 1 表示“真”，0 表示“假”。对于其他表达式，其值为非 0 表示“真”，0 表示“假”。

if 语句是可扩充的，有时十分简单，有时又很复杂，但逻辑关系，即执行规律是相同的。它总是依次判断表达式，一旦遇到表达式的值为非 0，则执行该条件下的内嵌语句，然后结束 if 语句，执行下一语句。

C 语言的控制语句均可嵌套，有时很复杂。不按一定规则编写程序，阅读会十分困难。保持良好的程序风格可以提高程序的可读性。

5.2　switch 语句

C 语言还提供了另一种用于多分支的 switch 语句，其一般格式如下：

```
switch (表达式)
{
    case 常量表达式 1:语句组 1;
```

```
        case 常量表达式 2:语句组 2;
        …
        case 常量表达式 n:语句组 n;
        default:语句组 n+1;
    }
```

其语义是：计算表达式的值并逐个与其后的常量表达式值相比较，当表达式的值与某个常量表达式的值相等时，即执行其后的语句，然后不再进行判断，继续执行所有 case 后的语句，如表达式的值与所有 case 后的常量表达式均不相同时，则执行 default 后面的语句。

switch 语句的结构比较复杂，根据它的一般格式，应注意以下几点：

1）switch、case、default 是关键字，必须小写。

2）在 switch 后的表达式是任何表达式，其值必须是整型、字符型或枚举型。

3）常量表达式相当于一个标号，限制严格。表达式中的操作数必须是常量，禁止变量出现；表达式值的类型必须是整型、字符型或枚举型，且要与 switch 后的表达式类型匹配；各常量表达式值不能相同。

4）常量表达式和语句组之间用冒号“:”分隔。

5）switch 语句中的语句组，不要求用块语句。

6）switch 语句允许嵌套使用。

例 5-6 要求按照考试成绩的等级打印出百分制分数段，用 switch 语句实现。

```
#include <stdio.h>
void main()
{
        char grade;
        printf("input a grade: ");
        grade=getchar();
        switch (grade){
                case 'A':printf("85～100\n");
                case 'B':printf("70～84\n");
                case 'C':printf("60～69\n");
                case 'D':printf("<60\n");
                default:printf("error\n");
        }
}
```

但是当输入 B 之后，却执行了 case 'B'以及以后的所有语句，输出了 70～84 及以后的所有分数段。为什么会出现这种情况呢？这反映了 switch 语句的一个特点。在 switch 语句中，“case 常量表达式”只相当于一个语句标号，表达式的值和某标号相等则转向该标号执行，但不能在执行完该标号的语句后自动跳出整个 switch 语句，所以出现了继续执行所有后面 case 语句的情况。

为了避免上述情况，C 语言还提供了一种 break 语句，用于跳出 switch 语句。break 语句只有关键字 break，没有参数，如图 5-4 所示。请读者试着修改例 5-6 的程序，在每一 case 语句之后增加 break 语句，使每一次执行之后均可强制退出 switch 语句，从而避免产生逻辑错误，输出多余的结果。

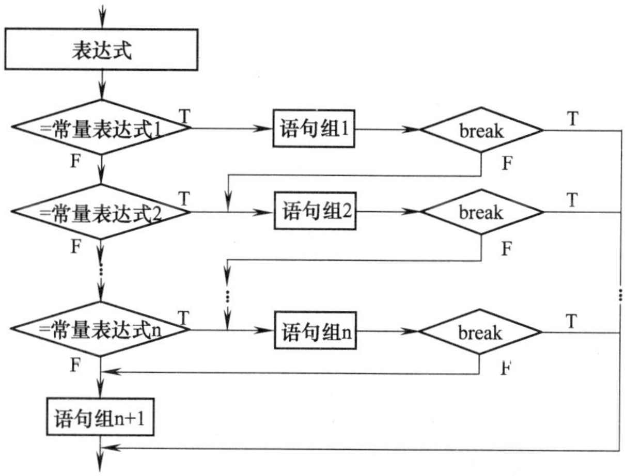

图 5-4　switch 语句执行过程

例 5-7　要求输入一个数字，输出一个对应的英文星期几。

```
#include <stdio.h>
void main()
{
        int a;
        printf("input integer number: ");
        scanf("%d",&a);
        switch (a){
                case 1:printf("Monday\n"); break；
                case 2:printf("Tuesday\n"); break；
                case 3:printf("Wednesday\n"); break；
                case 4:printf("Thursday\n"); break；
                case 5:printf("Friday\n"); break；
                case 6:printf("Saturday\n"); break；
                case 7:printf("Sunday\n"); break；
                default:printf("error\n");
        }
}
```

当输入“3”后，输出“Wednesday”，并不出现以后的单词。可以看出，case 语句之后增加 break 语句，使每一次执行之后均可跳出 switch 语句，从而避免输出多余的结果。

在使用 switch 语句时还应注意以下几点：

1）在 case 后的各常量表达式的值不能相同，否则会出现错误。

2）在 case 后允许有多个语句，可以不用“{}”括起来。

3）各 case 和 default 子句的先后顺序可以变动，而不会影响程序执行结果。

4）default 子句可以省略。

5.3　分支结构的应用

分支结构的两种语句应用广泛，当分支情况小于 3 种时，一般选用 if 语句。当分支条件可以用简单的表达式表示时，一般选用 switch 语句。if 语句根据给定的条件进行判断，switch 语句是用表达式值比较 case 的常量表达式值作出选择。

例 5-8 判别键盘输入字符的类别。

```
#include <stdio.h>
void main()
{
    char c;
    printf("input a character: ");
    c=getchar();
    if(c<32)
        printf("This is a control character\n");
    else if(c>='0'&&c<='9')
        printf("This is a digit\n");
    else if(c>='A'&&c<='Z')
        printf("This is a capital letter\n");
    else if(c>='a'&&c<='z')
        printf("This is a small letter\n");
    else
        printf("This is an other character\n");
}
```

例 5-8 可以根据输入字符的 ASCII 码来判别类型。由 ASCII 码表可知 ASCII 码值小于 32 的为控制字符。在 0～9 之间的为数字，在 A～Z 之间为大写字母，在 a～z 之间为小写字母，其余则为其他字符。这是一个多分支选择的问题，用 if-else-if 语句编程，判断输入字符的 ASCII 码所在的范围，分别给出不同的输出。例如，输入为“g”，输出显示它为小写字符。

例 5-9 设计一个程序，对从键盘上输入的空格、制表符、回车换行符进行统计。

```
#include <stdio.h>
void main()
{
    char c;
    int count1=0,count2=0,count3=0;
    printf("please enter the chars: \n");
    input: c=getchar();
    if(c!='q')
    {
        switch(c)
        {
            case ' ': count1++; break;
            case '\n': count2++; break;
            case '\t': count3++; break;
            default: printf("input error\n");break;
        }
        goto input;
```

```
    }
    printf("\'\' count1 is %d\n", count1);
    printf("\'\\n\' count2 is %d\n", count2);
    printf("\'\\t\' count3 is %d\n", count3);
}
```

例 5-10 显示某月的天数。

一月、三月、五月、七月、八月、十月、十二月，均为 31 天。四月、六月、九月、十一月，均为 30 天。二月，闰年为 29 天，不是闰年为 28 天。该题可用 switch 语句求解，但遇到两个矛盾需解决：switch 语句中的 case 下的常量表达式不是一张表，如何表示一月、三月、五月、七月、八月、十月、十二月均为 31 天？闰年如何判断？删除有关 case 下的 break 语句，造成 switch 语句继续执行的条件，第一个矛盾就迎刃而解了。解决第二个矛盾，要找出判断年的逻辑表达式。年份（year）能被 4 整除，但不能被 100 整除，是闰年；年份能被 400 整除，也是闰年。因此，可写出闰年逻辑表达式：

```
(year%4==0&&year%100!=0) || (year%400==0)
```

需定义如下变量：

```
输入量      int year,month;        /* 年和月        */
输出量      int day;               /* 天            */
中间变量    int day2=28            /* 存放二月的天数 */
```

```
#include <stdio.h>
void main()
{
        int year,month,day,day2=28;
        printf("输入年、月:");
        scanf("%d %d",&year,&month);
        /* 判别闰年 */
        if ((year%4==0&&year%100!=0) || (year%400==0))
            day2=29;
        switch (month)
        {
        case  1:
        casc  3:
        case  5:
        case  7:
        case  8:
        case  10:
        case  12:day=31; break;
        case  4:
        case  6:
        case  9:
        case  11:day=30; break;
        case  2:day=day2; break;
```

```
            default:printf("月份输入错误!\n"); exit(1);
        }
        printf("%d 年%d 月是 %d 天\n",year,month,day);
    }
```

程序运行结果：

输入年、月:2013 2
2013 年2 月是 28 天
输入年、月:2008 2
2016 年2 月是 29 天
输入年、月:2014 10
2014 年10 月是 31 天

本章小结

if 语句是 C 语言中的分支结构语句的主要形式，它根据 if 语句后面的条件表达式来决定执行哪些语句。if 语句有 3 种格式。switch 语句是一种多分支结构，它的执行过程是：首先计算表达式的值，根据表达式的值寻找入口；找到后从入口向下执行所有语句，直到遇到 break 语句停止；如果没有找到入口，则执行 default 后的语句。

习题与实训

一、习题

1. 设 y 是 int 型变量，则描述“y 是奇数”的表达式为______________。

2. 设 x、y、z 均为 int 型变量，则描述“x 或 y 中有一个小于 z”的表达式为_________________。

3. 控制语句中条件表达式通常是________表达式或________表达式，表达式值为_______表示“真”，表达式值为_______表示“假”。

4. 避免在嵌套的条件语句 if-else 中产生二义性，C 语言规定 else 子句总是和______配对。

5. 设 x、y、z 均为 int 型变量，则描述“x、y、z 中有两个负数”的表达式为______________。

二、实训

（一）实训目的

1. 掌握 if 语句基本形式及对应的语法规则、执行流程。
2. 掌握 switch 语句的语法规则、执行流程。
3. 掌握分支结构的嵌套和应用，会编写分支程序。

（二）实训内容

1. 输入三角形 3 边长，判断并求三角形面积。
2. 要求输入一个数字，输出一个对应的英文月份。
3. 输入一个 4 位整数 n，求其倒序数 nr。例如，输入 n=–1278，则 nr=–8721。
4. 判断输入的数据是否是水仙花数。所谓“水仙花数”是指一个 3 位数，其各位数字三次方和等于该数本身（即 $abc=a^3+b^3+c^3$）。
5. 输入年、月、日，计算出今天是当年第几天。

第6章　循 环 结 构

在算法描述中，经常要在满足某种条件的情况下，不断地重复执行某个相同的处理方法。例如，要完成1～600的累加运算，就可以令变量sum初始数值为0，令变量x初始数值为1，然后判断变量x是否小于或等于600，当x小于或等于600时，令变量sum等于sum+x，并且令变量x等于x+1；当x大于600时，结束这种处理过程。算法中的这种结构称作循环结构。

循环结构是程序中一种很重要的结构，其特点是：在给定条件成立时，反复执行某程序段，直到条件不成立为止。给定的条件称为循环条件，反复执行的程序段称为循环体。C语言提供了多种循环语句，可以组成各种不同形式的循环结构。

如果算法中没有对变量的改变，或改变不能使条件不成立，则算法就永远不会结束。永远不会满足循环结束条件的循环结构称为死循环。算法的定义要求其必须具备有穷性，即算法设计要避免出现死循环。

6.1　while循环

while语句的一般格式如下：

while (表达式) 语句;

其中，表达式是循环条件；语句为循环体。

while语句的语义是：计算表达式的值，当值为真（非0）时，执行循环体语句。具体流程如图6-1所示。

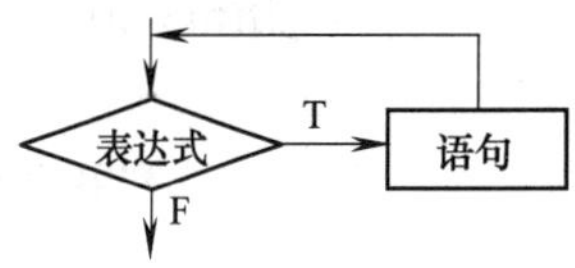

图6-1　while语句流程

while语句中的表达式一般是关系表达或逻辑表达式，如果表达式的值为真（非0），则继续执行循环语句，一直到表达式的值为假（0）时，结束循环。

例6-1　求1～100的整数和。

```
#include <stdio.h>
void main()
{
        int i=1,sum=0 ;
        while (i<=100)
        {
                sum+=i;
                i++;
        }
        printf("%d ",sum);
}
```

例6-1中程序将执行100次循环，每执行一次，循环体内i值加1，sum累加i的值。当i大于100时，循环结束，输出sum值为5050。

如果循环体包括一个以上的语句时，则必须用“{}”括起来，组成复合语句，还应注意循环条件的选择以避免死循环。例如：

```
    int a,n=0;
    while(a=1)
        printf("%d ",n++);
```

while 语句的循环条件为赋值表达式 a=1，该表达式的值永远为真，而循环体中又没有其他中止循环的手段，因此该循环将无休止地进行下去，形成死循环。

例 6-2 利用辗转相除法求解两个整数的最大公约数。

问题的方法如下：

1）令 m 为两个整数中的较大者，n 为两个整数中的较小者；

2）用 m 除以 n，令 r 为 m 除以 n 的余数；

3）若 r 不等于 0，则令 m 等于 n，n 等于 r，返回步骤 2 继续；若 r 等于 0，则 n 中的数值就是两个整数的最大公约数。

```
#include <stdio.h>
void main()
{
    int m, n, r, temp;                  /*定义程序中使用的变量*/
    printf("输入整数 m：");
    scanf("%d", &m);                    /*输入 m*/
    printf("输入整数 n：");
    scanf("%d", &n);                    /*输入 n*/
    if(m < n)                           /*若 m < n，则交换两者数值*/
    {
        temp = m;
        m = n;
        n = temp;
    }
    r = m % n;                          /*r 等于 m 除以 n 的余数*/
    while(r != 0)                       /*若 r 不等于 0，则循环执行*/
    {
        m = n;
        n = r;
        r = m % n;
    }
    printf("最大公约数为%d", n);        /*输出最大公约数 n*/
}
```

若令两个整数分别为 27 和 45，在计算机上运行该程序的过程如下：

输入整数 m：27

输入整数 n：45

最大公约数为 9

6.2 do-while 循环

do-while 语句的一般格式如下：

do 语句; while (表达式);

其中，语句是循环体，表达式是循环条件。

do-while 语句的语义是：先执行循环体语句一次，再判别表达式的值，若为真（非 0）则继续循环，否则终止循环。具体流程如图 6-2 所示。

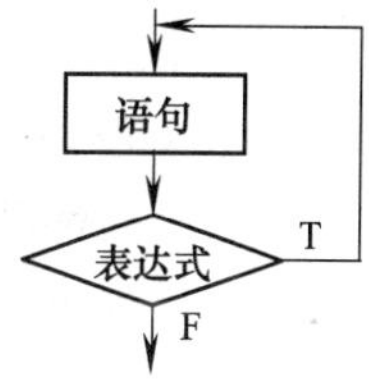

图 6-2　do-while 语句流程

do-while 语句和 while 语句的区别在于 do-while 是先执行后判断，因此 do-while 至少要执行一次循环体。而 while 是先判断后执行，如果条件不满足，则一次循环体语句也不执行。

whilc 语句和 do-whilc 语句一般都可以相互改写。

对于 do-while 语句还应注意以下几点：

1）在 while 语句中，表达式后面都不能加分号，而在 do-while 语句的表达式后面则必须加分号。

2）do-while 语句也可以组成多重循环，而且也可以和 while 语句相互嵌套。

3）在 do 和 while 之间的循环体由多个语句组成时，也必须用“{}”括起来组成一个复合语句。

4）do-while 和 while 语句相互替换时，要注意修改循环控制条件。

例 6-3　改写例 6-1，用 do-while 语句求 1～100 的整数和。

```
#include <stdio.h>
void main()
{
    int i=1,sum=0;
    do
    {
        sum+=i;
        i++;
    }while (i<=100);
    printf("%d ",sum);
}
```

例 6-4　输入一个正整数，然后按反向输出。如输入 98765，则输出为 56789。

编程思路：输入时一次把一个整数完整地输入，而输出则是一次一个数字地输出，并且要求把最低位先输出，所以首先应该把最低位数字分离出来输出，然后再分离出下一个最低位数字……，可用对 10 求模的方法把最低位分离出来。然后用对 10 求商的方法求出除掉最低位后的数，作为进一步倒置输入的基数。

```
# include <stdio.h>
void main()
{
    int number,digit;
    printf("Input an integer\n");
    scanf("%d",&number);
    do
    {
```

```
            digit=number%10;
            printf("%d",digit);
            number/=10;
        }while(number);
        printf("\n");
    }
```

程序运行结果：

```
Input an integer
98765
56789
```

6.3 for 循环

for 语句是 C 语言所提供的功能最强、使用最广泛的一种循环语句。其语句的基本格式如下：

```
    for(表达式 1; 表达式 2; 表达式 3)
        语句;
```

表达式 1 通常用来给循环变量赋初值，一般是赋值表达式。也允许在 for 语句外给循环变量赋初值，此时可以省略该表达式。表达式 2 通常是循环条件，一般为关系表达式或逻辑表达式。表达式 3 通常可用来修改循环变量的值，一般是赋值语句。具体流程如图 6-3 所示。

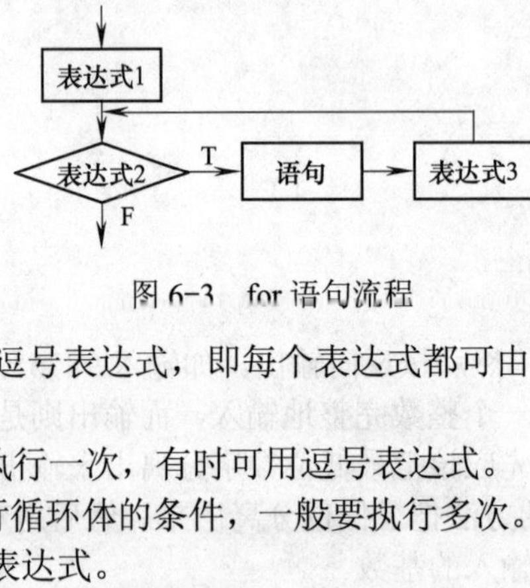

图 6-3　for 语句流程

这 3 个表达式都可以是逗号表达式，即每个表达式都可由多个表达式组成。3 个表达式都是任选项，都可以省略。

表达式 1：置初值，只执行一次，有时可用逗号表达式。

表达式 2：判定循环执行循环体的条件，一般要执行多次。表达式 2 可以是任何表达式，常用的是关系表达式和逻辑表达式。

表达式 3：修改循环体内某些变量的值，一般也要执行多次。常用自加、自减表达式，有时也用逗号表达式。

一般形式中的“语句”即为循环体语句。

for 语句的语义是：首先计算表达式 1 的值；再计算表达式 2 的值，若值为真（非 0）则执行循环体一次，否则跳出循环；最后再计算表达式 3 的值，转回第 2 步重复执行。

在整个 for 循环过程中，表达式 1 只计算一次，表达式 2 和表达式 3 则可能计算多次。循环体可能多次执行，也可能一次都不执行。for 语句的最少循环次数为 0，因为 for 语句的逻辑同 while 语句的逻辑，也是先判断表达式 2 值，然后确定是否再执行循环体。

例 6-5　改写例 6-1，用 for 语句求 1～100 的整数和。

```
#include <stdio.h>
void main()
{
        int i,sum=0;
        for(i=1;i<=100;i++)
                sum+=i;
        printf("%d\n",sum);
}
```

例 6-5 中 for 语句中的表达式 3 为“i++”，实际上也是一种赋值语句，相当于“i=i+1”，改变循环控制变量的值。

例 6-6　用 for 语句实现找出一个整数的所有因子。

```
#include <stdio.h>
void main()
{
      int i=1,x;
      scanf("%d",&x);
      for( ;i<=x; )
      {
           if(x%i==0) printf("%3d",i);
           i++;
      }
}
```

例 6-6 的 for 语句中，表达式 1 已省去，循环变量的初值在 for 语句之前赋值，表达式 3 也省去，放在了循环体内。每循环一次 i 自增 1，i 的变化控制循环次数。

在使用 for 语句中要注意以下几点：

1）for 语句中的各表达式都可省略，但分号间隔符不能少。例如，for(;表达式;表达式)省去了表达式 1;for(表达式;;表达式)省去了表达式 2;for(表达式;表达式;)省去了表达式 3;for(;;)省去了全部表达式。

2）在循环变量已赋初值时，可省去表达式 1。

下面是几种不同的表示方法。

① 表达式 1 和表达式 3 是逗号表达式。例如：

```
int sum,i;
for(sum=0,i=1;i<=100;i++)
    sum+=i;
```

其中，sum=0 和循环控制变量无关。

② 省略表达式 1 和表达式 3。例如：

```
int sum=0,i=1;
for( ; i<=100 ; )
{
     sum+=i;
```

```
    i++;
}
```

③ 3 个表达式全部省略。例如：

```
int sum=0,i=1;
for( ; ; )
{
    sum+=i;
    i++;
    if(i>100) break;
}
```

④ 省略循环体，把循环体变成空语句，原来的工作放到循环头中完成。例如：

```
int i,sum=0;
for(i=1;i<=100;sum+=i,i++);
```

这时应注意，原循环体中的语句一定要放在控制变量增值之前，否则就会出错。

3）循环体可以是空语句。

例 6-7 循环体是空的 for 语句。

```
#include <stdio.h>
void main()
{
    int n=0;
    printf("input a string:\n");
    for(;getchar()!='\n';n++);
    printf("%d",n);
}
```

例 6-7 中，省去了 for 语句的表达式 1，表达式 3 也不是用来修改循环变量，而是用作输入字符的计数。这样，就把原本应在循环体中完成的计数放在表达式中完成了。因此，循环体是空语句，应注意的是，空语句后的分号不可少，如缺少此分号，则把后面的 printf 语句当成循环体来执行。反过来说，如循环体不为空语句时，不能在表达式的括号后加分号，这样又会认为循环体是空语句而不能反复执行。

6.4 循环结构嵌套

for 语句也可与 while、do-while 语句相互嵌套，构成多重循环。允许 while 语句的循环体又是 while 语句，从而形成双重循环。

1）for 与 while 构成嵌套。一般形式如下：

```
for(…)
{…
    while(…)
    {…}
    …
}
```

2）do 与 for 构成嵌套。一般形式如下：

```
do
{…
   for(…)
      {…}
   …
}while(…);
```

3）while 与 for 构成嵌套。一般形式如下：

```
while(…)
{…
    for(…)
       {…}
    …
}
```

4）for 与 for 构成嵌套。一般形式如下：

```
for(…)
{…
    for(…)
       {…}
}
```

循环嵌套可以构成多重循环，这在解决实际问题中是经常遇到的。C 语言中的 3 种循环结构可以互相组合使用。

例 6-8　求出用数字 0～9 可以组成多少个没有重复的两位偶数。

```
#include <stdio.h>
void main()
{
      int i, k;
      for(i=1;i<=9;i++)
      {
            for(k=0;k<=8;k+=2)
                if(k!=i)
                     printf("%4d",10*i+k);
            printf("\n");
       }
}
```

程序运行结果：

```
10  12  14  16  18
20  24  26  28
30  32  34  36  38
40  42  46  48
50  52  54  56  58
60  62  64  68
```

70　72　74　76　78
80　82　84　86
90　92　94　96　98

注意：内层控制变量和外层控制变量之间的制约关系。

例 6-9　全班有 29 个学生，每个学生考 6 门课。要求分别统计出每个学生的平均成绩。

首先考虑求一个学生的平均成绩。设置循环控制变量 i 控制课程数，其变化从 1～6，每次增量为 1。每个学生的处理过程是一样的，因此，只需对上述流程反复执行 29 遍，即形成双重循环，每遍输入不同学生的各科成绩，即可求得 29 个学生的平均成绩。设置循环控制变量 j 控制学生人数，其变化从 1～29，每次增量为 1。

```
#include <stdio.h>
main()
{
    int i,j,score,sum;
    float aver;
    j=1;
    while(j<=29)
    {
        sum=0;
        for(i=1;i<=6;i++)
        {
            printf("Enter NO. %d the score %d:",j,i);
            scanf("%d",&score);   /*输入第 j 个学生第 i 门课成绩*/
            sum=sum+score;  /*累计第 j 个学生的总成绩*/
        }
        aver=sum/6.0;      /*计算第 j 个学生的平均成绩*/
        printf("NO.%d aver=%5.2f\n",j,aver);   /*输出第 j 个学生的平均成绩*/
        j++;
    }
}
```

说明：

1）程序中的变量 sum 作为累加单元，在累加一个学生的总成绩之前，一定要初始化为 0，否则会将第 1 个学生的总成绩全部加在第 2 个学生的成绩上。此外，sum 初始化语句的位置很关键，既不能放在内循环的里面，也不能放在外循环的外面。

2）如果对该题进一步提问：统计出全班的总平均成绩。可再设置一个累加变量 total 用于累加每个学生的平均成绩，最后除以学生人数即可。

在原来程序的基础上可改为：

```
main()
{
    float total=0; int i,j,score,sum,total_aver;
    while(j<=29)
    {  …
```

```
        total=total+aver;
    }
    total_aver=total/29;
    printf("Class total_aver is:%5.2f\n",total_aver);
}
```

注意： 累加变量 total 初始化语句及进行平均成绩累加语句的位置。

使用循环的嵌套结构要注意以下几点：

1）外层循环应“完全包含”内层循环，不能发生交叉。例如，下面这种形式是不允许的：

```
do
{…
    for{…}
    {…}
}while(…);
```

2）嵌套的循环控制变量一般不应同名，以免造成混乱。例如：

```
for(i…)
{…
    for(i…)
    {…}
}
```

3）嵌套的循环要注意正确使用缩进式书写格式来明确嵌套循环的层次关系，以增加程序的可读性。

6.5　转向语句

程序中的语句通常是按顺序方向，或按语句功能所定义的方向执行的。如果需要改变程序的正常流向，可以使用本小节介绍的转移语句。在 C 语言中提供了 4 种转移语句：goto、break、continue 和 return。其中，return 语句只能出现在被调函数中，用于返回主调函数，这将在函数一章中详细介绍。

6.5.1　break 语句

break 语句只能用在 switch 语句或循环语句中，其作用是跳出 switch 语句或跳出本层循环，转去执行后面的程序。由于 break 语句的转移方向是明确的，所以不需要语句标号与之配合。其一般格式如下：

```
break;
```

使用 break 语句可以使循环语句有多个出口，在一些场合下使编程更加灵活、方便。

例 6-10　输出 50 以内的素数。

素数是只能被 1 和本身整除的数。可用穷举法来判断一个数是否是素数。

方法一：

```
#include <stdio.h>
void main()
```

```
{
    int n,i;
    for(n=2;n<=50;n++)
    {
        for(i=2;i<n;i++)
            if(n%i==0) break;
        if(i>=n) printf("%4d",n);
    }
}
```

程序运行结果：

2　3　5　7　11　13　17　19　23　29　31　37　41　43　47

例 6-10 的程序中，第一层循环表示对 1～50 这 50 个数逐个判断是否是素数，共循环 50 次。在第二层循环中则对数 n 用 2～n−1 逐个去除，若某次除尽则跳出该层循环，说明不是素数。如果在所有的数都是未除尽的情况下结束循环，则为素数，此时有 i≥n，故可经此判断后输出素数。然后转入下一次大循环。实际上，2 以上的所有偶数均不是素数，因此可以使循环变量的步长值改为 2，即每次增加 2，此外只需对数 n 用 2～sqrt(n)去除就可判断该数是否素数。这样将减少循环次数，减少程序运行时间。

方法二：

```
#include <math.h>
#include <stdio.h>
void main()
{
    int n,i,k;
    for(n=3;n<=50;n+=2)
    {
        k=sqrt(n);
        for(i=2;i<=k;i++)
            if(n%i==0) break;
        if(i>k) printf("%4d",n);
    }
}
```

6.5.2 continue 语句

continue 语句作用为结束本次循环，即跳过循环体中下面尚未执行的语句，接着进行下一次是否执行循环的判定。continue 语句只能用在循环体中，其一般格式如下：

```
continue;
```

其语义是：结束本次循环，即不再执行循环体中 continue 语句之后的语句，转入下一次循环条件的判断与执行。应注意的是，本语句只结束本层本次的循环，并不跳出循环。

可以用 break 语句跳出循环，用 continue 语句结束本次循环，如图 6-4 所示。

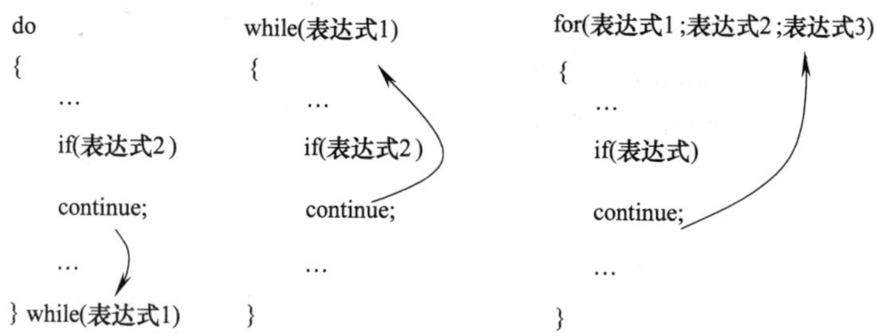

图 6-4　continue 语句的功能

例 6-11　输出 100～200 之间不能被 5 整除的数。

```
#include <stdio.h>
void main()
{
    int n;
    for(n=100;n<=200;n++)
    {
        if (n%5==0)
            continue;
        printf("%d ",n);
    }
}
```

例 6-11 中，对 100～200 之间的每一个数进行测试，如该数能被 5 整除，即模运算为 0，则由 continue 语句转去下一次循环。只有模运算不为 0 时，才能执行后面的 printf 语句，输出不能被 5 整除的数。

6.5.3　goto 语句

goto 语句也称为无条件转移语句。其一般格式如下：

goto 语句标号;

其中语句标号是按标识符规定书写的符号，放在某一语句行的前面，标号后加冒号（:）。语句标号起标识语句的作用，例如：

```
label: i++;
loop: while(x<5),
```

C 语言不限制程序中使用标号的次数，但各标号不得重名。goto 语句的语义是改变程序流向，转去执行语句标号所标识的语句。

goto 语句通常与条件语句配合使用，可用来实现条件转移、构成循环、跳出循环体等功能。但是，在结构化程序设计中一般不主张使用 goto 语句，以免造成程序流程的混乱，使理解和调试程序都产生困难。

而对用 goto 语句和 if 语句构成的循环，不能用 break 语句和 continue 语句进行控制。

例 6-12　统计从键盘输入一行字符的个数。

```
#include <stdio.h>
void main()
{
```

```
    int n=0;
    printf("input a string\n");
    loop: if(getchar()!='\n')
        {
            n++;
            goto loop;
        }
    printf("%d",n);
}
```

程序运行结果：

```
input a string
happy
5
```

例 6-12 用 if 语句和 goto 语句构成循环结构。当输入字符不为'\n'时即执行 n++进行计数，然后转移至 if 语句循环执行。直至输入字符为'\n'才停止循环。

6.5.4 return 语句

return 语句的一般格式如下：

```
return[(表达式)];
```

方括号的意思是里面的内容可以省略，因而 return 语句有以下两种使用形式：

```
return;
```

或

```
return (表达式);
```

表达式可以括起来，也可以不括，下面的几种使用形式都是合法的：

```
return;
return 0;
return(i);
return(a>b?a:b);
```

return 语句主要用在函数中，用来结束函数的执行，把控制转向函数调用点。若在主函数 main 中，则结束程序的运行。

1）有多个 return 语句的函数，一般形式如下：

```
float max(float x,float y)
{
    if(x>y) return x;
    else return y;
}
```

2）无 return 语句的函数，一般形式如下：

```
void next(char c)
{
    putchar(c+1);
}
```

6.6　循环结构应用举例

循环语句在解决实际问题时非常有效，尤其是 for 语句。本节采用分类法，综合介绍各类问题的求解方法。掌握一种方法就能解决一批问题，是一种快速提高分析问题和编程能力的途径。

1．递推法

这类问题具有的共同特点是：前后项存在一定的关系，即后项可由前项推导出，主要指有通项公式的各类级数、数列等。

递推法的思路是：由于后项可由前项导出，因此先找出前后项关系，然后应用循环结构实现算法。下例说明分析问题和算法设计的方法。

例 6-13　求 1–2+3–4+5– … –100 的和。

1）设定项号，定义变量，找前后项关系，这是关键的一步。

项号 n=1,2,3,4,5, …

sum=1-2+3-4+5- …-100

前后项关系为 n=n+1，比较简单。生成的数 n 有正负号，且有规律：奇数为正，偶数为负，可用 if 语句判别，这里定义一个变量 s 帮助判别。

2）构造循环结构。求解这类题目，循环体总要执行多次，采用 do-while 循环结构。

```
do
{
    n=n+1;
    s=-s;
    sum=sum+s*n;
} while (n<100);
```

3）设置变量初值。设置变量初值是保证正确计算出第一项值。各变量的初值如下：

n=0;　　sum=0;　　s=-1;

4）静态检查。跟踪 3 步左右，如果结果是正确的，一般情况下，可断定算法是正确的。

语句	第一步	第二步	第三步
n=n+1;	1	2	3
s=-s	1	-1	1
sum=sum+s*n;	1	-1	2

通过上述分析，确定了数据，定义了有关变量和类型，完成了算法设计。接下来编程就是用 C 语言精确表述这一思维过程。

```
#include <stdio.h>
void main()
{
    int sum=0,n=0,s=-1;
    do
    {
        n++; s=-s; sum+=s*n;
    } while (n<100);
```

```
        printf("1-2+3-4+ … -100=%d\n",sum);
    }
```

程序运行结果：

1-2+3-4+ …-100=-50

例 6-14　求 $\sin x=x-x^3/3!+x^5/5!-x^7/7!+\cdots$的近似值，误差为 1×10^{-8}。

1）设定项号，定义变量，找前后项关系

项号 n=1, 2, 3, 4, …

$\sin x=x-x^3/3!+x^5/5!-x^7/7!+\cdots$

从整体找前后项关系比较困难，分别找前后项的分子和分母的关系。前后项关系如下：分子为 xn = -xn*x*x; 分母为 fact=fact*(2*n-2)*(2*n-1)。

2）构造循环结构。循环体总要执行多次（循环次数不确定），一般采用 do-while 循环结构。

```
do
{
    n=n+1;
    xn=-xn*x*x;
    fact=fact*(2*n-2)*(2*n-1);
    sinx=sinx+xn/fact;
} while (fabs(xn/fact)<1e-8);
```

3）设置变量初值。变量的初值如下：

x 应读入;　n=1;　xn=x;　fact=1;　sinx=x;

为保证精度，xn、fact、sinx 取 double 型；为防止溢出，n 也取 double 型；x 取 float。

4）静态检查。跟踪 3 步左右，如果结果正确，一般情况下，算法是正确的。

语句	第一步	第二步	第三步
n=n+1;	2	3	4
xn=-xn*x*x;	-x*x*x	x*x*x*x*x	-x*x*x*x*x*x*x
fact=fact*(2*n-2) *(2*n-1);	1*2*3	1*2*3*4*5	1*2*3*4*5*6*7
sinx=sinx+x^n/fact;	-x*x*x/6	x*x*x*x*x/120	-x*x*x*x*x*x*x/5040

```
#include <stdio.h>
#include <math.h>
#define EPS 1e-8   /* 符号常量，误差 */
void main()
{
        double n=1,xn,fact=1,sinx;
        float x;
        printf("输入 x:");
        scanf("%f",&x);
        sinx=x; xn=x;
        do
        {
            n=n+1;
            xn=-xn*x*x;
```

```
            fact=fact*(2*n-2)*(2*n-1);
            sinx=sinx+xn/fact;
        } while (fabs(xn/fact)>1e-8);
        printf("递推法      sin%0.4f=%0.8f\n",x,sinx);
        printf("调库函数  sin%0.4f=%0.8f\n",x,sin(x));
    }
```

程序运行结果：

```
输入 x: 1
递推法      sin1.0000=0.84147098
调库函数  sin1.0000=0.84147098
```

2．迭代法

本类问题具有的共同特点是：已知迭代公式和误差公式，可直接应用循环结构，按迭代公式计算一个新根，并与前一个根比较，直到满足误差为止。

例如，求 $a^{1/2}$ 的近似值：迭代公式为 $x_{n+1}=(x_n+a/x_n)/2$；误差公式为$|x_{n+1}-x_n|<=EPS$（EPS=0.00000001）。

又如，求高次方程一个实根的近似值的牛顿法：迭代公式为 $x_{n+1}=x_n-f(x_n)/f'(x_n)$；误差公式为$|x_{n+1}-x_n|<=EPS$。

例 6-15 求 $a^{1/2}$ 的近似值。

迭代公式和误差公式是数学工作者研究的课题，编程是应用数学工作者研究的成果，快速求出满足精度要求的值。

定义原根 x0 表示 x_n，新根 x1 表示 x_{n+1}，其类型取 double 型。先以求 $2^{1/2}$ 根为实例，按迭代法循环计算 3 次，观察根值的变化趋势。a 为 2，定义一个新根 x1=a/2，其初值为 1.0，循环按迭代公式计算一个新根如下：

语句	第一次	第二次	第三次
x0=x1;	1.0	1.5	1.417
x1=(x0+a/x0)/2;	1.5	1.417	1.414

从上面 x1 的各次计算值可以看出：x1 值一步步逼近 $2^{1/2}$ 的根值。求解这类问题，一般都采用 do-while 循环结构实现。

```
#include <stdio.h>
#include <stdlib.h>
#include <math.h>
#define EPS 1e-8
void main()
{
    float a; double x0,x1;
    printf("读入一个实数:");
    scanf("%f",&a);
    if (a<0)
    {
    printf("错误:输入的实数小于 0\n");
    exit(1);
```

```
    }
    x1=a/2; /*  选定初值  */
    do
    {
        x0=x1;                  /*  前一次根值 */
        x1=(x0+a/x0)/2;     /*  按迭代公式计算一个新根值 */
    } while (fabs(x1-x0)>EPS);
    printf("迭代法      sqrt(%f)=%0.8f\n",a,x1);
    printf("调库函数  sqrt(%f)=%0.8f\n",a,sqrt(a));
}
```

程序运行结果：

```
读入一个实数:123.987
迭代法    sqrt(123.987000)=11.13494497
调库函数 sqrt(123.987000)=11.13494497
```

3．枚举法

本类问题具有的共同特点是：不能用方程求解，只能一一列举各种情况，从多种可能中选取满足要求的一个（或一组）解。当然，也可能得出无解的结论。这类问题可应用 for 嵌套结构实现。

例 6-16 百鸡问题：鸡翁一，值钱五、鸡母一，值钱三、鸡雏三，值钱一，百钱买百鸡，问鸡翁、鸡母、鸡雏各几个?

分析：设鸡翁、鸡母、鸡雏的数量分别为 cocks、hens、chicks，则可得如下模型：

5*cocks+3*hens+chicks/3.0=100

cocks+hens+chicks=100

这是一个不定方程——未知数个数多于方程数，因此求解还须增加其他约束条件。下面考虑如何寻找另外的约束条件。

按常识，cocks、hens、chicks 都应为正整数，且它们的取值范围如下：

cocks：0～20（假如全买 cocks，最多 20 只）

hens：0～33（假如全买 hens，最多 33 只）

chicks：0～100（假如全买 chicks，最多 100 只）

以此作为约束条件，就在有限的范围之内找到满足上述两个方程的 cocks、hens、chicks 的组合。一个自然的想法是依次对 cocks、hens、chicks 取值范围内的各数一一进行试探，找满足前面两方程的组合。在一个集合内对每个元素一一测试的方法称为枚举法。枚举法对人来说常常是单调而又烦琐的工作，但对计算机来说，重复计算正好可以用简洁的程序发挥它运算速度高的优势。

本题的枚举过程如下：

首先从 0 开始，列举 cocks 的各个可能值，在每个 cocks 值下找满足两个方程的一组解，算法如下：

```
for(cocks=0;cocks<20;++cocks)
{
    S1:找满足两个方程的解的 hens、chicks
    S2:输出一组解
```

```
}
```

下面进一步用枚举法来表现 S1：

```
for(hens=0;hens<33;++hens)
{
    S1.1:找满足方程的一个 chicks
    S1.2:输出一组解
}
```

由于对列举的每个 cocks 与每个 hens，都可以按下式：

```
chicks=100-cocks-hens
```

求出一个 chicks，因此，只要该 chicks 满足另一个方程：

```
5*cocks+3*hens+chicks/3.0==100
```

便可以得到一组满足题意的 cocks、hens 和 chicks。故 S1.1 与 S1.2 可以改写为：

```
chicks=100-cocks-hens;
if(5*cocks+3*hens+chicks/3.0==100)
printf("%d\t%d\t%d\n",cocks,hens,chicks);
```

故在加入类型声明语句并调整输出格式，便可以得到如下 C 程序：

```
#include <stdio.h>
int main()
{
    int cocks,hens,chicks;
    printf(" \n 公鸡数\t 母鸡数\t 小鸡数");
    for (cocks=0;cocks<20;++cocks)
        for (hens=0;hens<33;++hens)
        {
            chicks=100-cocks-hens;
            if(5*cocks+3*hens+chicks/3.0==100)
                printf("%d\t%d\t%d\n",cocks,hens,chicks);
        }
        return(0);
}
```

程序运行结果：

```
公鸡数    鸡母数    小鸡数
  0        25        75
  4        18        78
  8        11        81
 12         4        84
```

类似如下枚举问题，都可应用 for 嵌套结构实现；

1）从红、黄、兰、白、黑 5 种颜色的球中取 3 种颜色的球，问共有几种取法。

2）输出由 0、1、2、3、4、5、6、7、8、9 数字组成 4 位数整数：允许 4 位数字相同，0 数字不允许带头；允许 4 位数字不同，0 数字不允许带头。

3）将一张面值 100 元的人民币，换成 10 元、5 元、2 元、1 元、0.5 元、0.2 元、0.1 元等面值的人民币 100 张，每种面值的人民币至少一张，问共有几种换法。

4．其他应用

循环应用还有很多种，这里仅介绍典型的几种。

（1）输出阶乘表

求阶乘是连乘，可用递推法求解，算法描述如下：

```
fact=1;   /* 存阶乘 */
for (i=1;i<=n;i++)   /* 求 n! */
        fact=fact*i
```

例 6-17　输出 1～10 的阶乘表。

```
#include <stdio.h>
void main()
{
    int n; double fact=1;
    for(n=1;n<=10;n++)
    {
        fact=fact*n;
        printf("%20.0f%3d!\n",fact,n);
    }
}
```

程序运行结果：

```
      1   1!
      2   2!
      6   3!
     24   4!
    120   5!
    720   6!
   5040   7!
  40320   8!
 362880   9!
3628800  10!
```

（2）数制转换

将二进制数、八进制数和十六进制数转换为十进制数，即计算多项式：

$$k_n \times b_n + k_{n-1} \times b_{n-1} + k_{n-2} \times b_{n-2} + \cdots + k_1 \times b_1 + k_0 \times b_0$$

例 6-18　将十六进制数转换为十进制数。

读入一个十六进制数（0000 – ffff）存入 ch，result 存十进制数。求解这一问题的关键是如何将字符转换为整型数的数字。

将数字字符'0'～'9'转换为整型数的数字 0～9，可用表达式“ch-'0'”描述。例如，ch 为'0'，则'0'-'0'=48-48，其值为 0。

将大写字'A'～'F'转换为整型数的数字 10～15，可用表达式“ch-55”描述。例如，ch 为'A'，则'A'-55=65-55，其值为 10。

```
#include <stdio.h>
```

```
void main()
{
        char ch; unsigned int result=0;
        printf("读入十六进制数(0000 – ffff):");
        ch=getchar();
        while(ch!= '\n')
        {
            if(ch>='a'&&ch<='f')
                ch=ch-32;
            else if(ch>='0' && ch<='9')
               result=result*16+ch-'0';
            else if (ch>='A' && ch<='F')
                result=result*16+ch-55;
            else
            {
                printf("读入数据错误!\n");
                break;
            }
            ch=getchar();
        }
        printf("十进制数是 %u\n",result);
}
```

程序运行结果：
读入十六进制数(0000 – ffff):f
丨进制数是 15
读入字符(0000 – ffff):ffff
十进制数是 65535

本章小结

本章主要介绍了几种常用的循环结构，其中包括 while 循环、do-while 循环和 for 循环。使用 goto 语句和 if 语句也可以构成循环，但很少使用。

while 语句和 do-while 语句通常用于循环次数未知的循环控制，while 语句先判断条件，再执行循环体，它的循环体可能一次也不被执行；而 do-while 语句先执行循环体然后再进行条件判断，它的循环体至少被执行一次。

for 语句通常用于能够确定循环次数的循环控制，但凡是能用 while 实现的循环都能用 for 语句实现。for 语句后面的括号一般有 3 个表达式，表达式 1 通常用来实现循环变量的初始化，表达式 2 用来作循环控制的条件，表达式 3 是用来修改循环变量的。

如果一个循环语句的循环体中又出现了循环控制语句，则形成循环嵌套。任何循环控制语句实现的循环都允许嵌套，但在循环嵌套时，要注意外循环和内循环在结构上不能出现交叉。

break 语句和 continue 语句是循环体中的控制语句。break 语句的作用是结束当前的循环；

continue语句的作用是使当前的一次循环不再执行其后的循环体语句，继续下一次循环。

习题与实训

一、习题

1. 设有程序段

```
int k=10;
while(k=0)   k=k-1;
```

则下面描述中正确的是______。

A. while循环体执行10次　　B. 循环是无限循环

C. 循环体语句一次也不执行　　D. 循环体语句执行一次

2. 执行语句“for(i=1;i++<4;);”后，变量i的值是______。

A. 3　　B. 4

C. 5　　D. 不定

3. 设有程序段

```
t=0;
while(printf("*");)
{
        t++;
        if(t<3)break;
}
```

下面描述正确的是______。

A. 条件表达式与0等价

B. 条件表达式与'0'等价

C. 条件表达式不合法

D. 以上说法都不对

4. 执行下面程序段后，k值是______。

```
k=1; n=263;
do{k*=n%10;n/=10;}while(n);
```

二、实训

（一）实训目的

1. 掌握while语句、do-while语句、for语句的语法规则、执行流程，并比较3种循环语句的异同。

2. 掌握实现循环的条件的表示。

3. 了解循环结构的嵌套和转向语句的使用。

4. 能够编写循环结构的程序。

（二）实训内容

1. 阅读程序，并跟踪程序中变量的值。

（1）

```
#include <stdio.h>
void main()
```

```
    {
        int a=6;
        while (a--)
            printf("%d ",--a);
        printf("\n");
    }
```

（2）

```
    #include <stdio.h>
    void main()
    {
        int n=0,t=1;
        for (;;)
        {
            n=n+1;
            if (n>10) break;
            if (!(n%2)) continue;
            t*=n;
        }
        printf("输出:%d    %d\n",t,n);
    }
```

2. 给定 n 值求和：1+（1+2）+（1+2+3）+…+（1+2+3+…+n）。

3. 计算 1～5 的乘法表。

4. 猴子吃桃问题：小猴在某天摘桃若干个，当天吃掉一半又多吃一个；第二天吃了剩下的桃子的一半又多吃一个；以后每天都吃前一天剩下的桃子的一半多一个，到第 10 天要吃时只剩下一个。问小猴子第一天共摘下了多少桃子？

5. 打印出如下图案（半个菱形）。

```
    *
    ***
    ******
    ********
    ******
    ***
    *
```

第 7 章　数　组

数组是构造类型的数据，其特点是由多个同一类型的分量构成。构造类型重点要深入理解数据整体与分量的关系，以及各分量的表示方法。本章讨论一维数组、多维数组和字符数组。

7.1　一维数组

在程序设计中，为了处理方便，把具有相同类型的若干变量按有序的形式组织起来，这些按序排列的同类数据元素的集合就称为数组。在C语言中，数组属于构造数据类型。一个数组可以分解为多个数组元素，这些数组元素可以是基本数据类型或是构造类型。因此，按数组元素的类型不同，数组可分为数值数组、字符数组、指针数组、结构数组等。

数组类型在数据处理和数值计算中有十分重要的作用，许多算法不用数组这种数据结构就难以实施。例如，1000 个数的排序问题，用一维数组存放这 1000 个数，用冒泡法或选择法就能轻而易举地完成排序。数组与循环结合，使很多问题的算法得以简单地表述及高效地实现。

7.1.1　一维数组的定义

一维数组定义的一般格式如下：

　　数据类型名 数组名[常量表达式];

其中，类型名用于指明数组分量（又称数组元素）的数据类型。数组每一个分量的类型必须相同，基本类型均可作为数组分量的类型，其他类型也可作为数组分量的类型。

数组名是命名数组的标识符，其值是一个常量地址，即数组第一个分量的地址，称数组首地址。

常量表达式用于指明数组元素的个数，即数组长度。一般地，常量表达式是一个整型常量表达式，只允许是常量，不允许变量出现。

例如，定义一个一维数组（如图 7-1 所示）：

```
int a[5];
```

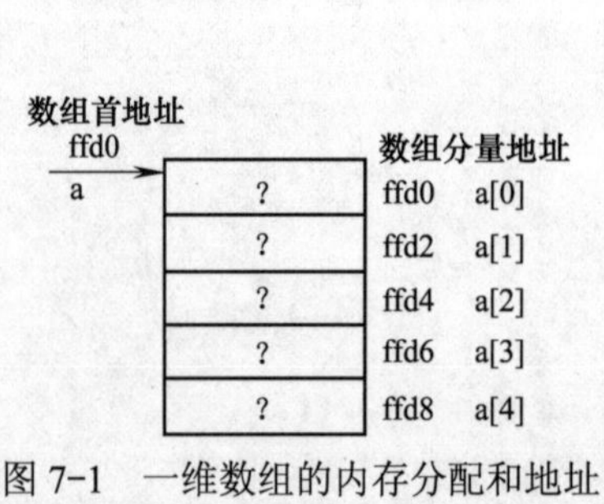

图 7-1　一维数组的内存分配和地址

其中，a 是数组名，有 5 个分量，每一个分量都是整型。编译时，要为变量分配内存，同样也要为数组分配内存。对于数组，要分配一片连续内存空间。因此，要为数组 a 分配 5 个 int 内存单元，其大小为 10 字节。

数组类型说明应注意以下几点：

1）数组的类型实际上是指数组元素的取值类型。对于同一个数组，其中所有元素的数据类型都是相同的。

2）数组名的书写规则应符合标识符的书写规定。

3）数组名不能与其他变量名相同，例如下面的说明方式是错误的：

```
void main()
{
    int a;
    float a[10];
    …
}
```

4）方括号中常量表达式表示数组元素的个数，如 a[5]表示数组 a 有 5 个元素，但是其下标从 0 开始计算，因此 5 个元素分别为 a[0]、a[1]、a[2]、a[3]、a[4]。

5）不能在方括号中用变量来表示元素的个数，但是可以是符号常数或常量表达式。例如下面的说明方式是合法的：

```
#define FD 5
void main()
{
    int a[3+2],b[7+FD];
    …
}
```

但是下面的说明方式是错误的：

```
void main()
{
    int n=5;
    int a[n];
    …
}
```

6）允许在同一个类型说明中，说明多个数组和多个变量。例如：

```
int a,b,c,d,k1[10],k2[20];
```

7.1.2　一维数组的引用和初始化

1．一维数组的引用

数组分量又称数组元素，其表示格式如下：

数组名[整型表达式]

整型表达式又称下标表达式。它确定了数组元素的顺序，其值从 0～N–1（N 为数组长度）。在下标表达式中允许变量出现。

例如，数组 a 的数组元素为 a[0]、a[1]、a[2]、a[3]、a[4]……数组元素是有序的。数组元素又称下标变量，同简单变量一样具有地址和值。

数组元素的地址可表示如下：

&数组名[整型表达式]

例如，数组 a 的各个数组元素地址为&a[0]、&a[1]、&a[2]、&a[3]、&a[4]……

应用数组时，要严格区分数组和数组元素。在定义时，a[5]是数组，其他情况均为数组元素。在编程和阅读程序时，要特别注意数组元素下标越界问题。如定义了数组 a[5]，则数组元素 a[5]、a[-1]的下标都越界，会产生错误。

2．一维数组的初始化

一维数组在定义时可初始化，其一般格式如下：

类型名 数组名[常量表达式]={元素值表};

一维数组初始化是将元素值表中的数据值按顺序一一初始化数组元素。例如：

```
float x[5]={1.0,2.0,3.0,4.0,5.0};
```

初始化后，数组 x 的数组元素值为：x[0]的值为 1.0，x[1]的值为 2.0，x[2]的值为 3.0，x[3]的值为 4.0，x[4]的值为 5.0。

也可以初始化部分元素，例如：

```
int a[5]={0};     /*各元素为 0*1
double y[5]={1.0,2.0};     /* y[0]的值为 1.0，y[1]的值为 2.0，其他元素为 0*/
```

3．一维数组的操作

不能对数组名进行操作，但数组名可作为函数的实参。例如：

```
int a[5],b[5]={1,2,3,4};
a=b;                    /* 错误 */
scanf("%d",a);          /* 错误 */
printf("%x\n",a);       /* 正确！输出数组的首地址 */
```

对数组的操作，只能是访问数组元素，而且是随机访问。例如：

```
int a[5]={1,2,3,4,5},c,i;
for (i=0;i<5;i++)       /* 输入 */
    scanf("%d",&a[i]);
for (i=0;i<5;i++)       /* 输出 */
    printf("%d    ",a[i]);
printf("\n");
a[4]=a[0]+a[3]*a[2];
c=a[0]+a[4]>0 && a[1] || a[2];
c=a[5]+a[6];     /* 错误 */
c=a[-1]*a[2];    /* 错误 */
```

7.1.3 一维数组程序举例

例 7-1 数组 a[6]的初始化。

```
#include <stdio.h>
void main()
{
        int a[6]={1,2,3,4,5,6};
        printf("数组首地址: %x\n",a);
        printf("数组占用的内存空间: %d  字节\n",sizeof(a));
```

```
        printf("数组  a[6]  各元素的地址和值: \n");
        for (int i=0;i<6;i++)
            printf(" a[%d]: %x(地址) %d(值)\n",i,&a[i],a[i]);
    }
```

程序运行结果：

```
数组首地址: ffd0
数组占用的内存空间: 12  字节
数组  a[6]  各元素的地址和值:
a[0]: ffd0 (地址) 1 (值)
a[1]: ffd2 (地址) 2 (值)
a[2]: ffd4 (地址) 3 (值)
a[3]: ffd6 (地址) 4 (值)
a[4]: ffd8 (地址) 5 (值)
a[5]: ffd10 (地址) 6 (值)
```

注意：不同的机器运行结果不完全相同，但都是以首地址开头的 12 个字节。

例 7-2　查找最大值。

```
#include <stdio.h>
#define N 10
main()
{
    int i,max,a[N];
    printf("input %d numbers:\n",N);
    for(i=0;i<N;i++)
        scanf("%d",&a[i]);              /*用户任意输入 10 个数给数组*/
    for(i=1,max=a[0];i<10;i++)          /*先把数组中第一个数作为最大的数*/
        if(a[i]>max)                    /*再循环把数组中的数和 max 比较，把大的数
                                          送入 max 中*/
            max=a[i];
    printf("max=%d\n",max);
}
```

程序运行结果：

```
input 10 numbers:
22 15 34 50 65 1 129 48 88 5
max=129
```

本例中第一个 for 语句用于将 10 个数逐个输入到数组 a 中。在第二个 for 语句中，首先把 a[0]送到 max 中，然后从 a[1]～a[9]逐个与 max 中的内容比较，若比 max 的值大，则把该数组元素送入到 max 中，因此 max 总是在已比较过的数组元素中的最大者。比较结束，输出 max 的值。

例 7-3　从键盘上任意输入 10 个整数，要求按从小到大的顺序在屏幕上显示出来。

排序的方法有很多，本例采用选择法。其基本思想如下：首先把最小的整数排到数组的首元素中，为了做到这一点，让数组的每个元素 a[i]都和 a[0]作大小对比，找出最小的元素，

将这个循环过程称为一趟排序。循环语句如下：

```
for(j=1;j<N-1;j++)
{
    if(a[j]<a[0])
    {
        t=a[0];
        a[0]=a[j];
        a[j]=t;
    }
}
```

经过上述循环语句后，最小的数就放入了数组 a[0]中。那么执行类似的循环语句，可以把第二小的数放入 a[1]，依此类推，有几个数据就进行几趟排序，最后就可以将数组从小到大排序。

```
#include <stdio.h>
#define N 6
void main()
{
    int a[N];
    int i,j,t,k;
    printf("Please input N numbers: \n");
    for(i=0; i<N; i++)
        scanf("%d", &a[i]);
    for(i=0; i<N-1; i++)
    {       for(j=i+1; j<N; j++)
    if(a[j]< a[i])
    {
    t=a[i];
    a[i]=data[j];
    a[j]=t;
    }
    }
    for(k=0;k<N;k++)
        printf("%4d",a[k]);
}
```

7.2 二维数组

前面介绍的数组只有一个下标，称为一维数组，其数组元素也称为单下标变量。在实际问题中，有很多量是二维的或多维的，相应地在 C 语言中也可以构造二维数组或多维数组。

7.2.1　二维数组的定义

二维数组定义的一般格式如下：

　　类型说明符 数组名[常量表达式 1][常量表达式 2];

其中，常量表达式 1 表示第一维下标的长度，常量表达式 2 表示第二维下标的长度。

例如，定义一个二维数组：

　　int a [2][3]={{1,2,3},{4,5,6}};

其中，a 是二维数组名，有 6 个数组元素，每一个数组元素都是整型。编译时，要为二维数组分配一片连续内存空间，二维数组 a 要分配 6 个 int 内存单元，其大小为 12 个字节。图 7-2 是矩阵（二维数组）的数学表示。

$$\begin{pmatrix} A_{00} & A_{01} & A_{02} \\ A_{10} & A_{11} & A_{12} \end{pmatrix}$$

图 7-2　矩阵（二维数组）的数学表示

图 7-3 说明了二维数组的内存分配和地址。

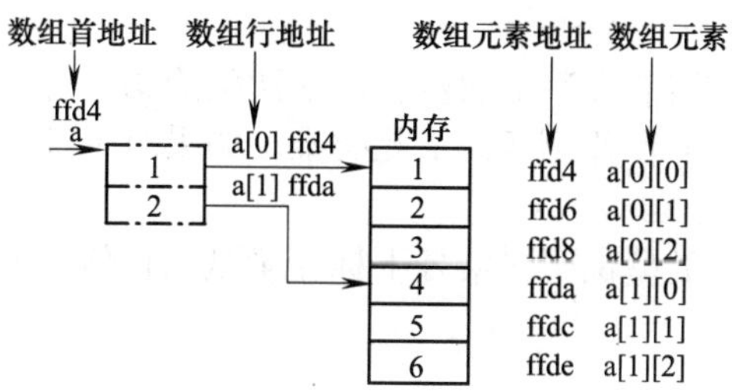

图 7-3　二维数组内存分配和地址

例 7-4　通过按行顺序为一个 5×5 的二维数组 a 赋 1～25 的自然数，然后输出该数组的左下半角。

```
#include <stdio.h>
void main()
{
    int a[5][5],i, j,n=1;
    for(i=0; i< 5; i++)              /*外循环：控制二维数组的行*/
        for(j=0; j<5;j++)            /*内循环：控制二维数组的列*/
            a[i][j]=n++;
    printf("The result is:\n");
     /*输出二维数组的左下半角*/
    for(i=0; i< 5; i++)              /*外循环：控制二维数组的行*/
    {
        for(j=0; j<=i;j++)           /*内循环：控制二维数组的列*/
            printf("%4d",a[i][j]);
            printf("\n");
    }
}
```

7.2.2 二维数组的引用和初始化

1. 二维数组的引用

二维数组的一般引用格式如下：

数组名[行下标表达式][列下标表达式]

其中，行下标表达式和列下标表达式都应是整型表达式或符号常量，且行下标表达式和列下标表达式的值都应在已定义数组大小的范围内。例如，假设有数组 x[3][4]，则可用的行下标范围为 0～2，列下标范围为 0～3。

对基本数据类型的变量所能进行的操作，也都适合于相同数据类型的二维数组元素。

下标变量和数组说明在形式中有些相似，但这两者具有完全不同的含义。数组说明的方括号中给出的是某一维的长度，即可取下标的最大值；而数组元素中的下标是该元素在数组中的位置标识。前者只能是常量，后者可以是常量、变量或表达式。

2. 二维数组的初始化

二维数组按行赋初值的一般格式如下：

数据类型 数组名[行常量表达式][列常量表达式]＝{{第 0 行初值表},{第 1 行初值表},…,{最后 1 行初值表}};

赋值规则：将“第 0 行初值表”中的数据，依次赋给第 0 行中各元素；将“第 1 行初值表”中的数据，依次赋给第 1 行各元素；依此类推。如果对全部元素都赋初值，则“行数”可以省略。

二维数组初始化也是在类型说明时给各下标变量赋以初值。二维数组可按行分段赋值，也可按行连续赋值。

例如，对数组 a[5][3]：

1）按行分段赋值，可写为：

```
int a[5][3]={ {80,75,92},{61,65,71},{59,63,70},{85,87,90},{76,77,85} };
```

2）按行连续赋值，可写为：

```
int a[5][3]={ 80,75,92,61,65,71,59,63,70,85,87,90,76,77,85 };
```

这两种赋初值的结果是完全相同的。

对于二维数组初始化赋值，还有以下几点说明：

1）可以只对部分元素赋初值，未赋初值的元素自动取 0 值。例如：

int a[3][3]={{1},{2},{3}}; 是对每一行的第一列元素赋值，未赋值的元素取 0 值。

赋值后各元素的值为：1 0 0 2 0 0 3 0 0。

int a[3][3]={{0,1},{0,0,2},{3}}; 赋值后的元素值为：0 1 0 0 0 2 3 0 0。

2）如对全部元素赋初值，则第一维的长度可以不给出。例如：

int a[3][3]={1,2,3,4,5,6,7,8,9}; 可以写为 int a[][3]={1,2,3,4,5,6,7,8,9};

数组是一种构造类型的数据，二维数组可以看作是由一维数组的嵌套而构成的。设一维数组的每个元素都又是一个数组，就组成了二维数组。当然，前提是各元素类型必须相同。根据这样的分析，一个二维数组也可以分解为多个一维数组。

有二维数组 a[3][4]，可分解为 3 个一维数组，其数组名分别为 a[0]、a[1]、a[2]。对这 3 个一维数组不需另作说明即可使用。这 3 个一维数组都有 4 个元素，如一维数组 a[0]的元素为 a[0][0]、a[0][1]、a[0][2]、a[0][3]。必须强调的是，a[0]、a[1]、a[2]不能当作下标变量使用，它们是数组名，不是一个单纯的下标变量。

7.2.3 二维数组程序举例

例 7-5 已知二维数组 a[2][3]={{1,2,3},{4,5,6}}，现要将 a 的行和列的元素值互换后存到另一个二维数组 b 中。

```
#include <stdio.h>
void main()
{
    int a[2][3]={{1,2,3},{4,5,6}},b[3][2];
    int i, j;
    for(i=0; i< 2; i++)          /*外循环：控制二维数组的行*/
        for(j=0; j<3; j++)          /*内循环：控制二维数组的列*/
            b[j][i]=a[i][j];
    printf("\n");
    /*输出二维数组 b*/
    for(i=0;i< 3;i++)
    {
        for(j=0;j< 2;j++)
            printf("%d\t",b[i][j]);
        printf("\n");
    }
}
```

例 7-6 应用数组构造 n 为 6 的杨辉三角形，并输出。杨辉三角形如下所示。

```
1
1    1
1    2    1
1    3    3    1
1    4    6    4    1
1    5    10   10   5    1
```

```
#include <stdio.h>
void main()
{
    int a[6][6]={1},i,j,k=1;
    for(i=0;i<6;i++)
    {
        for(j=0;j<=i;j++)
        {
            if(j==0)a[i][j]=1;
            if(j>0&&j<i)a[i][j]=a[i-1][j]+a[i-1][j-1];
            if(j==i)a[i][j]=1;
        }
    }
    for(i=0;i<6;i++)
    {
        for(j=0;j<=i;j++)
        printf("%5d",a[i][j]);
        printf("\n");
    }
}
```

7.3 字符数组和字符串

7.3.1 字符数组的定义

用来存放字符型变量的数组称为字符数组。一维字符数组的定义格式如下：

char 数组名[常量表达式];

其中，类型名 char 指明数组分量（又称数组元素）的数据类型为字符型，如“char c[10]”。由于字符型和整型通用，也可以定义为“int c[10];”，但这时每个数组元素占 2 个字节的内存单元。字符数组也可以是二维或多维数组，如“char c[5][10];”即为二维字符数组。

7.3.2 字符数组的引用和初始化

1. 字符数组的引用

字符数组可以与数值型数组一样，按元素引用和赋值，此时的下标形式、取值范围也与数值数组相同。例如：

```
char c[10],str[3][10];
c[0]='H';          /*赋一个字符常量*/
c[1]=c[0]+32;   /* 一个元素经运算后将结果赋给另一个元素  */
if(c[i]=='*') printf("%c",c[i]);   /*用在比较表达式和输出函数中*/
int i,j;
i=2,j=0;
str[i][j]=65;   /*给二维字符数组元素赋以整型常量*/
c[8]=str[i][j]+32;   /*二维字符数组元素参与运算后将结果赋给一维字符数组元素*/
```

与数值数组不同的是，字符数组可以用数组名进行输入/输出，即对字符数组进行整体引用。例如：

```
char c[10];
scanf("%s",c);   /*输入字符串到字符数组 c */
printf("%s",c);   /*输出字符数组 c */
```

注意：对字符数组进行整体输入/输出时，格式符为%s，而且输入项不加&，这是因为数组名本身就代表该数组存放的起始地址。

2. 字符数组的初始化

字符数组也允许在类型说明时作初始化赋值。例如：

```
char c[10]={'B','A','S','I','C','d','B','A','S'};
```

赋值后 c[9]未赋值，由系统自动赋予 0 值。当对全体元素赋初值时也可以省去长度说明，例如：

```
char c[]={'B','A','S','I','C','d','B','A','S'};
```

这时数组 c 的长度自动定为 9。

7.3.3 字符数组的输入/输出

字符数组的输入/输出可以是 scanf 函数和 printf 函数以%c 的格式逐个地输入、输出每个字符。

例 7-7　输出一个字符串。

```
#include <stdio.h>
void main()
{
    int i;
    char c[15]={'I',' ','a','m',' ','a',' ','s', 't','u','d','e','n','t','.'};
    for(i=0;i<=15;i++)
        printf("%c",c[i]);
    printf("\n");
}
```

程序运行结果：

I am a student.

在采用字符串方式后，字符数组的输入、输出将变得简单方便。可用 scanf 函数和 printf 函数以%s 格式整体输入、输出一个字符数组中的字符串。

例 7-8　字符串输入、输出。

```
#include<stdio.h>
void main()
{
    char c[16];
    printf("input string:\n");
    scanf("%s",c);
    printf("%s\n",c);
}
```

例 7-8 中由于定义数组长度为 16，因此输入的字符串长度必须小于 16，以留出 1 个字节用于存放字符串结束标志'\0'。应该说明的是，对一个字符数组，如果不作初始化赋值，则必须说明数组长度。还应该特别注意的是，当用 scanf 函数输入字符串时，字符串中不能含有空格，否则将以空格作为串的结束符。为了避免这种情况，可多设几个字符数组分段存放含空格的串。例 7-8 的程序可改写如下：

```
#include <stdio.h>
void main()
{
    char st1[2],st2[3],st3[2],st4[9];
    printf("input string:\n");
    scanf("%s%s%s%s",st1,st2,st3,st4);
    printf("%s %s %s %s\n",st1,st2,st3,st4);
}
```

上述程序中分别设了 4 个数组，输入的一行字符按空格分段分别装入 4 个数组，然后分别输出这 4 个数组中的字符串。在前面介绍过 scanf 函数的各输入项必须以地址方式出现，如&a、&b 等，也可以数组名方式出现，这是由于在 C 语言中规定，数组名就代表了该数组的首地址。整个数组是以首地址开头的一块连续的内存单元，如有字符数组 char c[10]，设数组 c 的首地址为 2000，也就是说 c[0]单元地址为 2000，则数组名 c 就代表这个首地址，因此在 c 前面不能再加地址运算符&，如“scanf（"%s", &c）;”则是错误的。在执行函数 printf ("%s", c)时，按数组名 c 找到首地址，然后逐个输出数组中各个字符直到遇到字符串终止标志'\0'为止。

7.3.4 字符串处理函数

字符串在C语言中没有专门的字符串变量，通常用一个字符数组来存放一个字符串。在数据类型中介绍字符串常量时，已说明字符串总是以'\0'作为串的结束符。因此当把一个字符串存入一个数组时，也把结束符'\0'存入数组，并以此作为该字符串是否结束的标志。

C语言允许用字符串的方式对数组作初始化赋值。例如：

char c[]={'C', ' ','p','r','o','g','r','a','m'};　可写为 char c[]={"C program"};　或去掉{}写为 char c[]="C program";

数组 c 在内存中的实际存放情况为：C program\0。'\0'是由 C 编译系统自动加上的。由于采用了'\0'标志，所以在用字符串赋初值时一般无须指定数组的长度，而由系统自行处理。

C语言提供了丰富的字符串处理函数，大致可分为字符串的输入、输出、合并、修改、比较、转换、复制、搜索几类。使用这些函数可减轻编程的负担。用于标准输入、输出的字符串函数，在使用前应包含头文件<stdio.h>；使用其他字符串操作函数则应包含头文件<string.h>。下面介绍几个最常用的字符串函数。

1．字符串输出函数 puts()

函数格式：

```
puts (s);
```

其中，s 为字符串数组名或字符串指针。

函数功能：把字符数组中的字符串输出到显示器，即在屏幕上显示该字符串。puts(s)的作用与 printf ("%s\n", s)相同。

函数说明：puts 函数只能输出字符串，不能输出数值或进行格式变换；可以将字符串直接写入 puts 函数中。例如：

```
puts("Hello, Turbo C2.0");
```

例 7-9　字符串输出函数。

```
#include<stdio.h>
void main()
{
    char a[]="morning",t;
    int i,j=0;
    for(i=1;i<7;i++)
    if(a[i]<a[j])
    {
        j=i;
        t=a[j];
        a[j]=a[7];
        a[7]=t;
    }
    puts(a);
}
```

2. 字符串输入函数 gets()

函数格式：

gets(s);

其中，s 为字符串数组名或字符串指针。

函数功能：从标准输入设备即键盘上输入一个字符串。该函数得到一个函数值，即该字符数组的首地址。

例 7-10　从键盘输入一行字符，统计其中有多少个单词，单词之间用空格分隔。

```
#include <stdio.h>
#include <string.h>
void main()
{
    char s[80],c1,c2=' ';
    int i=0,num=0;
    gets(s);                          /*等待输入字符串直到回车结束*/
    while(s[i]!='\0')
    {
        c1=s[i];
        if(i==0) c2==' ';
        else c2=s[i-1];
        if(c1!=' '&&c2==' ') num++;
        i++;
    }
    printf("There are %d words.\n",num);
}
```

gets(s)与 scanf("%s", &s)相似，但不完全相同。使用 scanf("%s",&s)输入字符串时存在一个问题，就是如果输入了空格会认为输入字符串结束，空格后的字符将作为下一个输入项处理，而 gets 函数并不以空格作为字符串输入结束的标志，而以回车作为输入结束。

3. 字符串连接函数 strcat

函数格式：

strcat (字符数组 1,字符数组 2);

函数功能：把字符数组 2 中的字符串连接到字符数组 1 中字符串的后面，并删去字符串 1 后的串标志'\0'。该函数返回值是字符数组 1 的首地址。

例 7-11　字符串连接函数。

```
#include <stdio.h>
#include <string.h>
void main()
{
    char st1[80]="BIG",st2[80]="DATA";
    int i=0;
    strcat(st1,st2);
    while(st1[i++]!='\0') st2[i]=st1[i];
```

```
    puts(st2);
}
```

本程序把初始化赋值的字符数组与动态赋值的字符串连接起来。要注意的是，字符数组 st1 应定义足够的长度，才能装入全部被连接的字符串。

4. 字符串复制函数 strcpy

函数格式：

strcpy (字符数组 1,字符数组 2);

函数功能：把字符数组 2 中的字符串复制到字符数组 1 中。串结束标志'\0'也一同复制。字符数组 2 也可以是一个字符串常量，这时相当于把一个字符串赋予一个字符数组。

例 7-12　字符串复制函数。

```
#include <string.h>
void main()
{
    char st1[16],st2[]="cloud computing";
    strcpy(st1,st2);
    puts(st1);
    printf("\n");
}
```

本函数要求字符数组 1 应有足够的长度，否则不能全部装入所复制的字符串。

5. 字符串比较函数 strcmp

函数格式：

strcmp (字符数组 1,字符数组 2);

函数功能：按照 ASCII 码顺序比较两个数组中的字符串，并由函数返回值返回比较结果。

字符串 1=字符串 2，返回值=0；

字符串 1>字符串 2，返回值>0；

字符串 1<字符串 2，返回值<0。

本函数也可用于比较两个字符串常量，或比较数组和字符串常量。

例 7-13　在 3 个字符串中找出最小的。

```
#include <string.h>
#include <stdio.h>
void main()
{
    char s[20],str[3][20];
    int i;
    for(i=0;i<3;i++)
    gets(str[i]);
    strcpy(s,(strcmp(str[0],str[1])<0?str[0]:str[1]));
    if( strcmp(str[2],s)<0) strcpy(s,str[2]);
    printf("%s\n",s);
}
```

6. 测字符串长度函数 strlen

函数格式：

strlen (字符数组名);

函数功能：测字符串的实际长度（不含字符串结束标志'\0'），并作为函数返回值。

例 7-14　测字符串长度函数。

```
#include <stdio.h>
#include <string.h>
void main()
{
      int k;
      char st[]="network of things";
      k=strlen(st);
      printf("The lenth of the string is %d\n",k);
}
```

7.4　数组应用举例

例 7-15　从键盘输入若干整数（整数个数应少于 50），其值在 0～4 的范围内，用–1 作为输入结束的标志。统计每个整数的个数。

```
#include <string.h>
#include <stdio.h>
#define M 50
void main()
{   int a[M],c[5],i,n=0,x;
    printf("Input 0 or 1 or 2 or 3 or 4,to cnd with -1\n");
    scanf("%d",&x);
    while(x!=-1)
    {
        if(x>=0&&x<=4)
             {a[n]=x;n++;}
        scanf("%d",&x);
    }
    for(i=0;i<5;i++) c[i]=0;
    for(i=0;i<n;i++) c[a[i]]++;
    printf("The result is:\n");
    for(i=0;i<=4;i++)
        printf("%d: %d\n",i,c[i]);
    printf("\n");
}
```

例 7-16　求一个 3×3 矩阵对角线元素之和。

```
#include <stdio.h>
```

```
main()
{
    float a[3][3],sum=0;
    int i,j;
    printf("please input matrix element:\n");
    for(i=0;i<3;i++)
        for(j=0;j<3;j++)
            scanf("%f",&a[i][j]);
    for(i=0;i<3;i++)
        sum=sum+a[i][i];
    printf("%8.3f",sum);
}
```

程序运行结果：

please input matrix element:

11 22 33 44 55 66 77 88 99

165.000

例 7-17 一个学习小组有 5 个人，每个人有 3 门课的考试成绩。求全组分科的平均成绩和各科总平均成绩。

课程	math	C	dBASE
张	80	75	92
王	61	65	71
李	59	63	70
赵	85	87	90
周	76	77	85

可设一个二维数组 a[5][3]存放 5 个人 3 门课的成绩。再设一个一维数组 v[3]存放所求得各分科平均成绩，设变量 l 为全组各科总平均成绩。

```
#include <stdio.h>
void main()
{
    int i,j,s=0,l,v[3],a[5][3];
    printf("input score:\n");
    for(i=0;i<3;i++)
    {
        for(j=0;j<5;j++)
            { scanf("%d",&a[j][i]); s=s+a[j][i];}
        v[i]=s/5;
        s=0;
    }
    l=(v[0]+v[1]+v[2])/3;
    printf("math: %d\nC language: %d\ndBASE: %d\n",v[0],v[1],v[2]);
    printf("total: %d\n",l);
}
```

程序运行结果：

```
input score
80  75  92  61  65  71  59  63  70  85  87  90  76  77  85
math:72
C language:73
dBASE:82
total:76
```

程序中首先用了一个双重循环。在内循环中依次读入某一门课程的各个学生的成绩，并把这些成绩累加起来，退出内循环后再把该累加成绩除以 5 送入 v[i]之中，这就是该门课程的平均成绩。外循环共循环 3 次，分别求出 3 门课各自的平均成绩并存放在数组 v 之中。退出外循环之后，把 v[0]、v[1]、v[2]相加除以 3 即得到各科总平均成绩。最后按题意输出各个成绩。

例 7-18　在二维数组 a 中选出各行最大的元素组成一个一维数组 b。

本题的编程思路是，在数组 a 的每一行中寻找最大的元素，找到之后把该值赋予数组 b 相应的元素即可。

```
#include <stdio.h>
void main()
{
    static int a[][4]={3,16,87,65,4,32,11,108,10,25,12,27};
    int b[3],i,j,k;
    for(i=0;i<=2;i++)
    {
        k=a[i][0];
        for(j=1;j<=3;j++)
            if(a[i][j]>k) k=a[i][j];
        b[i]=k;
    }
    printf("\narray a: \n");
    for(i=0;i<=2;i++)
    {
        for(j=0;j<=3;j++)
            printf("%5d",a[i][j]);
        printf("\n");
    }
    printf("\narray b:\n");
    for(i=0;i<=2;i++)
        printf("%5d",b[i]);
    printf("\n");
}
```

程序运行结果：

```
array  a:
3     16    87    65
4     32    11    108
```

10　25　12　27
array　b:
87　108　27

程序中第一个 for 语句中又嵌套了一个 for 语句组成了双重循环。外循环控制逐行处理，并把每行的第 0 列元素赋予 k。进入内循环后，把 k 与后面各列元素比较，并把比 k 大者赋予 k。内循环结束时 k 即为该行最大的元素，然后把 k 值赋予 b[i]。等外循环全部完成时，数组 b 中已装入了 a 各行中的最大值。后面的两个 for 语句分别输出数组 a 和数组 b。

例 7-19　从键盘上任意输入 10 个整数，要求按从小到大的顺序在屏幕上显示出来。排序的方法有很多，本例采用冒泡法。

冒泡法的基本思想如下：通过相邻两个数之间的比较和交换，使排序码（数值）较小的数逐渐从底部移向顶部，排序码较大的数逐渐从顶部移向底部。就像水底的气泡一样逐渐向上冒，故而得名。

由 A[n]～A[1]组成的 n 个数据，进行冒泡排序的过程可以描述为：

1）首先将相邻的 A[n]与 A[n-1]进行比较，如果 A[n]的值小于 A[n-1]的值，则交换两者的位置，使较小的上浮，较大的下沉；接着比较 A[n-1]与 A[n-2]，同样使小的上浮，大的下沉。依此类推，直到比较完 A[2]和 A[1]后，A[1]为具有最小排序码（数值）的元素，称第一趟排序结束。

2）然后在 A[n]～A[2]区间内，进行第二趟排序，使剩余元素中排序码最小的元素上浮到 A[2]；重复进行 n-1 趟后，整个排序过程结束。

```
#include <stdio.h>
#define NUM 10            /*定义符号常量(数据个数 N)*/
void main()
{
      int data[NUM];              /*定义 1 个一维整型数组 data*/
      int i,j,temp;            /*定义循环变量和临时变量*/
      clrscr();                /*库函数 clrscr()：清屏*/
      printf("Please input 10 numbers: \n");
      for(i=0; i<NUM; i++)
          scanf("%d", &data[i]);
          for(i=0; i<NUM-1; i++)           /*外循环：控制比较趟数*/
          for(j=NUM-1; j>i; j--)     /*内循环：进行每趟比较*/
          if(data[j]<data[j-1])    /*如果 data[j]大于 data[j-1],交换两者的位置*/
          {
          temp=data[j];
          data[j]=data[j-1];
          data[j-1]=temp;
          }
      /*输出排序后的数据*/
      printf("\nThe result of sort:\n");
      for(i=0; i<NUM; i++)
          printf("%d ",data[i]);
      getchar();                /*等待键盘输入任一字符，目的使程序暂停*/
}
```

程序运行结果：

Please input 10 nubers:

12　34　56　78　9　7　6　5　4　3

The result of sort:

3　4　5　6　7　9　12　34　56　78

多维数组可由二维数组类推而得到。对多维数组，也可以把它看作一维数组，而它的数组元素是比它自己少一维的数组。这样看，有利于理解多维数组及其地址表示。在 C 语言中可以定义二维以上的数组，要定义几维数组就需要几个用方括号括起来的下标。

定义多维数组的一般格式如下：

<类型标识符> <数组名>[e1][e2]…[en]

其中，en 为值大于 0 的整型表达式。例如：

int a[2][3][4],b[2][3][4][5];

则 a 为三维整型数组，b 为四维整型数组。对多维数组来说，只有下标齐全的元素才是可以直接进行输入、输出操作的真实元素，而下标不全的元素称为“虚元素”，这些虚元素本身就是一些或小或大的数组。

本章小结

数组是构造类型中最简单的一种，它是一组相同类型的数据的集合，其特点是利用下标来区分同一类型的不同数据。所有数组元素按顺序存放在一段连续的内存单元中（长度由下标决定）。数组元素可以是整型、实型、字符型，也可以是后面将要学习的结构体类型、指针类型等。由于数组具有在内存中紧密且有序排列的特性，可以通过改变数组下标的方法来依次引用数组中的每一个元素，因此在解决实际问题时常常采用数组这种数据结构。

根据下标个数的多少，数组可分为一维数组、二维数组和多维数组，最常用的是一维数组和二维数组。二维数组可以看成是特殊的一维数组。定义数组时，数组的长度必须是整型常量或常量表达式。数组初始化时，初值个数不得多于数组元素的个数；引用时，数组的下标从 0 开始，数组的最大下标值为数组长度减 1，注意不能越界。

本章还介绍了字符和字符串的表示与处理方法；如字符常量、字符变量和存放字符串的字符数组，还讨论了字符串处理库函数的用法以及字符数据的输入、输出。字符数组是数组的特例，一般用于处理字符串常量。C 语言规定字符串结束标志为'\0'。

字符变量只能存放一个字符，而字符数组则可以存放字符串。二维数组可以存放多个字符串（每行存放一个字符串）。处理多个字符串时如求最大（小）字符串、字符串排序等，常用二维字符数组存放它们。C 语言的库函数提供了专门处理字符串的函数。

习题与实训

一、习题

（一）选择题

1. 以下能对一维数组 a 进行正确初始化的语句是______。

A. int a[10]=(0,0,0,0,0);　　　　B. int a[10]={　　};

C. int a[ ]={0};　　　　D. int a[10]={10*1};

2. 以下对二维数组 a 的正确说明是______。

A. int a[3][]; B. float a(3,4);

C. double a[1][4]; D. float a(3)(4);

3. 若有说明“int a[3][4];”，则对 a 数组元素的正确引用是______。

A. a[2][4] B. a[1, 3]

C. a[1+1][0] D. a(2)(1)

4. 若有说明“int a[3][4];”，则对 a 数组元素的非法引用是______。

A. a[0][2*1]; B. a[1][3]

C. a[4−2][0] D. a[0][4]

5. 若有说明“int a[3][4];”，则数组 a 中各元素______。

A. 可在程序的运行阶段得到初值 0

B. 可在程序的编译阶段得到初值 0

C. 不能得到确定的初值

D. 可在程序的编译或运行阶段得到初值 0

（二）写出下面程序的运行结果

1.

```
#include <stdio.h>
void main()
{
    int a[]={1,2,3,4,5,6,7,8,9,10},b=9,i;
    for (i=0;i<3;i++)
        b+=a[i];
    printf("输出：%d\n",b);
}
```

2.

```
#include <stdio.h>
void main()
{
    int a[]={4,3,3,4,3,8,4,2,8,3},b[10],i,j,max;
    for (i=0;i<10;i++)
    {
        b[i]=0;
        for (j=0;j<10;j++)
            if (a[j]==a[i]) b[i]=b[i]+1;
    }
    max=b[0];
    for(j=0,i=0;i<10;i++)
        if(b[i]>=max)
            { max=b[i]; j=i;}
    printf("输出: a[%d]=%d\n",j,a[j]);
}
```

二、实训

（一）实训目的

1. 掌握一维数组的基本概念、基本操作。
2. 掌握与一维数组的定义、初始化，能编写数组的输入/输出相关的算法。
3. 掌握二数组的基本概念，以及定义、初始化二维数组等基本操作。
4. 掌握与二维数组有关的算法。
5. 掌握字符数组的基本概念、字符数组和字符串的关系，会用字符串初始化字符数组。
6. 了解常用字符串处理函数的使用方法。

（二）实训内容

1. 一个课外小组有 15 个人，每个人学习两种特长课。求小组分科的平均成绩和每种特长总平均成绩。
2. 从键盘输入若干整数（数据个数应少于 50），其值在 0～4 的范围内，用–1 作为输入结束的标志。统计每个整数的个数。
3. 有一个已经排好序的数组。现输入一个数，要求按原来的规律将它插入数组中。
4. 将整型二维数组 $A_{m\times n}$ 按行传送到整型一维数组 B。
5. 求一个 4×8 矩阵的对角线元素之和。
6. 有 3 行每行 80 个字符。要求分别统计出其中英文大写字母、小写字母、数字、空格以及其他字符的个数。
7. 从键盘输入一个字符串 a，并在字符串 a 中的最大元素后边插入字符串 b（b[]="ab"）。

第 8 章　函　数

在 C 语言中，函数是程序的基本组成单位。利用函数，不仅可以实现程序的模块化，而且提高了程序的易读性和可维护性。把程序中经常用到计算或操作编成通用的函数，以供随时调用，这样可以减轻程序员的代码工作量。

C 程序的全部工作都是由各式各样的函数完成的，所以 C 语言也称为函数式语言。由于采用了函数模块式的结构，C 语言易于实现结构化程序设计，使程序的层次结构清晰，便于程序的编写、阅读、调试。C 语言中的函数相当于其他高级语言的子程序。C 语言不仅提供了极为丰富的库函数（如 Turbo C，MS C 都提供了 300 多个库函数），还允许用户建立自己定义的函数。用户编写一个个相对独立的函数模块算法，然后用调用的方法来使用函数。

例 8-1　带参函数程序。

```
main()
{
    int a,b,c;
    scanf("%d,%d",&a,&b);
    c=fun(a,b);
    printf("fun is %d",c);
}
fun(int x,int y)
{
      int z;
      if(x>y)
            z=x;
      else
            z=y;
      return(z);
}
```

程序运行结果：

```
5,10
fun is 5
```

本程序包含两个函数，main 函数为主函数，fun 函数用来求出 x 和 y 中的较大者。

说明：

1）一个源程序文件由一个或多个函数组成。一个源程序文件是一个编译单位，即以源文件为单位进行编译，而不是以函数为单位进行编译。

2）一个 C 语言程序由一个或多个源程序文件组成。对于较大的程序，一般不希望全放在一个文件中，而是将函数和其他内容（如预编译命令）分别放到若干个源文件中，再由若干个源文件组成一个 C 语言程序。这样可以分别编写、编译，提高调试效率。一个源文件可以为多个 C 语言程序共用。

3）C 语言程序的执行从 main 函数开始，调用其他函数后流程回到 main 函数，在 main 函数中结束整个程序的运行。

4）所有函数都是平行的，即在定义函数时是相互独立的，一个函数并不从属于另一个函数，也即函数不能嵌套定义，但可以相互调用，甚至嵌套调用、递归调用（不能调用 main 函数）。

5）从用户使用的角度看，函数可分为以下两种：

① 标准函数，即库函数。这是由系统提供的，用户无须定义，也不必在程序中作类型说明，只需在程序前包含有该函数原型的头文件即可在程序中直接调用。

② 用户自己定义的函数，以解决用户的专门需要。

6）从函数的形式看，其可分为以下两类：

① 无参函数。在调用无参函数时，主调函数并不将数据传送给被调用函数，一般用来执行指定的一组操作。无参函数可以带回也可以不带回函数值，但一般以不带回函数值居多。

② 有参函数。在调用函数时，在主调函数和被调函数之间有参数传递，也就是说，主调函数可以将数据传给被调函数使用，被调用函数中的数据也可以带回来供主调函数使用。

8.1 函数的定义

应用计算机求解复杂的实际问题，总是把一个任务按功能分成若干个子任务，每个子任务还可再细分。一个子任务称为一个功能块，用函数实现。应用这种策略组织程序，主函数 main 和其他函数构成程序的层次结构，如图 8-1 所示。

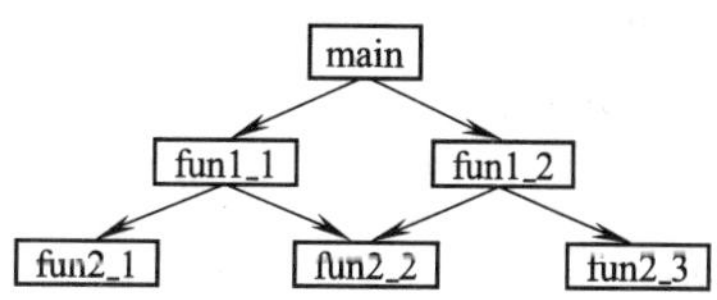

图 8-1 程序的层次结构

函数定义和函数调用是一个问题的两个方面。函数定义是解决“怎么做”问题，而函数调用是解决“做什么”问题。函数只能定义一次，但可多次声明和多次调用，在函数调用时，一般都要传入和传出数据。

在 C 语言中，所有的函数定义，包括主函数 main 在内，都是平行的。也就是说，在一个函数的函数体内，不能再定义另一个函数，即不能嵌套定义。在 C 语言中函数是独立的，不包含主函数 main 的函数源程序文件能独立编译，但不能独立运行，只能在被调用时才能运行。

但是函数之间允许相互调用，也允许嵌套调用。习惯上把调用者称为主调函数，函数还可以自己调用自己，称为递归调用。

一个 C 源程序必须有且只有一个主函数 main。C 程序的执行总是从 main 函数开始，完成对其他函数的调用后再返回到 main 函数，最后由 main 函数结束整个程序。

主函数 main 可调用其他函数，但其他函数不能调用主函数 main，其他函数可以相互调用，还可以自己调用自己或间接调用自己。库函数已预定义，在编程时加入包含文件预处理命令，它就可直接被调用。用户定义函数必须先定义，然后才能被调用。

在 C 语言中，函数是模块化程序设计的唯一工具。模块化程序设计是基于函数的逐步求精法。这一方法的思路是：在抽象程序的逐步细化过程中，将操作看成函数调用，最终得到一个层次分明的程序结构。应用这种方法设计出的程序，结构清晰、易读、易理解、易调试、易维护，适合开发大任务、多人员设计，也便于软件管理。

1）无参函数。其一般格式如下：

```
类型说明符  函数名()
{
    类型说明;
    语句;
}
```

其中，类型说明符指明了本函数的类型，即函数返回值的类型。该类型说明符与第 2 章介绍的各种说明符相同。函数名是由用户定义的标识符，函数名后有一个空括号，其中可无参数，但括号不可少。{ }中的内容称为函数体，在函数体中也有类型说明，这是对函数体内部所用到的变量类型说明。在很多情况下不要求无参函数有返回值，此时函数类型说明符可以写为 void。例如：

```
void Hello()
{
    printf ("Hello,world \n");
}
```

这里，只把 main 改为 Hello 作为函数名，其余不变。Hello 函数是一个无参函数，当被其他函数调用时，输出“Hello, world”字符串。

2）有参函数。其一般格式如下：

```
类型说明符  函数名(形式参数表)
{
    类型说明;
    语句;
}
```

有参函数比无参函数多了两部分内容：其一是形式参数表，其二是形式参数类型说明。在形参表中给出的参数称为形式参数，它们可以是各种类型的变量，各参数之间用逗号间隔。在进行函数调用时，主调函数将赋予这些形式参数实际的值。形参既然是变量，当然必须进行类型说明。例如，定义一个函数，用于求两个数中的大数，可写为：

```
int max(a,b)
int a,b;
{
    if(a>b) return a;
    else return b;
}
```

第一行说明 max 函数是一个整型函数，其返回的函数值是一个整数，形参为 a、b。第二行说明 a、b 均为整型量，a、b 的具体值是由主调函数在调用时传送过来的。在{}中的函数体内，除形参外没有使用其他变量，因此只有语句而没有变量类型说明。上边这种定义方法称为“传统格式”。这种格式不易于编译系统检查，从而会引起一些非常细微而且难于跟踪的错误。ANSI C 的新标准中把对形参的类型说明合并到形参表中。例如，max 函数可定义为：

```
int max(int a,int b)
{
    if(a>b) return a;
    else return b;
}
```

函数定义和函数说明（后面将要介绍）时，给出了形式参数及其类型，在编译时易于对它们进行查错，从而保证了函数说明和定义的一致性。在 max 函数体中的 return 语句是把 a（或 b）的值作为函数的值返回给主调函数。有返回值函数中至少应有一个 return 语句。在 C 程序中，一个函数的定义可以放在任意位置，既可放在主函数 main 之前，也可放在 main 之后。定义了一个函数，其位置在 main 之后，也可以把它放在 main 之前。

8.2　函数的参数

8.2.1　函数的形式参数和实际参数

在函数定义时参数表中的参数称为形式参数，简称形参，形参必须是变量名。在函数调用时参数表中的参数称为实际参数，简称实参。常量、变量、函数调用和表达式都可作为实参。实参是表达式，必须具有确定的值。

C 语言的参数传递是传值。传值是单向的，即在函数调用时，将实参的值复制给对应的形参，而不能将形参的值反传给实参，参数传递结束，实参与形参就无任何联系了。因此，形参的变化不会影响实参。图 8-2 形象地描述了传值特性。

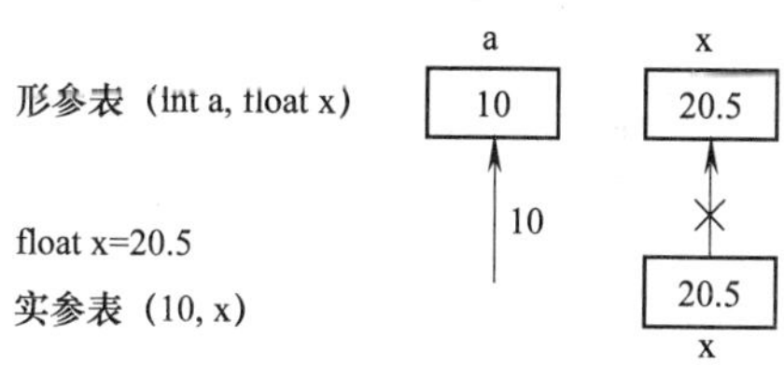

图 8-2　函数传值

实参传递给形参，必须满足类型匹配、个数相同和顺序一致的规则。类型匹配的含义是：对于基本类型，遵守赋值类型转化规则；对于其他类型，必须类型相同。

函数的形参和实参具有以下特点：

1）形参变量只有在被调用时才分配内存单元，在调用结束时，即刻释放所分配的内存单元，因此，形参只有在函数内部有效。函数调用结束返回主调函数后则不能再使用该形参变量。

2）实参可以是常量、变量、表达式、函数等，无论实参是何种类型的量，在进行函数调用时，它们都必须具有确定的值，以便把这些值传送给形参。

3）实参和形参在数量上、类型上、顺序上应严格一致，否则会发生“类型不匹配”的错误。

4）函数调用中发生的数据传送是单向的。即只能把实参的值传送给形参，而不能把形参的值反向地传送给实参，因此在函数调用过程中，形参的值发生改变，而实参中的值不会变化。

例 8-2　求 n 个数的和。

```
#include <stdio.h>
void main()
{
    int n;
    void s(long n);
    printf("input number\n");
    scanf("%d",&n);
    s(n);
    printf("n=%d\n",n);
}
void s(long n)
{
    int i;
    for(i=n-1;i>=1;i--)
        n=n+i;
    printf("n=%ld\n",n);
}
```

例 8-2 程序中定义了一个 s 函数，该函数的功能是求和的值。在主函数中输入 n 值，并作为实参，在调用时传送给 s 函数的形参量 n。注意：本例的形参变量和实参变量的标识符都为 n，但这是两个不同的量，各自的作用域不同。在主函数中用 printf 语句输出一次 n 值，这个 n 值是实参 n 的值。在 s 函数中也用 printf 语句输出了一次 n 值，这个 n 值是形参最后取得的 n 值 0。

从运行情况看，输入 n 值为 1000，即实参 n 的值为 1000。把此值传给 s 函数时，形参 n 的初值也为 1000，在执行函数过程中，形参 n 的值变为 500500。返回主函数之后，输出实参 n 的值仍为 1000，可见实参的值不随形参的变化而变化。

例 8-3　求两整数中的较大值。

```
#include <stdio.h>
int fun (int a,int b);
void main()
{
    int a,b,max;
    printf("输入两个整数:");
    scanf("%d %d",&a,&b);
    max= fun (a,b);          /* 调用 fun 函数，在表达式中出现 */
    printf("\n 两整数中的较大值是 %d\n",max);
}
int fun(int a,int b)         /* 求两整数中的较大值函数定义 */
{
    if (a>b) return a;
```

```
        else return b;
    }
```

程序运行结果：

输入两个整数: 23 78

两整数中的较大值是 78

程序运行从主函数 main 开始，分配栈内存，当程序运行到“max=fun(a,b)”语句时，调用 fun 函数，分配栈内存，将实参值传递给对应形参，程序控制转移到 fun 函数继续执行。参数传递结束，实参与形参就没有任何联系了。当程序运行到“return a”或“return b”语句时，函数返回值存入临时内存单元，退出 fun 函数，fun 函数栈内存自动撤销。程序控制转移到主函数 main 继续执行，函数返回值存入 max。程序运行结束，撤销主函数 main 栈内存。

8.2.2　函数的返回值

函数的值是指函数被调用之后，执行函数的程序段所取得的并返回给主调函数的值。对函数的值（或称函数返回值）有以下一些说明：

1）函数的值通过 return 语句返回，其一般格式如下：

return 表达式；或者为：return(表达式);

该语句的功能是计算表达式的值，并返回给主调函数。在函数中允许有多个 return 语句，但每次调用只能有一个 return 语句被执行，因此只能返回一个函数值。

2）函数值的类型和函数定义中函数的类型应保持一致。如果两者不一致，则以函数类型为准，自动进行类型转换。

3）如函数值为整型，在函数定义时可以省去类型说明。

4）不返回函数值的函数，可以明确定义为“空类型”，类型说明符为 void。

一旦函数被定义为空类型后，就不能在主调函数中使用被调函数的函数值了。例如，在定义 s 函数为空类型后，在主函数中写语句“sum=s(n);”就是错误的。为了使程序有良好的可读性并减少出错，不要求返回值的函数都应定义为空类型。

函数说明是指在主调函数中调用某函数之前应对该被调函数进行说明，这与使用变量之前要先进行变量说明是一样的。在主调函数中对被调函数作说明的目的是使编译系统知道被调函数返回值的类型，以便在主调函数中按此种类型对返回值作相应的处理。

8.3　函数的调用

在程序中是通过对函数的调用来执行函数体，其过程与其他语言的子程序调用相似。

8.3.1　函数的调用方式

函数调用的一般格式如下：

函数名(实际参数表);

无参函数调用时则无实际参数表。

实际参数表中的参数可以是常数、变量或其他构造类型数据及表达式，各实参之间用逗号分隔。

函数调用过程如下：在栈区分配内存空间；保护调用函数的运行状态和返回地址；传递参数，计算实参，将实参值传递给对应的形参（传值）。传递参数应满足类型匹配、个数相同和顺序一致规则；将程序控制转移到被调用函数继续执行。遇到 return 语句，返回函数值，或遇到函数的最外层的右括号“}”，依据返回地址返回到调用函数继续运行。退出被调用函数时，该函数的栈内存空间自动释放（撤销）。

1．函数表达式

函数作为表达式中的一项出现在表达式中，以函数返回值参与表达式的运算。这种方式要求函数是有返回值的。例如，“z=max(x,y)”是一个赋值表达式，把 max 的返回值赋予变量 z。

2．函数语句

函数调用的一般形式加上分号即可构成函数语句。例如，“printf ("%D",a);”“scanf ("%d",&b);”都是以函数语句的方式调用函数。

3．函数实参

函数作为另一个函数调用的实际参数出现，这种情况是把该函数的返回值作为实参进行传送，因此要求该函数必须是有返回值的。例如，“printf("%d",max(x,y));”即把 max 函数调用的返回值又作为 printf 函数的实参来使用的。

在函数调用中还应该注意的一个问题是求值顺序的问题。所谓求值顺序是指对实参表中各量是自左至右使用，还是自右至左使用。对此，各系统的规定不一定相同。这里从函数调用的角度强调一下。例如：

```
void main()
{
    int i=8;
    printf("%4d%4d%4d%4d",++i,--i,i++,i--);
}
```

如对 printf 语句中的++i、--i、i++、i--按照从右至左的顺序求值，运行结果为：

```
8    7    7    8
```

如按照从左至右求值，运行结果为：

```
9    8    8    9
```

应特别注意的是，无论是从左至右求值，还是从右至左求值，其输出顺序都是不变的，即输出顺序总是和实参表中实参的顺序相同。由于 Turbo C 现定是自右至左求值，所以结果为 8　7　7　8。

8.3.2　函数的说明

对被调函数的说明也有两种格式，一种为传统格式，其格式如下：

　　类型说明符 被调函数名();

这种格式只给出函数返回值的类型、被调函数名及一个空括号。这种格式由于在括号中没有任何参数信息，因此不便于编译系统进行错误检查，容易发生错误。

另一种为现代格式，其一般格式如下：

　　类型说明符 被调函数名(类型 形参, 类型 形参, …); 或者　类型说明符 被调函数

名(类型, 类型, …);

现代格式的括号内给出了形参的类型和形参名，或只给出形参类型。这便于编译系统进行检错，以防止可能出现的错误。例如，max 函数的说明若用传统格式可写为：

```
int max();
```

用现代格式可写为：

```
int max(int a,int b);    或写为    int max(int,int);
```

C 语言中又规定在以下几种情况时可以省去主调函数中对被调函数的函数说明。

1）如果被调函数的返回值是整型或字符型时，可以不对被调函数作说明，而直接调用。这时系统将自动对被调函数返回值按整型处理。

2）当被调函数的函数定义出现在主调函数之前时，在主调函数中也可以不对被调函数再作说明而直接调用。

3）如在所有函数定义之前，在函数外预先说明了各个函数的类型，则在以后的各主调函数中，可不再对被调函数作说明。例如：

```
char str(int a);
float f(float b);
void main()
{
    …
}
char str(int a)
{
    …
}
float f(float b)
{
    …
}
```

其中第一、第二行对 str 函数和 f 函数预先作了说明，因此在以后各函数中无需对 str 和 f 函数再作说明就可直接调用。

4）对库函数的调用不需要再作说明，但必须把该函数的头文件用 include 命令包含在源文件前部。

例 8-4　求两个数的积。

```
#include <stdio.h>
int add(int a,int b)
{
    return (a*b);
}
void main()
{
    int add(int a,int b);
    int x,y,z;
```

```
        printf("input two numbers：\n");
        scanf("%d%d",&x,&y);
        z=add(x,y);
        printf("add=%d",z);
    }
```

可以从函数定义、函数说明及函数调用的角度来分析上述整个程序，从中进一步了解函数的各种特点。程序的第 2 行至第 5 行为 add 函数定义。进入主函数后，因为准备调用 add 函数，故先对 add 函数进行说明（程序第 8 行）。可以看出函数说明与函数定义中的函数头部分相同，但是末尾要加分号。程序第 12 行为调用 add 函数，并把 x、y 中的值传送给 add 的形参 a、b。add 函数执行的结果 a*b 将返回给变量 z，最后由主函数输出 z 的值。函数定义在函数调用的前面就不用声明，如果函数定义在函数调用的后面就要声明。

8.3.3 函数的嵌套调用

C 语言中不允许作嵌套的函数定义，因此各函数之间是平行的，不存在上一级函数和下一级函数的问题。但是C 语言允许在一个函数的定义中出现对另一个函数的调用，这样就出现了函数的嵌套调用，即在被调函数中又调用其他函数。这与其他语言的子程序嵌套的情形是类似的，其关系如图 8-3 所示。

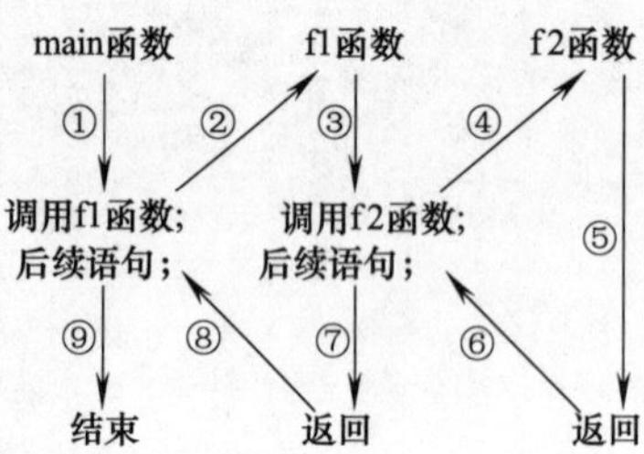

图 8-3 函数嵌套调用

其执行过程是：执行 main 函数中调用 f1 函数的语句时，即转去执行 f1 函数，在 f1 函数中调用 f2 函数时，又转去执行 f2 函数，f2 函数执行完毕返回 f1 函数的断点继续执行，f1 函数执行完毕返回 main 函数的断点继续执行。

例 8-5 用以下近似公式编程计算 e^x 的值，$e^x=1+x+x^2/2!+x^3/3!+\cdots$（前 20 项的和）。

```
#include <stdio.h>
float f2(int n)
{
    if(n==1) return 1;
    else return(f2(n-1)*n);
}
float f1(int x,int n)
{
    int i;float j=1;
    for(i=1;i<=n;i++)
```

```
            j=j*x;
        return j;
}
void main()
{
        float exp=1.0; int n,x;
        printf("Input a number:");
        scanf("%d",&x);printf("%\n",x);
        exp=exp+x;
        for(n=2;n<=19;n++) exp=exp+f1(x,n)/f2(n);
        printf("\nThe is exp(%d)=%8.4f\n",x,exp);
}
```

8.3.4　函数的递归调用

一个函数在它的函数体内调用它自身称为递归调用，这种特殊的函数称为递归函数。C 语言允许函数的递归调用，在递归调用中，主调函数又是被调函数，执行递归函数将反复调用其自身，每调用一次就进入新的一层。

递归调用有两种：直接递归调用和间接递归调用。直接递归调用是函数自己调用自己，如图 8-4a 所示。间接递归调用是函数间接调用自己，如图 8-4b 所示。

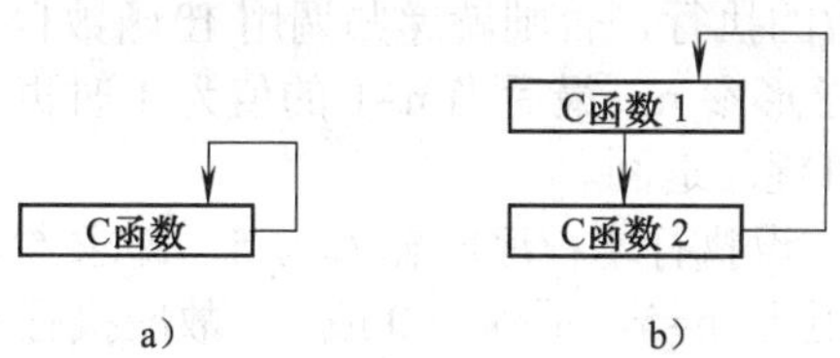

图 8-4　函数递归调用

a）直接递归　b）间接递归

构造递归算法的基本思路是：将一个问题求解转化为一个新问题，而求解新问题的方法与求解原问题的方法相同。求解新问题往往是求解原问题的一小步，但可通过这种转化过程就能最终达到求解原问题的目标。递归算法必须有结束递归的条件，否则会产生死循环现象。

递归算法简洁，但占用内存空间较大，效率较低。例如，有函数 f 如下：

```
int f (int x)
{
    int y;
    z=f(y);
    return z;
}
```

这个函数是一个递归函数。但是运行该函数将无休止地调用其自身，这当然是不正确的。为了防止递归调用无终止地进行，必须在函数内有终止递归调用的手段。常用的办法是加条件判断，满足某种条件后就不再作递归调用，然后逐层返回。下面举例说明递归调用的执行过程。

例 8-6 用递归法计算 n!。

```
#include <stdio.h>
long ff(int n)
{
    long f;
    if(n<0) printf("n<0,input error");
    else if(n==0||n==1) f=1;
    else f=ff(n-1)*n;
    return(f);
}
void main()
{
    int n;
    long y;
    printf("\n input a inteager number:\n");
    scanf("%d",&n);
    y=ff(n);
    printf("%d!=%ld",n,y);
}
```

程序中给出的函数 ff 是一个递归函数。主函数调用 ff 后即进入函数 ff 执行，如果 n<0，n==0 或 n=1 时都将结束函数的执行，否则就递归调用 ff 函数自身。由于每次递归调用的实参为 n–1，即把 n–1 的值赋予形参 n，最后当 n–1 的值为 1 时再作递归调用，形参 n 的值也为 1，将使递归终止，然后可逐层退回。

下面再举例说明该过程。设执行本程序时输入为 5，即求 5!。在主函数中的调用语句即为 y=ff(5)，进入 ff 函数后，由于 n=5，不等于 0 或 1，故应执行 f=ff(n-1)*n，即 f=ff(5-1)*5。该语句对 ff 函数作递归调用即 ff(4)。进行 4 次递归调用后，ff 函数形参取得的值变为 1，故不再继续递归调用而开始逐层返回主调函数。ff(1)的函数返回值为 1，ff(2)的返回值为 1*2=2，ff(3)的返回值为 2*3=6，ff(4) 的返回值为 6*4=24，最后返回值 ff(5)为 24*5=120。

也可以不用递归的方法来完成。如可以用递推法，即从 1 开始乘以 2，再乘以 3……直到 n。递推法比递归法更容易理解和实现，但是有些问题则只能用递归算法才能实现。典型的问题是汉诺（Hanoi）塔问题。

例 8-7 Hanoi 塔问题。

一块板上有 3 根针 A、B、C。A 针上套有 64 个大小不等的圆盘，大的在下，小的在上。要把这 64 个圆盘从 A 针移动 C 针上，每次只能移动一个圆盘，移动可以借助 B 针进行。但在任何时候，任何针上的圆盘都必须保持大盘在下，小盘在上。

本题算法分析如下，设 A 上有 n 个盘子。

如果 n=1，则将圆盘从 A 直接移动到 C。

如果 n=2，则：

1）将 A 上的 n–1（等于 1）个圆盘移到 B 上。

2）再将 A 上的一个圆盘移到 C 上。

3）最后将 B 上的 n–1（等于 1）个圆盘移到 C 上。

如果 n=3，则：

1）将 A 上的 n–1（等于 2，令其为 n'）个圆盘移到 B（借助于 C），步骤如下：

① 将 A 上的 n'–1（等于 1）个圆盘移到 C 上。

② 将 A 上的一个圆盘移到 B。

③ 将 C 上的 n'–1（等于 1）个圆盘移到 B。

2）将 A 上的一个圆盘移到 C。

3）将 B 上的 n–1（等于 2，令其为 n'）个圆盘移到 C（借助 A），步骤如下：

① 将 B 上的 n'–1（等于 1）个圆盘移到 A。

② 将 B 上的一个盘子移到 C。

③ 将 A 上的 n'–1（等于 1）个圆盘移到 C。

到此，完成了 3 个圆盘的移动过程。

从上面分析可以看出，当 n 大于等于 2 时，移动的过程可分解为 3 个步骤：第一步，把 A 上的 n–1 个圆盘移到 B 上；第二步，把 A 上的一个圆盘移到 C 上；第三步，把 B 上的 n–1 个圆盘移到 C 上。其中第一步和第三步是类同的。

当 n=3 时，第一步和第三步又分解为类同的三步，即把 n'–1 个圆盘从一个针移到另一个针上，这里的 n'=n–1。显然这是一个递归过程，据此算法可编程如下：

```
#include <stdio.h>
move(int n,int x,int y,int z)
{
    if(n==1)
        printf("%c-->%c\n",x,z);
    else
    {
        move(n-1,x,z,y);
        printf("%c-->%c\n",x,z);
        move(n-1,y,x,z);
    }
}
void main()
{
    int h;
    printf("\n input number: \n");
    scanf("%d",&h);
    printf("the step to moving %2d diskes: \n",h);
    move(h,'a','b','c');
}
```

从程序中可以看出，move 函数是一个递归函数，它有 4 个形参 n、x、y、z。n 表示圆盘数，x、y、z 分别表示 3 根针。move 函数的功能是把 x 上的 n 个圆盘移动到 z 上。当 n==1 时，直接把 x 上的圆盘移至 z 上，输出 x→z。如 n!=1 则分为 3 步：递归调用 move 函数，把 n–1 个圆盘从 x 移到 y；输出 x→z；递归调用 move 函数，把 n–1 个圆盘从 y 移到 z。在递归调用过程中 n=n–1，故 n 的值逐次递减，最后 n=1 时，终止递归，逐层返回。

当 n=4 时程序运行的结果如下：

```
input number:
```

```
4
the step to moving 4 diskes:
a→b
a→c
b→c
a→b
c→a
c→b
a→b
a→c
b→c
b→a
c→a
b→c
a→b
a→c
b→c
```

8.4 数组作为函数参数

数组名能作为函数的形参，但不能作为函数的返回值类型。数组名作为实参时是传递数组首地址。形参数组实质是一个指针变量，占 2 个字节，用于储存实参数组的首地址。传址（传地址值）是 C 函数参数传递的第二种方法，效率高、用途广，但难度比传值（传数据值）大。下面举例分析传址的特点。

例 8-8　一维数组的数组元素值减 2。

```
#include <stdio.h>
#define N 5            /* 为了提高程序的通用性，数组长度常定义为符号常量 */
void add1(int x[],int n);
void main()
{
    int a[N]={6,7,8,9,10},i;
    printf("数组 A[%d]:\n",N);
    for (i=0;i<N;i++)
        printf("a[%d]:%x       %5d\n",i,&a[i],a[i]);
    add1(a,N);     /* 函数调用   实参数组名 */
    printf("\n 数组 A[%d](减 2 后): \n",N);
    for (i=0;i<N;i++)
        printf("a[%d]: %x       %5d\n",i,&a[i],a[i]);
}
/* 一维数组的数组元素减 2*/
void add1(int x[],int n)  /* 函数定义形参数组 */
```

```
{
        int i;
        printf("x 中的值(地址)：%x\n",x);
        printf("数组  x[%d]:\n",n);
        for (i=0;i<n;i++)
            printf("x[%d]:%x        %5d\n",i,&x[i],x[i]);
         /* 数组元素减 2 */
        for (i=0;i<n;i++)
            x[i]=x[i]-2;
}
```

程序运行结果（输出数据格式作了调整，改为横向排列）：

```
数组  A[5]:                    数组  x[5]:                    数组  A[5] (减 2 后):
a[0]: ffd4        6            x[0]: ffd4        6            a[0]: ffd4        4
a[1]: ffd6        7            x[1]: ffd6        7            a[1]: ffd6        5
a[2]: ffd8        8            x[2]: ffd8        8            a[2]: ffd8        6
a[3]: ffda        9            x[3]: ffda        9            a[3]: ffda        7
a[4]: ffdc       10            x[4]: ffdc       10            a[4]: ffdc        8
```

以此地址为例，x 中的值（地址）：ffd4（不同机器分配地址不同）。

由于传址和传值所传递的参数属性不同，产生了这两种传递参数方式有很大的差别。当 a 的值（如地址 ffd4）传递给 x 后，a 与 x 就无联系了。但由于 x 的值是地址，x 与 a 又建立了新的联系，实现了形参共享实参内存。从例 8-8 程序运行结果可以看出：a[i]的地址与 x[i]的地址完全相同，表明它们是同一个存储单元。在 add1 函数中执行“x[i]=x[i]+1”语句，相当于执行“a[i]=a[i]+1”。所以，执行 add1 函数后，a 数组的各数组元素的值均减 2，其值修改为 4、5、6、7、8，带回了多个值。传递实参数组名是传递实参数组的首地址，实现了形参共享实参内存，带回了多个值。

将数组长度说明为符号常量（#define N 5），而且将数组长度作为函数的形参（void add1(int x[],int n)），是一种良好的程序设计风格，提高了程序和函数的通用性。

例 8-9 有一个一维数组 score，内放 10 个学生成绩，求平均成绩。

```
#include <stdio.h>
float average(float array[10]);
void main()
{
      float score[10],aver;
      int i;
      printf("input 10 scores:\n");
      for(i=0;i<10;i++)
          scanf("%f",&score[i]);
      printf("\n");
      aver=average(score);
      printf("average score is %5.2f",aver);
}
float average(float array[10])
```

```
{
    int i;
    float aver,sum=array[0];
    for(i=1;i<10;i++)
        sum=sum+array[i];
    aver=sum/10;
    return(aver);
}
```

8.5 局部变量和全局变量

在讨论函数的形参变量时曾经提到，形参变量只在被调用期间才分配内存单元，调用结束立即释放。这一点表明形参变量只有在函数内才是有效的，离开该函数就不能再使用了。这种变量有效性的范围称为变量的使用范围。不仅对于形参变量，C语言中所有的变量都有自己的使用范围。变量说明的方式不同，其使用范围也不同，由变量定义位置确定。

C语言中的变量，按使用范围可分为两种，即局部变量和全局变量。

8.5.1 局部变量

局部变量也称为内部变量。局部变量是在函数内作定义说明的，只在该函数范围内有效。也就是说，只有在包含变量说明的函数内部，才能使用被说明的变量，在此函数之外就不能使用这些变量了，离开该函数后再使用这种变量是非法的。例如：

```
int f1(int a)   /*函数 f1*/
{
    int b,c;
    ...
}  /*a、b、c 作用域*/
int f2(int x)   /*函数 f2*/
{
    int y,z;
}  /*x、y、z 作用域*/
void main()
{
    int m,n;
}  /*m、n 作用域*/
```

在函数 f1 内定义了 3 个变量，a 为形参，b、c 为一般变量。在 f1 的范围内 a、b、c 有效，或者说 a、b、c 变量的作用域限于 f1 内。同理，x、y、z 的作用域限于 f2 内，m、n 的作用域限于 main 函数内。

关于局部变量的作用域还要说明以下几点：

1）主函数 main 中定义的变量，也只能在主函数中使用，其他函数不能使用。同时，主函数中也不能使用其他函数中定义的变量。因为主函数也是一个函数，与其他函数是平行关系。

2）形参变量也是内部变量，属于被调用函数；实参变量，则是调用函数的内部变量。

3）允许在不同的函数中使用相同的变量名，它们代表不同的对象，分配不同的单元，互不干扰，也不会发生混淆。

4）在复合语句中也可定义变量，其作用域只在复合语句范围内。

例 8-10　定义变量的作用域。

```
void main()
{
    int i=4,j=9,k;
    k=i+j;
    {
        int k=40;
        if(i=10) printf("%d,%d\n",k,i);
    }
    printf("%d,%d\n", k, i);
}
```

例 8-10 程序在 main 中定义了 i、j、k 这 3 个变量，其中 k 未赋初值。而在复合语句内又定义了一个变量 k，并赋初值为 40。应该注意这两个 k 不是同一个变量。在复合语句外由 main 定义的 k 起作用，而在复合语句内则由在复合语句内定义的 k 起作用。因此程序第 4 行的 k 为 main 所定义，其值应为 13。第 7 行输出 k 的值，该行在复合语句内，由复合语句内定义的 k 起作用，其初值为 40，故输出值为 40。第 9 行输出 i、k 的值。i 是在整个程序中有效的，第 7 行对 i 赋值为 10，故输出也为 10。而第 9 行已在复合语句之外，输出的 k 应为 main 所定义的 k，此 k 值由第 4 行已获得为 13，故输出也为 13。

8.5.2　全局变量

全局变量也称为外部变量，它是在函数体外部定义的变量。它不属于哪一个函数，而是属于一个源程序文件，其使用范围是从外部变量的定义位置开始，到本文件结束为止。在函数中使用全局变量，一般应作全局变量说明，只有在函数内经过说明的全局变量才能使用。全局变量的说明符为 extern。但在一个函数之前定义的全局变量，在该函数内使用可不再加以说明。例如：

```
int a,b;          /*外部变量*/
void f1()         /*函数 f1*/
{
   …
}
float x,y;        /*外部变量*/
int fz()          /*函数 fz*/
{
   …
}
void main()       /*主函数*/
{
```

```
    …
}   /*全局变量 x、y 作用域，全局变量 a、b 作用域*/
```

从上例可以看出，a、b、x、y 都是在函数外部定义的外部变量，都是全局变量。但 x、y 定义在函数 f1 之后，而在函数 f1 内又无对 x、y 的说明，所以它们在函数 f1 内无效。a、b 定义在源程序最前面，因此在函数 f1、f2 及 main 内不加说明也可使用。

例 8-11　有一个一维数组，内放 10 个学生成绩，求出平均分、最高分和最低分。

```
#include<stdio.h>
float Max,Min;
float average( float array[],int n)
{
    int i;
    float aver,sum=array[0];
    Max=Min=array[0];
    for(i=1;i<n;i++)
    {
        if(array[i]>Max) Max=array[i];
        else if(array[i]<Min) Min=array[i];
        sum=sum+array[i];
    }
    aver=sum/n;
    return(aver);
}
void main()
{
    float ave,score[10];
    int i;
    for(i=0;i<10;i++)
        scanf("%f",&score[i]);
    ave=average(score,10);
    printf("max=%6.2f\nmin=%6.2f\naverage=%6.2f\n",Max,Min,ave);
}
```

在函数外部定义变量时，用 extern 修饰的变量是外部变量。它分配在数据区，作用范围是从定义点开始到该文件结束，或称为文件作用域；可以被其他源文件引用，但必须先声明。在定义变量时，如果未指明存储类别，该变量的存储类别默认为 extern。外部变量在执行 main 函数之前初始化；若未初始化，其值为 0。

对于全局变量还有以下几点说明：

1）外部变量可加强函数模块之间的数据联系，但降低这些函数的独立性。

2）在同一源文件中，允许外部变量和内部变量同名。在内部变量的使用范围内，外部变量将被屏蔽而不起作用。

3）外部变量的使用范围是从定义点到本文件结束。如果定义点之前的函数需要引用这些外部变量时，需要在函数内对被引用的外部变量进行说明。

外部变量说明的一般格式如下：

extern 数据类型 外部变量[, 外部变量 2, …];

需要注意，外部变量的定义和外部变量的说明是不同的：外部变量的定义，必须在所有的函数之外，且只能定义一次；而外部变量的说明，出现在要使用该外部变量的函数内，而且可以出现多次。

8.6　存储类型

存储类别确定了变量的存储区域，它影响变量的存在时间，即变量的生存期。在 C 语言中，对变量的存储类型说明有以下 4 种：自动变量（auto）、寄存器变量（register）、外部变量（extern）、静态变量（static）。自动变量和寄存器变量属于动态存储方式，外部变量和静态内部变量属于静态存储方式。在介绍了变量的存储类型之后，可以知道对一个变量的说明不仅应说明其数据类型，还应说明其存储类型。

变量的作用域，即变量能被访问的程序范围，由变量定义位置确定。

变量说明的完整格式如下：

存储类型说明符 数据类型说明符 变量名, 变量名, …;

例如：

```
static int a,b;              /*说明 a、b 为静态类型变量*/
auto char c1,c2;             /*说明 c1、c2 为自动字符变量*/
static int a[5]={1,2,3,4,5}; /*说明 a 为静态整型数组*/
extern int x,y;              /*说明 x、y 为外部整型变量*/
```

一个程序将操作系统分配的内存空间分为 4 个区域，如图 8-5 所示。这 4 个区域的用途和性能是不同的。

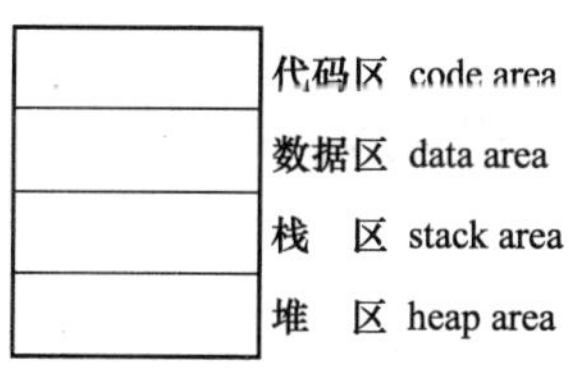

图 8-5　内存空间

代码区：存放程序的全部函数代码。在程序运行期间，该内存始终被占用。

数据区：存放全局变量和静态局部变量。在程序运行期间，该内存始终被占用。

栈区：存放局部变量。在函数调用期间，该内存临时被占用，当函数调用结束，该内存自动释放（撤销）。

堆区：存放动态数据。该内存空间是在程序运行时开辟的，也可在程序运行时释放。

8.6.1　auto 存储类型

自动变量的类型说明符为 auto。这种存储类型是 C 语言程序中使用最广泛的一种类型。C 语言规定，函数内凡未加存储类型说明的变量均视为自动变量，也就是说自动变量可省去说明符 auto。在前面各章的程序中所定义的变量凡未加存储类型说明符的都是自动变量。

例 8-12 测试自动类局部变量的特性。

```
#include <stdio.h>
void test ();
void main()
{
    int i;
    for (i=0;i<5;i++)
        test ();
    printf("\n");
}
void test ()    /*测试自动类局部变量的特性*/
{
    auto int va=1;    /* 或 int va=1; */
    printf("%d  ",va);
    va++;    /* 值不保留 */
}
```

程序运行结果：

1　1　1　1　1

va 是自动类局部变量，每次调用 test 函数时都要置为 1，所以总是输出 1。

自动变量具有以下特点：

1）自动变量的作用域仅限于定义该变量的区域内。在函数中定义的自动变量，只在该函数内有效。在复合语句中定义的自动变量只在该复合语句中有效。例如：

```
int kv(int a)
{
    auto int x,y;
    { auto char c; } /*c 的作用域*/
    …
}  /*a、x、y 的作用域*/
```

2）自动变量属于动态存储方式，只有在使用它，即定义该变量的函数被调用时才给它分配存储单元，开始它的生存期。函数调用结束，释放存储单元，结束生存期。因此函数调用结束之后，自动变量的值不能保留。在复合语句中定义的自动变量，在退出复合语句后也不能再使用，否则将引起错误。

例 8-13 变量的作用域—— 自动变量。

```
#include <stdio.h>
void main()
{
    auto int a,s=1,p=2;
    printf("\ninput a number:\n");
    scanf("%d",&a);
    if(a>0)
    {
        auto s,p;
```

```
        s=a+a;
        p=a*a;
    }
    printf("s=%d p=%d\n",s,p);
}
```

3）由于自动变量的作用域和生存期都局限于定义它的个体内（函数或复合语句内），因此不同的个体中允许使用同名的变量而不会混淆，即使在函数内定义的自动变量也可与该函数内部的复合语句中定义的自动变量同名。

8.6.2 register 存储类型

上述各类变量都存放在存储器内，因此当对一个变量频繁读写时，必须要反复访问内存储器，从而花费大量的存取时间。为此，C 语言提供了另一种变量，即寄存器变量。这种变量存放在 CPU 的寄存器中，使用时，不需要访问内存，而直接从寄存器中读写，这样可提高效率。寄存器变量的说明符是 register。对于循环次数较多的循环控制变量及循环体内反复使用的变量均可定义为寄存器变量。

例 8-14 变量的作用域——寄存器变量。

```
#include <stdio.h>
void main()
{
    rcgistcr k,sum=0;
    for(k=1;k<=1000;k++)
        sum=sum+k;
    printf("sum=%d\n",sum);
}
```

本程序循环 1000 次，k 和 sum 都将频繁使用，因此可定义为寄存器变量。

对寄存器变量还要说明以下几点：

1）只有局部自动变量和形式参数才可以定义为寄存器变量。因为寄存器变量属于动态存储方式。凡需要采用静态存储方式的量不能定义为寄存器变量。

2）在 Turbo C、MS C 等微型计算机上使用的 C 语言中，实际上是把寄存器变量当成自动变量处理的，因此速度并不能提高。而在程序中允许使用寄存器变量只是为了与标准 C 保持一致。

3）即使能真正使用寄存器变量的机器，由于 CPU 中寄存器的个数是有限的，因此使用寄存器变量的个数也是有限的。

8.6.3 extern 存储类型

外部变量的类型说明符为 extern。在前面介绍全局变量时已介绍过外部变量，这里再补充说明外部变量的几个特点：

1）外部变量和全局变量是对同一类变量的两种不同角度的提法。全局变量是从它的作用域提出的，外部变量从它的存储方式提出的，表示了它的生存期。

2）当一个源程序由若干个源文件组成时，在一个源文件中定义的外部变量在其他的源文件中也有效。例如，有一个源程序由源文件 F1.C 和 F2.C 组成。F1.C 文件如下：

```
int a,b;          /*外部变量定义*/
char c;           /*外部变量定义*/
void main()
{
    ...
}
```

F2.C 文件如下：

```
extern int a,b;  /*外部变量说明*/
extern char c;  /*外部变量说明*/
func(int x,y)
{
    ...
}
```

在 F1.C 和 F2.C 两个文件中都要使用 a、b、c 这 3 个变量。在 F1.C 文件中把 a、b、c 都定义为外部变量。在 F2.C 文件中用 extern 把 3 个变量说明为外部变量，表示这些变量已在其他文件中定义，并列出这些变量的类型和变量名，编译系统不再为它们分配内存空间。对构造类型的外部变量，如数组等可以在说明时作初始化赋值，若不赋初值，则系统自动定义它们的初值为 0。

8.6.4 static 存储类型

静态变量的类型说明符是 static。静态变量属于静态存储方式，但是属于静态存储方式的量不一定就是静态变量。例如，外部变量虽属于静态存储方式，但不一定是静态变量，必须由 static 加以定义后才能成为静态外部变量，或称静态全局变量。对于自动变量，前面已经介绍它属于动态存储方式。但是也可以用 static 定义它为静态自动变量，或称静态局部变量，从而成为静态存储方式。一个变量可由 static 进行再说明，并改变其原有的存储方式。

在局部变量的说明前再加上 static 说明符就构成静态局部变量。例如：

```
static int a,b;
static float array[5]={1,2,3,4,5};
```

静态局部变量属于静态存储方式，它具有以下特点：

1）静态局部变量在函数内定义，但不像自动变量那样，当调用时就存在，退出函数时就消失。静态局部变量始终存在着，也就是说它的生存期为整个源程序。

2）静态局部变量的生存期虽然为整个源程序，但是其作用域仍与自动变量相同，即只能在定义该变量的函数内使用该变量。退出该函数后，尽管该变量还继续存在，但不能使用它。

3）允许对构造类静态局部量赋初值。在数组一章中，介绍数组初始化时已作过说明。若未赋以初值，则由系统自动赋以 0 值。

4）对基本类型的静态局部变量若在说明时未赋以初值，则系统自动赋以 0 值。而对自动变量不赋初值，则其值是不定的。根据静态局部变量的特点，可以看出它是一种生存期为整个源程序的量。虽然离开定义它的函数后不能使用，但如再次调用定义它的函数时，它又可继续使用，而且保存了前次被调用后留下的值。因此，当多次调用一个函数且要求在调用之间保留某些变量的值时，可考虑采用静态局部变量。虽然用全局变量也可以达到上述目的，但全局变量有时会造成意外的副作用，因此仍以采用局部静态变量为宜。

例 8-15　静态局部变量的作用域。

```
void main()
{
      int i;
      void f();   /*函数说明*/
      for(i=1;i<=10;i++)
          f();   /*函数调用*/
}
void f()   /*函数定义*/
{
      static int j;
      j++;
      printf("%d\n",j);
}
```

由于 j 为静态变量，能在每次调用后保留其值并在下一次调用时继续使用，所以输出值成为累加的结果。

全局变量的说明之前再冠以 static 就构成了静态的全局变量。全局变量本身就是静态存储方式，静态全局变量当然也是静态存储方式，这两者在存储方式上并无不同。这两者的区别在于非静态全局变量的作用域是整个源程序，当一个源程序由多个源文件组成时，非静态的全局变量在各个源文件中都是有效的。而静态全局变量则限制了其作用域，即只在定义该变量的源文件内有效，在同一源程序的其他源文件中不能使用它。

在函数外部定义变量时，用 static 修饰的变量是静态类全局变量。它分配在数据区，作用范围也是从定义点开始到该文件结束，或称为文件作用域；但只限于该源文件，不能被其他源文件引用。静态类全局变量在执行 main 之前初始化；未初始化，其值为 0。

例 8-16　变量的作用域——静态全局变量。

```
#include <stdio.h>
static int a=20;   /* 静态全局变量定义 */
void test();
void main()
{
      int i;
      for (i=0;i<3;i++)
          test();
      printf("\n");
}
void test()
{     int b=20;
      printf("%d,%d\n",a,b);
      ++a;
      b++;
}
```

程序运行结果：

```
20  20
21  20
22  20
```

如果外部变量与函数的局部变量同名，全局变量在该函数中被屏蔽，即访问不到全局变量。

8.7 内部函数和外部函数

当一个源程序由多个源文件组成时，C语言根据函数能否被其他源文件中的函数调用，将函数分为内部函数和外部函数。

1. 内部函数

如果在一个源文件中定义的函数，只能被本文件中的函数调用，而不能被同一程序其他文件中的函数调用，这种函数称为内部函数（又称静态函数）。其定义的一般格式如下：

```
static 类型说明符 函数名 (形参表);
```

例如：

```
static int f(int a,int b);
```

关键字 static 的中文意思是“静态的”，所以内部函数又称静态函数。但此处 static 的含义不是指存储方式，而是指对函数的作用域仅局限于本文件。使用内部函数的好处是，不同的人编写不同的函数时，不用担心自己定义的函数是否会与其他文件中的函数同名，因为同名也没有关系。

2. 外部函数

外部函数（又称全局函数）在整个源程序中都有效。其定义的一般格式如下：

```
extern 类型说明符函数名 (形参表);
```

默认 extern 隐含为外部函数。因此，前面所见到的函数都是外部函数。外部函数允许被其他源程序文件调用，但必须先声名，例如：

```
extern int f(int a,int b);
```

如在函数定义中没有说明 extern 或 static，则隐含为 extern。在一个源文件的函数中调用其他源文件中定义的外部函数时，应用 extern 说明被调函数为外部函数。

例如，源文件 F1.C 如下：

```
void main()
{
    extern int f1(int i);   /*外部函数说明，表示 f1 函数在其他源文件中*/
    …
}
```

源文件 F2.C 如下：

```
extern int f1(int i)   /*外部函数定义*/
{
    …
}
```

本章小结

1. 函数的不同分类。
2. 函数定义的一般形式：[extern/static]类型说明符 函数名([形参表]);
3. 函数说明的一般形式：[extern]类型说明符 函数名([形参表]);
4. 函数调用的一般形式：函数名([实参表]);
5. 函数的参数分为形参和实参两种，形参出现在函数定义中，实参出现在函数调用中，发生函数调用时，将把实参的值传送给形参。
6. 函数的值是指函数的返回值，它在函数中由 return 语句返回。
7. 数组名作为函数参数时不进行值传送而进行地址传送。形参和实参实际上为同一数组的两个名称，因此形参数组的值发生变化，实参数组的值当然也变化。
8. C 语言中，允许函数的嵌套调用和函数的递归调用。
9. 变量的作用域是指变量在程序中的有效范围，分为局部变量和全局变量。
10. 变量的存储类型是指变量在内存中的存储方式，分为静态存储和动态存储，表示了变量的生存期。

习题与实训

一、习题

（一）选择题

1. 下面函数调用语句含有实参的个数为______。

func((exp1,exp2),(exp3,exp4,exp5));

A．1　　B．2　　C．4　　D．5

2. 以下描述错误的是______。

A. 函数调用可以出现在执行语句中　　B. 函数调用可以出现在一个表达式中

C. 函数调用可以作为一个函数的实参　　D. 函数调用可以作为一个函数的形参

3. 以下程序有语法性错误，有关错误原因的正确说法是______。

```
main()
{
    int G=5,k;
    void prt_char();
    …
    K=prt_char(G);
}
```

A. 语句“void prt_char();”有错，它是函数调用语句，不能用 void 说明

B. 变量名不能使用大写字母

C. 函数说明和函数调用语句之间有矛盾

D. 函数名不能使用下画线

4. 数组名作为函数调用的实参，传递给形参的是______。

A. 数组首地址　　B. 数组的第一个元素值

C. 数组中全部元素的值　　D. 数组元素的个数

5. 已有以下数组定义和 f 函数调用语句，则在函数 f 的说明中，对形参数组 array 的错误定义方式为______。

```
int a[3][4];
f(a);
```

A. f(int array[ ][6]) B. f(int array[3][ ]) C. f(int array)[ ][4]) D. f(int array[2][5])

（二）写出下面程序的运行结果

1.

```
#include <stdio.h>
int fun(int x)
{
    int p;
    if(x==0||x==1)
        return 3;
    else
    {
        p=x-fun(x-2);
        return p;
    }
}
void main()
{
    printf("%d\n",fun(9));
}
```

2.

```
#include <stdio.h>
void fun();
main()
{
    int j;
    for(j=0;j<2;j++)
        fun();
}
void fun()
{
    int x=0;
    static int y=0;
    x++;y++;
    printf("%d,%d\n",x,y);
}
```

二．实训

（一）实训目的

1. 掌握函数及函数参数的概念、定义方法和调用用户自定义函数的语法规则。

2. 掌握函数形参和实参的赋值操作。
3. 掌握函数的调用、返回值、递归调用的方法和规则。
4. 了解局部变量、全局变量的作用域和使用方法。
5. 了解变量的存储类别，变量的作用域和生存期。
6. 了解外部函数和内部函数的概念和使用方法

（二）实训内容

1. 编写 input 函数和 output 函数，输入、输出 8 个学生的数据记录。
2. 求 Fibonacci 数列。

$$fib(n)=\begin{cases} 0 & n=0\text{，结束递归条件} \\ 1 & n=1\text{，结束递归条件} \\ fib(n-1)+fib(n-2) & n>1\text{，递归调用} \end{cases}$$

3. 利用函数方法求两个正整数的最大公约数和最小公倍数。
4. 计算 $s=1^k+2^k+3^k+\cdots+N^k$。

第 9 章　编译预处理

所谓编译预处理是指，在对源程序进行编译之前，先对源程序中的编译预处理命令进行处理，然后再将处理的结果和源程序一起进行编译，以得到目标代码。

编译预处理命令均以字符“#”开头，一行只能写一条，无分号“;”而且不允许任何其他成分出现，但允许有注释行。C 语言有 3 种编译预处理命令：#define、#include 和#if。

9.1　宏定义

在 C 语言中，“宏”分为不带参数的宏（简称无参宏）和带参数的宏（简称有参宏）两种。通过宏定义实现宏替换。

9.1.1　符号常量宏定义

不带参数宏定义的一般格式如下：

　　#define 标识符 替换串

其中，define 为宏定义命令；“标识符”为所定义的宏名，通常用大写字母表示，以便于与变量区别；“替换串”可以是常数、表达式、格式串等。

与其配对使用的是#undef，表示结束标志符的定义。

使用宏定义的优点如下：

1）可提高源程序的可维护性。

2）可提高源程序的可移植性。

3）减少源程序中重复书写字符串的工作量。

例 9-1　宏定义应用。

```
#include <stdio.h>
#define PRICE 5
void main()
{
        int i=100;
        printf("i* PRICE =%d\ n",i* PRICE);
        #undef PRICE
        #define PRICE 10
        printf("i* PRICE =%d\ n",i* PRICE);
}
```

程序运行结果：

i* PRICE =500

i* PRICE =50

可以看出，PRICE 在不同的范围内被代换成不同的宏值。一个函数中定义的宏名只要没有对它的取消命令，就可以用到在它后面定义的函数体中，该函数体中使用的宏名是作用范围直到文件尾的宏名，而不是由 undef 截止范围内的宏名。

说明：

1）宏名一般用大写字母表示，用来与变量区别，但这并非是规定。

2）宏定义不是C语句，所以不能在行尾加分号。否则，宏展开时，会将分号作为字符串的一个字符，用于替换宏名。

3）在宏展开时，预处理程序仅以按宏定义简单替换宏名，而不作任何检查。如果有错误，只能由编译程序在编译宏展开后的源程序时发现。

4）宏定义命令#define 出现在函数的外部，宏名的有效范围是：从定义命令之后，到本文件结束。通常，宏定义命令放在文件开头处。

5）在进行宏定义时，可以引用已定义的宏名。

6）对双引号括起来的字符串内的字符，即使与宏名同名，也不进行宏展开。应用宏可编写通用性强的程序，可减少书写错误。

7）宏名常用在以下两方面：

① 用一个有意义的名字去代替含义不清的一串数字，比如用 PI 代表圆周率，用 PAGE_SIZE 代表每页打印的行数等。例如：

```
#define PI 3.14159265358979
#define PAGE_SIZE 66
```

这样在程序中使用 PI 和 PAGE_SIZE 比用 3.14159265358979 和 66 的含义明确多了，既简单又清楚，既便于修改又可避免出错。

② 用一个短的名字去代替较长的名字。例如：

```
#define STU struct student
STU stud1,stud2;
```

即等价于：

```
struct student stud1,stud2;
```

这与 typedef 定义类型名作用相似。例如：

```
typedef struct student STU;
```

8）程序设计中常见的错误是宏定义时在宏值的后面加分号。例如：

```
#define PI 3.14159;
```

则对“s=2* PI* r;” 会替换成“s=2*3.14159;*r;”, 这会产生编译错误。

例 9-2　不带参数的宏定义。

```
#include <stdio.h>
#define R 3.0
#define PI 3.1415926
#define L 2*PI*R
#define S PI*R*R
main()
{
    printf("L=%f\ n S=%f\ n",L,S);
}
```

9.1.2　带参数宏定义

带参数宏的一般格式如下：

```
#define 宏名(参数表) 替换串
```

带参数宏的调用格式如下：

```
宏名(实参表);
```

宏展开：用宏调用提供的实参字符串，直接置换宏定义命令行中相应形参字符串，非形参字符保持不变。

说明：

1）定义有参宏时，宏名与左圆括号之间不能留有空格。否则，C 编译系统将空格以后的所有字符均作为替代字符串，而将该宏视为无参宏。

2）有参宏的展开，只是将实参作为字符串，简单地置换形参字符串，而不做任何语法检查。在定义有参宏时，在所有形参外和整个字符串外，均加一对圆括号。宏值中间的参数要用圆括号括起来。

例如，定义一个求圆面积的带参数的宏：

```
#define PI 3.1416
#define CIRCLE_AREA(x) (PI*(x)*(x))
```

如果有语句：

```
area=CIRCLE_AREA(4);
```

则会被预处理程序展开成：

```
area=(3.1416*(4)*(4));
```

因为表达式只由常量组成，所以在编译时就能计算出该表达式的值并赋给 area。

3）虽然有参宏与有参函数确实有相似之处，但不同之处更多，主要有以下几个方面：

① 调用有参函数时，是先求出实参的值，然后再复制一份给形参；而展开有参宏时，只是将实参简单地置换形参；

② 在有参函数中，形参是有类型的，所以要求实参的类型与其一致；而在有参宏中，形参是没有类型信息的，因此用于置换的实参，什么类型都可以。有时，可利用有参宏的这一特性，实现通用函数功能。

③ 使用有参函数，无论调用多少次，都不会使目标程序变长，但每次调用都要占用系统时间进行调用现场保护和现场恢复；而使用有参宏，由于宏展开是在编译时进行的，所以不占运行时间，但是每引用一次，都会使目标程序增大一次。

④ 参数表中的参数和字符序列中的参数必须一一对应，即参数表中的参数必须全部在字符序列中出现；反过来，字符序列中的参数也都必须出现在参数表中。例如：

```
#define s(a,b) 3*a+6        /*错误*/
#define s(a) a+b            /*错误*/
```

有副作用的表达式（如修改变量的值）不应该传递给宏，因为宏的参数可能会被计算多次而产生意想不到的结果。例如：

```
#define SQUARE(a) a*a
```

用带参的宏可以代替某些简单的带参函数。例如，可以用

```
#define CIRCLE_AREA(x) (PI*(x)*(x))
```

去代替函数：

```
float circlearea(float x)
{return 3.14159* x*x;}
```

例 9-3 带参数宏的应用。

```
#include <stdio.h>
#define PI 3.1415926        /* 宏定义，定义符号常量圆周率 PI */
```

```
#define S(r) PI*r*r        /* 宏定义，定义计算圆面积*/
void main()
{
    double R,area1,area2;
    printf("输入圆半径:");
    scanf("%lf",&R);
    area1=S(R);
    area2=S(R+3);
    printf("圆面积(r–%0.1f):%0.4f\n",R,arca1);
    printf("圆面积(r=%0.1f+3):%0.4f\n",R,area2);
}
```

程序运行结果：

输入圆半径:5
圆面积(r=5.0):78.5398
圆面积(r=5.0+3):33.7080

分析一下运行结果，可以看出当 r=5.0+3 时，圆面积是错误的。查看宏展开后的结果就会找出错误原因：area2=S(5.0+3)展开后为 area2=3.141592*5.0+5*5.0+3，而不是 area2=3.141592*(5.0+3)*(5.0+3)。因此，应用带参数宏是很不安全的；VC++就不提倡应用带参数宏，而用内联函数。

替换串加括号，可消除这种错误。如将圆面积的宏定义为：

```
#define S(r) ((PI)*(r)*(r))
```

则 area2=S(5.0+3)的展开式为((3.141592)*(5.0+3)*(5.0+3))。

9.2　文件包含

文件包含命令#include 是指示预处理器将#include 指定的一个源文件插入该点处。文件包含是指一个源文件可以将另一个源文件的全部内容包含进来，如图 9-1 所示。

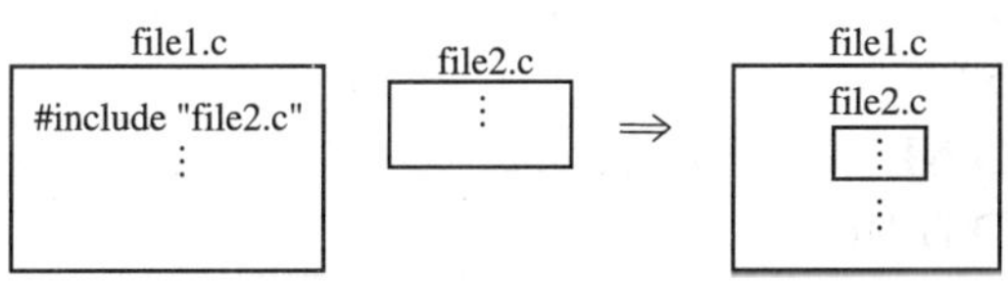

图 9-1　文件包含的语义

插入库头文件，按编译系统给定的路径查找指定的库头文件。格式如下：

```
#include <库头文件>
```

插入用户头文件，如.c 文件，允许带路径。从当前目录或按给定的路径查找指定的文件。格式如下：

```
#include "文件"
```

两种格式的区别仅在于以下两点。

1）使用双引号：系统首先到当前目录下查找被包含文件，如果没找到，再到系统指定的“包含文件目录”（由用户在配置环境时设置）去查找。

2）使用尖括号：直接到系统指定的“包含文件目录”去查找。一般来说，使用双引号比较保险。

文件包含的优点：一个大程序，通常分为多个模块，并由多个程序员分别编程。有了文件包含处理功能，就可以将多个模块共用的数据（如符号常量和数据结构）或函数，集中到一个单独的文件中。这样，凡是要使用其中数据或调用其中函数的程序员，只要使用文件包含处理功能，将所需文件包含进来即可，不必再重复定义它们，从而减少重复劳动。

例如，file1.c 把 file2.c 的复制文件包含到自己的内部，成为一个大文件，然后再一块编译，所以被包含文件 file2.c 应当是源文件，不应当是目标（.obj）文件。头文件不能单独编译，它只能和 C 源程序文件一起进行编译。

使用文件包含指令时应注意以下几个问题：

1）一个#include 指令只能包含一个文件，要包含多个文件就要用多个#include 指令。

2）文件包含可以嵌套，比如文件 file1 中含有指令：

```
#include "f2.c"
```

而在文件 f2.c 中又有：

```
#include <math.h>
#include "f3.c"
```

则 file1 也把 f2.c 中包含的文件全部包含进来。

3）被包含文件中的全局变量也是包含文件中的全局变量，因此在包含文件中对这些量不必再加 extern 说明即可加以引用。

4）被包含文件的扩展名一般用.h（头），表示是在文件开头加进来的，其内容可以是程序文件或数据文件，也可以是宏定义、全局变量声明等。这些数据有相对的独立性，可被多个文件使用，不必在多个文件中都去定义，而只在一个文件中定义，其他文件中包含这个定义文件即可。

例 9-4 建立头文件。

1）文件 format.h 如下：

```
#define PR printf
#define NL "\n"
#define D "%d"
#define D1 D NL
#define D2 D D NL
#define D3 D D D NL
#define D4 D D D D NL
#define S "%s"
#define NL "\n"
```

2）建立源文件 file1.c 如下：

```
    #include <stdio.h>
    #include "format.h"
void main()
{
    int a,b,c,d;
    char string[]="CHINA";
    a=1;b=2;c=3;d=4;
    PR(D1,a);
    PR(D2,a,b);
```

```
        PR(D3,a,b,c);
        PR(D4,a,b,c,d);
        PR(S,string);
    }
```

9.3　条件编译

条件编译可有效地提高程序的可移植性，并广泛地应用在商业软件中，为一个程序提供各种不同的版本。利用条件编译，还可使同一源程序既适合于调试（进行程序跟踪、打印较多的状态或错误信息），又适合高效执行要求。

条件编译主要有以下两个用途：

1）忽略程序的某一部分。

2）帮助程序调试。

条件编译命令常常应用在头文件中，防止标识符重定义。条件编译命令有以下几种形式。

格式 1：

```
#ifdef 标识符
    程序段 1
#else
    程序段 2
#endif
```

或

```
#ifdef 标识符
    程序段 1
#endif
```

标识符已经#define 定义，执行程序段 1；否则，执行程序段 2。

格式 2：

```
#ifndef 标识符
    程序段 1
#else
    程序段 2
#endif
```

或

```
#ifndef 标识符
    程序段 1
#endif
```

标识符未经#define 定义，执行程序段 1；否则，执行程序段 2。

格式 3：

```
#if 表达式
    程序段 1
#else
    程序段 2
#endif
```

或

```
#if 表达式
```

```
        程序段 1
    #endif
```

表达式值为非 0，执行程序段 1；否则，执行程序段 2。

例 9-5 输入一个口令，根据需要设置条件编译，使之能将口令原码输出，或仅输出若干“*”号。

```
    #define PASSWORD 1  /*预置为输出星号*/
    void main()
    {   ...
        /*条件编译*/
        #if PASSWORD            /*输出"*"号*/
          ...
        #else                   /*源码输出*/
          ...
        #endif
          ...
    }
```

一个程序中的所有语句并不一定要全部编译执行，根据一定的条件可以对其中的一部分进行编译。能够控制编译范围的指令就是 C 语言提供的条件编译指令。条件编译指令的结构与 if 选择结构非常类似，例如：

```
    #if ! define (NULL)
        #define NULL 0
    #endif
```

这段程序描述的是：检查 NULL 的是否被定义过，如没有被定义过，则表达式 define(NULL)的结果为 0，而！define(NULL)就是 1，条件为真，从而执行下面的宏定义，把 NULL 定义为 0；如果已作过 NULL 的定义，则条件为假，就不执行#define 指令。每一个#if 结构都是以#endif 结束的。可以把#if define()缩写为 ifdef，把#if ! define()缩写为#ifndef。

预处理程序在处理上述条件编译命令时，先对#if 之后的表达式求值，结果是个逻辑值，根据结果是否为 0 来决定对某段程序是否进行编译。elif 即 else if 的缩写。

本章小结

C 标准规定可以在 C 源程序中加入一些预处理命令，以改进程序环境，提高编程效率。必须在程序编译之前，先对这些特殊命令进行“预处理”。C 语言提供的预处理功能主要有以下 3 种：宏定义、文件包含、条件编译，分别用宏定义命令、文件包含命令、条件编译命令来实现。为了与一般 C 语句相区别，这些命令以符号“#”开头。

习题与实训

一、习题

1. 以下说法中正确的是______。

   A. #define 和 printf 都是 C 语句　　B. #define 是 C 语句，而 printf 不是

   C. printf 是 C 语句，但#define 不是　　D. #define 和 printf 都不是 C 语句

2. 设有以下宏定义:

```
#define N 3
#define Y(n) ((N+1)*n)
```

则执行语句“z=2 *(N+Y(5+1))”后 z 的值为______。

A. 出错　　B. 42　　C. 48　　D. 54

3. 下面程序运行后，输出结果是______。

```
#include <stdio.h>
#define PT 5.5
#define S(x) PT*x*x
void main( )
{
      int a=1，b=2;
      printf("%4.1f\n",S(a+b))
}
```

A. 49.5　　B. 9.5　　C. 22.0　　D. 45.0

4. 下面程序的输出结果是______。

```
#include <stdio.h>
#define SUB(X,Y) (X)*Y
void main()
{
      int a=3, b=4;
      printf("%d", SUB(a++, b++));
}
```

A. 12　　B. 15　　C. 16　　D. 20

5. 下面程序执行后的输出结果是______。

```
#define MA(x) x*(x-1)
void main()
{
      int a=1,b=2;
      printf("%d \n",MA(1+a+b));
}
```

A. 6　　B. 8　　C. 10　　D. 12

二. 实训

(一) 实训目的

1. 掌握宏定义: 不带参数的宏定义，带参数的宏定义。
2. 能够正确应用“文件包含”处理。
3. 了解条件编译。

(二) 实训内容

1. 输入两个整数，求它们相除的余数。用带参的宏来编程实现。

2. 试定义一个带参的宏 swap(x,y)，以实现两个整数之间的交换，并利用它将一维数组 a 和 b 的值进行交换。

第10章　指　　针

指针是C语言中广泛使用的一种数据类型。运用指针编程是C语言最主要的风格之一。利用指针变量可以表示各种数据结构，能很方便地使用数组和字符串，并能像汇编语言一样处理内存地址，从而编出精练而高效的程序。指针极大地丰富了C语言的功能。学习指针是学习C语言中最重要的一环，同时指针也是C语言中最为困难的一部分，在学习中除了要正确理解基本概念，还必须要多编程并上机调试。

10.1　指针的概念

在计算机中，所有的数据都是存放在存储器中的。一般把存储器中的一个字节称为一个内存单元，不同的数据类型所占用的内存单元数不等，如整型量占2个单元，字符量占1个单元等，在前面章节中已有详细的介绍。为了正确地访问这些内存单元，必须为每个内存单元编号。内存单元的编号也叫作地址，根据内存单元的编号即地址就可以找到所需的内存单元，通常也把这个地址称为指针。内存单元的指针和内存单元的内容是两个不同的概念。对于一个内存单元来说，单元的地址即为指针，其中存放的数据才是该单元的内容。

在C语言中，一种数据类型或数据结构往往都占有一组连续的内存单元。用“地址”这个概念并不能很好地描述一种数据类型或数据结构，而“指针”虽然实际上也是一个地址，但它却是一个数据结构的首地址，它是“指向”一个数据结构的，因而概念更为清楚，表示更为明确。这也是引入“指针”概念的一个重要原因。

在前面各章的例题程序中，简单变量的存取都是通过变量地址实现的，称为“直接访问”方式，如图10-1a所示。执行“x=x+1;”语句，变量x的存取都通过变量x的地址（ffdc）实现。另一种访问方式称为“间接访问”方式，如图10-1b所示。

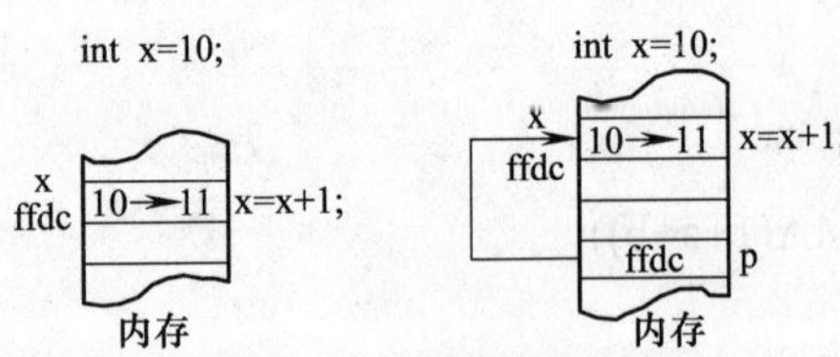

图10-1
a）直接访问　b）间接访问

变量x的地址（ffdc）存放在变量p中。访问变量x分两步实现：第一步，从变量p中取出变量x的地址（ffdc）；第二步，根据取得的变量x地址再访问变量x。这时，变量p所指向的变量x统称为“对象”或“目标”，对象或目标就是常规的数据存储单元。

10.2　指针变量的定义和引用

1. 指针变量的定义

指针定义的一般格式如下：

类型名 *变量名;

其中，字符“*”是一个一般符号，表示其后的变量名是指针变量，能存放该“类型名”的对象（目标）的首地址，而不能存放常规的数据值。例如：

```
int x=10;          /* x 是整型变量，初值为 10 */
int *px=NULL;  /* px 是指针变量，初值为 NULL，不指向任何目标 */
```

编译时要为整型变量 x 分配内存，同样也要为指针变量 px 分配内存，如图 10-2 所示。

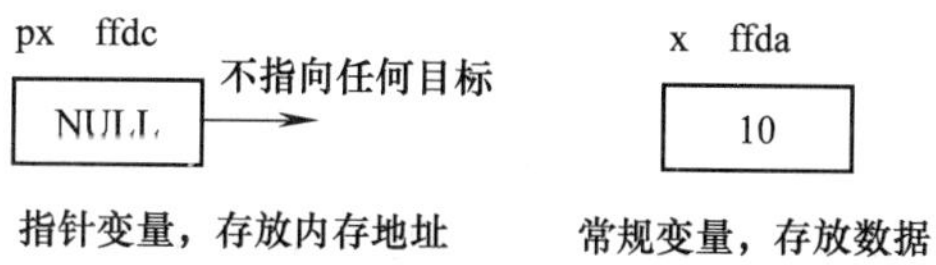

图 10-2　px 与 x 无关系

px 为 NULL，表示 px 不指向任何目标。通过指针变量的初始化，或将一个变量的地址赋给指针变量，就建立了指针变量与变量的联系，即指针指向该变量，或者说，该变量是指针所指向的对象（目标），如图 10-3 所示。

```
int x=10,*px=&x;          /* 指针变量的初始化 */
px=&x;                    /* 将 x 的地址赋给 px；& 是取址运算符 */
```

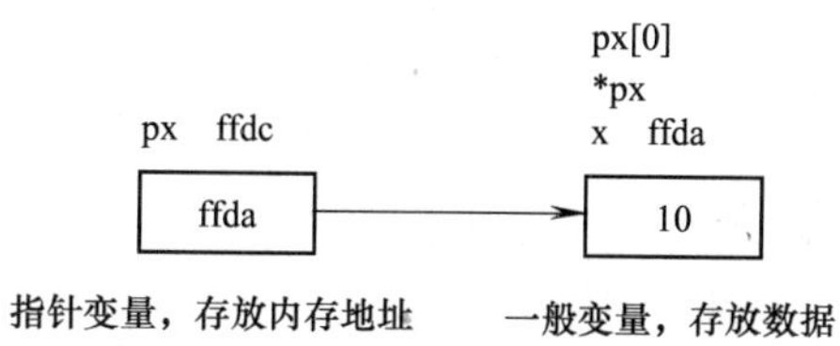

图 10-3　px 指向 x

建立了指针变量与变量的联系，就可以通过间接访问（引用）运算符*访问目标。表达式*px 成为 x 的“别名”。

2. 指针变量赋值

指针变量同普通变量一样，使用之前不仅要定义说明，而且必须赋予具体的值。未经赋值的指针变量不能使用，否则将造成系统混乱。指针变量的赋值只能赋予地址，决不能赋予任何其他数据，否则将引起错误。在 C 语言中，变量的地址是由编译系统分配的，对用户完全透明，用户不知道变量的具体地址。

C 语言中提供了地址运算符&来表示变量的地址。其一般形式如下：

&变量名;

例如，&a 表示变量 a 的地址，&b 表示变量 b 的地址。变量本身必须预先说明。设有指向整型变量的指针变量 p，如要把整型变量 a 的地址赋予 p 可以有以下两种方法。

1）指针变量初始化的方法，例如：

```
int a;
int *p=&a;
```

2）赋值语句的方法，例如：

```
int a;
int *p;
p=&a;
```

不允许把一个数赋予指针变量，故下面的赋值是错误的：

```
int *p;
p=2000;
```

被赋值的指针变量前不能再加“*”说明符，如写为*p=&a 也是错误的。

3．指针变量运算

指针变量可以进行某些运算，但其运算的种类是有限的。它只能进行赋值运算和部分算术运算及关系运算。

（1）指针运算符

1）取地址运算符&：单目运算符，其结合性为自右至左，其功能是取变量的地址。在 scanf 函数及前面介绍指针变量赋值中，已经了解并使用了&运算符。

2）取内容运算符*：单目运算符，其结合性为自右至左，用来表示指针变量所指的变量。在*运算符之后的变量必须是指针变量。例如：

```
void main()
{
    int a=10,*p=&a;
    printf ("%d",*p);
}
```

表示指针变量 p 取得了整型变量 a 的地址。本语句表示输出变量 a 的值。

（2）指针变量的运算

1）赋值运算。指针变量的赋值运算有以下几种形式：

① 指针变量初始化赋值，前面已作介绍。

② 把一个变量的地址赋予指向相同数据类型的指针变量。例如：

```
int a,*pa; pa=&a;    /*把整型变量 a 的地址赋予整型指针变量 pa*/
```

③ 把一个指针变量的值赋予指向相同类型变量的另一个指针变量。例如：

```
int a,*pa=&a,*pb; pb=pa;    /*把 a 的地址赋予指针变量 pb*/
```

由于 pa、pb 均为指向整型变量的指针变量，因此可以相互赋值。

④ 把数组的首地址赋予指向数组元素的指针变量。例如：

```
int a[5],*pa;
pa=a;    /*数组名表示数组的首地址，故可赋予指向数组元素的指针变量 pa*/
```

也可写为：

```
pa=&a[0];    /*数组第一个元素的地址也是整个数组的首地址，也可赋予 pa*/
```

当然也可采取初始化赋值的方法：

```
int a[5],*pa=a;
```

⑤ 把字符串的首地址赋予指向字符类型的指针变量。例如：

```
char *pc;pc="c language";
```

或用初始化赋值的方法写为：

```
char *pc="C Language";
```

这里应说明的是，并不是把整个字符串装入指针变量，而是把存放该字符串的字符数组的首地址装入指针变量。

⑥ 把函数的入口地址赋予指向函数的指针变量。例如：

```
int (*pf)();pf=f;    /*f 为函数名*/
```

2）加减算术运算。对于指向数组中元素的指针变量，可以加上或减去一个整数 n。如下例中 pa 是指向数组 a 中首元素的指针变量，则 pa+n、pa-n、pa++、++pa 运算都是合法的。指针变量加或减一个整数 n 的意义是把指针指向的当前位置（指向某数组元素）向前或向后移动 n 个位置。应该注意的是，指针变量向前或向后移动一个位置和地址加 1 或减 1 在概念上是不同的。因为数组可以有不同的类型，各种类型的数组元素所占的字节长度是不同的。如指针变量加 1，即向后移动 1 个位置表示指针变量指向下一个数据元素的首地址。而不是在原地址基础上加 1。

```
int a[5],*pa;
pa=a;   /* pa 指向 a[0] */
pa=pa+2;   /*pa 指向 a[2]，即 pa 的值为&pa[2]*/
```

指针变量的加减运算只能对已经指向数组元素的指针变量进行，对指向其他类型变量的指针变量作加减运算是毫无意义的。

3）两个指针变量之间的运算。只有指向同一数组的两个指针变量之间才能进行运算，否则运算毫无意义。

1）两指针变量相减。两指针变量相减，所得之差是两个指针所指数组元素之间相差的元素个数。实际上是，两个指针值（地址）相减之差，再除以该数组元素的长度（字节数）。例如，pf1 和 pf2 是指向同一浮点数组的两个指针变量，设 pf1 的值为 2010H，pf2 的值为 2000H，而浮点数组每个元素占 4 个字节，所以 pf1–pf2 的结果为(2000H–2010H)/4=4，表示 pf1 和 pf2 之间相差 4 个元素。两个指针变量不能进行加法运算。例如，pf1+pf2 是毫无实际意义的。

2）两指针变量进行关系运算。指向同一数组的两指针变量进行关系运算，可以表示它们所指数组元素之间的关系。例如：pf1==pf2 表示 pf1 和 pf2 指向同一数组元素；pf1>pf2 表示 pf1 处于高地址位置；pf1<pf2 表示 pf2 处于低地址位置。

例 10-1　指针变量访问整型变量。

```
#include <stdio.h>
void main()
{
    int a=1,b=2,s,t,*pa,*pb;
    pa=&a;
    pb=&b;
    s=*pa+*pb;
    t=*pa**pb;
    printf("a=%d\nb=%d\na+b=%d\na*b=%d\n",a,b,a+b,a*b);
    printf("s=%d\nt=%d\n",s,t);
}
```

指针变量还可以与 0 比较。设 p 为指针变量，则 p==0 表明 p 是空指针，它不指向任何变量；p!=0 表示 p 不是空指针。空指针是由对指针变量赋予 0 值而得到的。例如：

```
#define NULL 0
int *p=NULL;
```

对指针变量赋 0 值和不赋值是不同的。指针变量未赋值时，可以是任意值，是不能使用的，否则将造成意外错误；而指针变量赋 0 值后，则可以使用，只是它不指向具体的变量而已。

10.3 指针和数组

指针与数组计算地址的方法是相同的。数组问题可用指针求解，有时更方便、简单，效率更高，如对二维数组排序。研究指针与数组的关系，主要是建立等价表达式，分清左值和右值。指针可以指向一维数组的数组元素，也可以指向二维数组的数组元素，还可以指向一维数组。

10.3.1 数组指针变量

指向数组的指针变量称为数组指针变量。在讨论数组指针变量的说明和使用之前，先明确几个关系。

一个数组是由连续的一块内存单元组成的，数组名就是这块连续内存单元的首地址。一个数组也是由各个数组元素（下标变量）组成的，每个数组元素按其类型不同占有几个连续的内存单元。一个数组元素的首地址也是指它所占有的内存单元的首地址。一个指针变量既可以指向一个数组，也可以指向一个数组元素，可把数组名或第一个元素的地址赋予它。如要使指针变量指向第 i 号元素，可以把 i 元素的首地址赋予它，或把数组名加 i 赋予它。

数组指针变量说明的一般格式如下：

类型说明符 * 指针变量名;

其中，类型说明符表示所指数组的类型。从一般形式可以看出指向数组的指针变量和指向普通变量的指针变量的说明是相同的。引入指针变量后，就可以用以下两种方法来访问数组元素：

1）下标法，即用 a[i]形式访问数组元素。在介绍数组时都是采用这种方法。

2）指针法，即采用*(pa+i)形式，用间接访问的方法来访问数组元素。

例 10-2　用指针访问数组元素。

```
void main()
{
    int a[10],i,*p;
    p =a;
    for(i=0;i<10;i++)
    {
        * p =i;
        p ++;
    }
}
```

本例首先定义整型数组和指针，将指针 p 指向数组 a，循环将变量 i 的值赋给由指针 p 指向的 a[]的数组单元，再将指针 p 指向 a[]的下一个单元。

10.3.2 指针与一维数组

一维数组和指针定义如下：

```
int a[4]={1,2,3,4};
int *p=a;   /* p 是指向一维数组元素的指针 */
```

应用指针运算符“+”“*”“[]”建立指针与一维数组的关系，如图 10-4 所示。其中，a[i]、*(a+i)、*(p+i)、p[i]是等价表达式，均表示数组元素。a+i、p+i 也是等价表达式，均表示数组元素的地址。要特别注意，p[i]表达式中的 p 不是数组名，是指针；这是一种下标表示法。

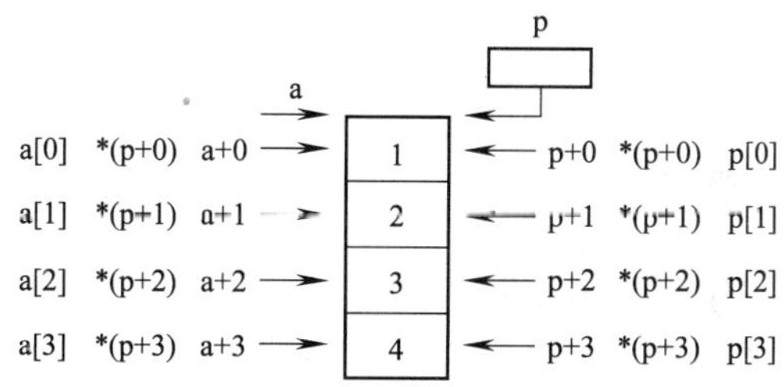

运算符	[]	*	+	+	*	[]
表达式	左值	左值	右值	右值	左值	左值
通　式	a[i]	*(p+i)	a+i	p+i	*(p+i)	p[i]

图 10-4　指针与一维数组的等价表达式

例 10-3　指针与一维数组的等价表达式。

```
#include <stdio.h>
#define N 3
void main()
{
        int a[N]={1,2,3},*p=a,i;
        printf("   数组  a[%d]: \n",N);
        for (i=0;i<N;i++)
              printf("a[%d]: %x %5d %5d\n",i,(a+i),*(a+i),a[i]);
        printf("   指针  p: \n");
        for (i=0;i<3;i++)
              printf("p[%d]：%x %5d %5d\n",i,(p+i),*(p+i),p[i]);
}
```

程序运行结果：

```
         数组  a[3]:
a[0]: ffd6      1       1
a[1]: ffd8      2       2
a[2]: ffda      3       3
         指针  p:
p[0]: ffd6      1       1
p[1]: ffd8      2       2
p[2]: ffda      3       3
```

10.3.3　指针与二维数组

在概念和使用上，二维数组的指针比一维数组的指针要复杂一些。

1．指向二维数组元素的指针变量

例 10-4 用指针变量输出二维数组元素的值。

```
#include <stdio.h>
void main()
{
    int a[3][4]={1,2,,3 ,4,5,6,7,8,9,10,11,12};
    int *p;
    for(p=a[0];p<a[0]+12;p++)
    {
        if((p-a[0])%4==0) printf("\n");
        printf("%4d",*p);
    }
}
```

其中，p 是一个指向整型变量的指针变量，它可以指向一般的整型变量，也可以指向整型的二维数组元素，每次使 p 值加 1，移向下一元素。如果要输出某个指定的数组元素，则应事先计算该元素相对数组起始位置的相对位移量。元素 a[i][j]在数组中的相对位置的计算公式为 i*m+j，其中 m 为二维数组的列数，i 是行下标，j 是列下标。

设二维数组和指针定义如下：

```
int a[2][3]={1,2,3,4,5,6};
int *p=&a[0][0];      /* p 是指向二维数组元素的指针 */
```

应用指针运算符“+”“*”“[]”扩大二维数组的表示形式。二维数组元素在内存中是以一维方式存储。应用指向二维数组元素的指针，可以很方便地对二维数组实现一维运算，如图 10-5 所示。

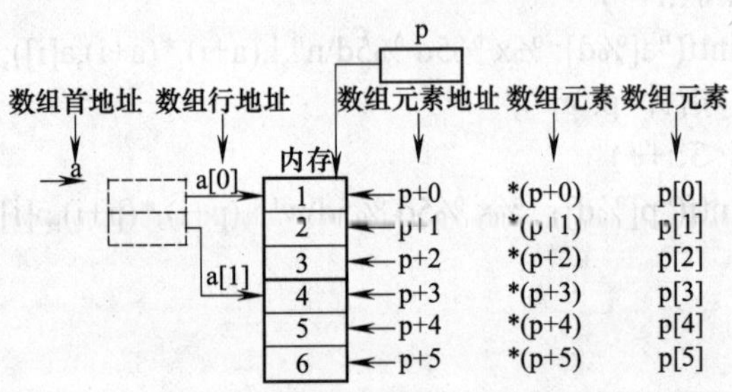

运算符	+	*	[]
表达式	右值	左值	左值
通　式	p+i	*(p+i)	p[i]

图 10-5　指向二维数组元素的指针

其中，a[0]、*(a+0)是等价表达式，均表示二维数组的第 0 行地址。a[1]、*(a+1)是等价表达式，均表示二维数组的第 1 行地址。a[i]+j、*(a+i)+j 是等价表达式，均表示二维数组的列地址，即数组元素的地址。*(a[i]+j)、*(*(a+i)+j)、a[i][j]是等价表达式，均表示二维数组的数组元素。

2．指向由 m 个元素组成的一维数组的指针变量

可以使指针变量 p 不指向整型变量，而指向一个包含 m 个元素的一维数组，这时，如果 p 先指向 a[0]（即 p=&a[0]），则 p+1 不是指向 a[0][1]，而是指向 a[1]，p 的增值以一维数组的长度为单位。

例 10-5　输出二维数组任一行任一列元素的值。

```
#include <stdio.h>
void main()
{
    int a[3][4]= {1,2,,3 ,4,5,6,7,8,9,10,11,12};
    int (*p)[4],i,j;
    p=a;
    scanf("i=%d,j=%d",&i,&j);
    printf("a[%d,%d]=%d\n",i,j,*(*(p+i)+j));
}
```

例 10-5 中“int (*)p[4]”表示 p 是一个指向包含 4 个元素的一维数组的指针变量，注意*p 两侧的括号不可缺少，如果写成*p[4]，由于方括号优先级高，因此 p 先与[4]结合，是数组，然后再与前面*的结合形成指针数组。

10.3.4　指针数组

一个数组的元素为指针则是指针数组。指针数组是一组有序的指针的集合。指针数组的所有元素都必须是具有相同存储类型和指向相同数据类型的指针变量。

数组的元素是指针类型的，指针数组定义的一般格式如下：

类型 * 数组名[常量表达式];

其中，类型说明符为指针值所指向的变量的类型。

例如，“int *pa[3];”表示 pa 是一个指针数组，它有 3 个数组元素，每个元素值都是一个指针，指向整型变量。通常可用一个指针数组来指向一个二维数组。指针数组中的每个元素被赋予二维数组中每一行的首地址，因此也可理解为指向一个一维数组。

指针数组存放二维数组的行地址。例如，p 是一维指针数组名，注意不是二维数组。一旦将二维数组的行地址 a[0]赋给 p[0]，即 p[0]=a[0]；将二维数组的行地址 a[1]赋给 p[1]，即 p[1]=a[1]，则指针数组和二维数组建立了联系，二维数组就成为指针数组的目标，其结构类似二维数组结构。因此，二维数组的等价表达式可用于指针数组，只需将 a 改为 p。

p[0]+0、*(p+0)+0 是等价表达式，均表示二维数组的第 0 行地址。p[1]+0、*(p+1)+0 是等价表达式，均表示二维数组的第 1 行地址。p[i]+j、*(p+i)+j 是等价表达式，均表示二维数组的列地址，即数组元素的地址。*(p[i]+j)、*(*(p+i)+j)、p[i][j]是等价表达式，均表示二维数组元素。

例 10-6　指针数组与数组元素的输出。

```
int a[3][3]={2,4,6,8,10,12,14,16,18};
int *pa[3]={a[0],a[1],a[2]};
int *p=a[0];
void main()
{
    int i;
    for(i=0;i<3;i++)
        printf("%d,%d,%d\n",a[i][2-i],*a[i],*(*(a+i)+i));
    for(i=0;i<3;i++)
        printf("%d,%d,%d\n",*pa[i],p[i],*(p+i));
}
```

例 10-6 程序中，pa 是一个指针数组，3 个元素分别指向二维数组 a 的各行。然后用循环语句输出指定的数组元素。其中，*a[i]表示 i 行 0 列元素值；*(*(a+i)+i)表示 i 行 i 列的元素值；*pa[i]表示 i 行 0 列元素值；由于 p 与 a[0]相同，故 p[i]表示 0 行 i 列的值；*(p+i)表示 0 行 i 列的值。指针数组和二维数组指针变量虽然都可用来表示二维数组，但是其表示方法和意义是不同的。

字符型指针数组，多个字符串可用字符型二维数组表示。例如，要描述“FORTRAN”“BASIC”“C++”“Java”“VB”“C”，可以定义一个字符型二维数组表示：

```
char LnameA[6][8]={"FORTRAN","BASIC","C++","Java","VB","C"};
```

图 10-6 表示了字符型二维数组的结构。

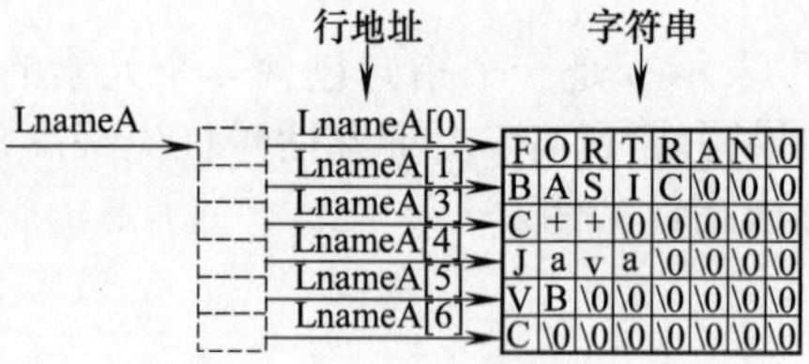

图 10-6　字符型二维数组的结构

从图 10-6 可以看出，每个字符串占用内存空间相等。要注意，各个字符串长度是不相等的。当处理的多个字符串的长度差异很大时，会浪费较多的内存空间。这种表示方法一般用于处理串长度不固定的多个字符串。

处理的多个字符串，还可以应用字符型指针数组表示。例如，描述上面的多个字符串，可定义一个字符型指针数组：

```
char *Lname[]={"FORTRAN","BASIC","C++","Java","VB","C"};
```

图 10-7 表示了字符型指针数组结构。

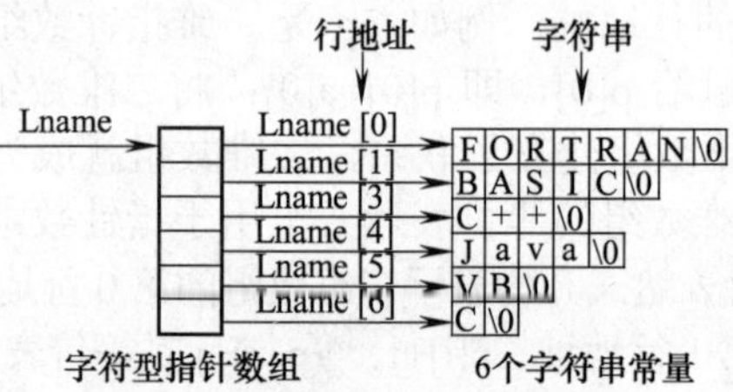

图 10-7　字符型指针数组结构

从图 10-7 可以看出，每个字符串占用内存空间不相等，没有浪费内存空间。这种表示方法一般适用于处理多个常量字符串，除节省内存外，处理效率也高。

下面以字符串排序为例，研究字符指针数组的应用。图 10-8 表示了字符型指针数组排序。

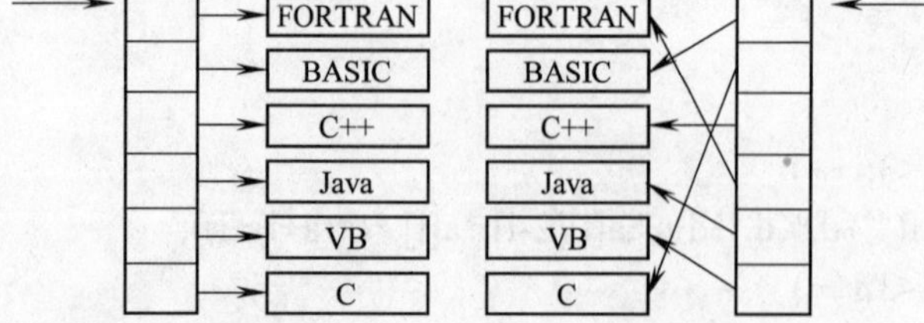

图 10-8　字符型指针数组排序

字符型指针数组排序，只需改变指针数组中指针的指向，而不需要移动字符串在内存中的位置，处理效率高。从图 10-8 可以看出：Lname[0]从指向“FORTRAN”改为指向“BASIC”；Lname[1]从指向“BASIC”改为指向“C”；Lname[2]指向“C++”未变；Lname[3]从指向“Java”改为指向“FORTRAN”；Lname[4]从指向“VB”改为指向“Java”；Lname[5]从指向“C”改为指向“VB”。

10.4　指针和函数

指针变量的值也是地址，数组指针变量的值即为数组的首地址，当然也可作为函数的参数使用。

10.4.1　指针作为函数参数

指针可作为函数的形参和函数的返回值类型。指针作为函数形参，可达到形参共享实参的目的。如果修改指针所指向的目标，能使函数带回多个值；而修改指针本身，不能使函数带回多个值。下面以交换两个整数为例进行说明。

例 10-7　交换两个整数——指针与函数。

```
#include <stdio.h>
/* 交换两个整数 */
/* 形参不是指针，无法修改实参，达不到交换两个整数的目的 */
void swapa(int x,int y);
/* 交换两个整数 */
/* 形参是指针，由于是修改指针本身，也达不到交换两个整数的目的 */
void swapb(int *px,int *py);
/* 交换两个整数 */
/* 形参是指针，由于是修改指针所指向的目标，能达到交换两个整数的目的 */
void swapc(int *px,int *py);
void main()
{
    int x=10,y=20;
    printf("源数据(地址和值): \n");
    printf("   x: %x      %d\n",&x,x);
    printf("   y: %x      %d\n",&y,y);
    printf("调用  swapa: \n");
    swapa(x,y);
    printf("在   main  函数内     x=%d   y=%d\n",x,y);
    printf("调用  swapb: \n");
    swapb(&x,&y);
    printf("在   main  函数内     x=%d   y=%d\n",x,y);
    printf("调用  swapc: \n");
    swapc(&x,&y);
    printf("在   main  函数内     x=%d   y=%d\n",x,y);
}
```

```
/* 交换两个整数——交换形参值 */
void swapa(int x,int y)
{
        int temp;
        temp=x; x=y; y=temp;
        printf("在 swapa 函数内    x=%d   y=%d\n",x,y);
}
/* 交换两个整数——交换形参值(地址) */
void swapb(int *px,int *py)
{
        int *temp;
        temp=px; px=py; py=temp;
        printf("在 swapb 函数内    x=%d   y=%d\n",*px,*py);
}
/* 交换两个整数——交换实参值 */
void swapc(int *px,int *py)
{
        int temp;
        temp=*px; *px=*py; *py=temp;
        printf("在 swapc 函数内    x=%d   y=%d\n",*px,*py);
}
```

程序运行结果：

```
源数据(地址和值):                  x: ffd0    10
                                   y: ffd2    20
调用 swapa: 在 swapa 函数内    x=20   y=10
            在  main 函数内    x=10   y=20
调用 swapb: 在 swapb 函数内    x=20   y=10
            在  main 函数内    x=10   y=20
调用 swapc: 在 swapc 函数内    x=20   y=10
            在  main 函数内    x=20   y=10
```

从程序运行结果可以明显地看出，只有 swapc 函数能实现交换两个整数的目的。下面结合 swap 函数，采用图示法进一步说明传值和传址这一重要的基本概念。

swapa（传值）：传值是单向传递，即将实参的值传递给对应的形参，而不可能将形参的值反传递给实参。传递结束，实参和形参不存在任何联系，因此，形参值的修改不会影响实参值。如图 10-9 所示，形象显示出形参 x、y 的值进行了交换，但是由于形参 x、y 的值不能修改实参 x、y 的值，所以实参 x、y 的值保持原值。

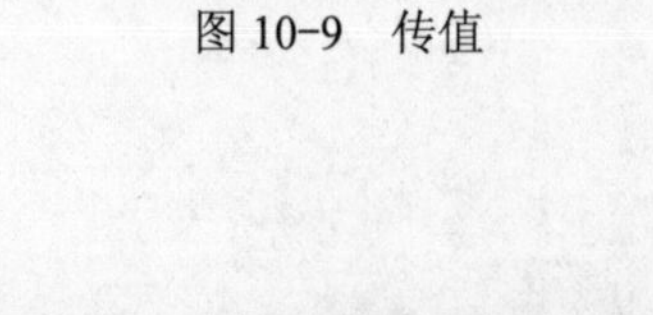

图 10-9　传值

swapb（传址，修改指针）：传址（传地址值）是将实参的地址传递给对应的形参，实现了形参共享实参，即形参 x、y 指针所指向的目标就是实参 x、y 存储单元。图 10-10 显示出了形参共享实参概念。同时也显示出形参 x、y 的指针值进行了交换，即 x 指针改为指向实参 y，而 y 指针改为指向实参 x。但是，实参 x、y 值没有被修改，仍保持原值。在图 10-10 中有两处出现*x、*y，它们的含义是不同的，要严格区分开。

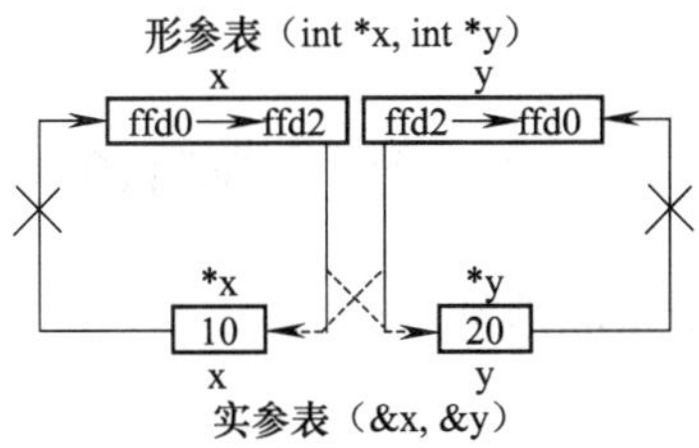

图 10-10 传址，修改指针

swapc（传址，修改目标）：传址（传地址值），实现了形参共享实参。在 swapc 函数中的语句“temp=*px; *px=*py; *py=temp;”是交换 x、y 指针所指向的目标，即交换实参 x、y 的值，且向调用函数传回两个值，如图 10-11 所示。

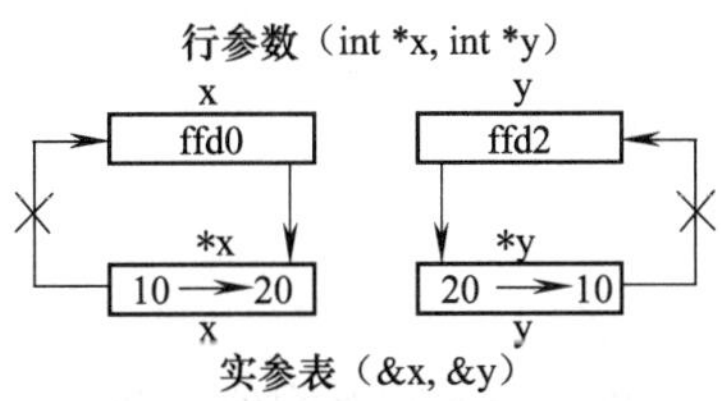

图 10-11 传址，修改目标

从 swapc（传址，修改目标）函数看出：通过指针类型形参，且修改它所指向的目标，可以使函数带回多个值。数组名是常量地址。因此，一维数组名和指针可相互传递（注意类型必须相同），如图 10-12 所示。但是，二维数组名和指针不可相互传递。

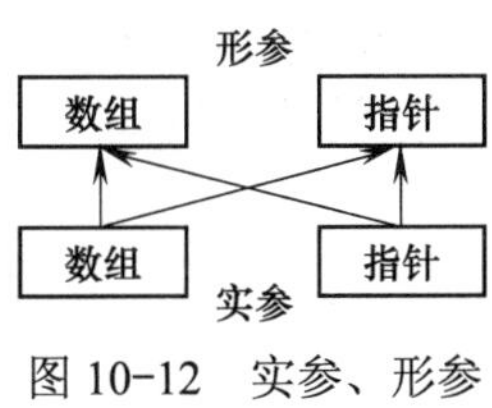

图 10-12 实参、形参

10.4.2 指针作为函数返回值

指针可作为函数的返回值类型。在处理动态数据结构时，经常遇到返回指针的函数。必须十分明确，数组不可作为函数的返回值类型。

返回指针类型函数的一般格式如下：

```
类型名 *函数名(形参表);   /*有参函数*/
类型名 *函数名();         /*无参函数*/
```

在 return 语句中，返回局部变量的地址是不允许的，因为函数返回，则局部变量自动撤销。动态变量的地址、全局变量的地址和静态变量的地址都可作为函数的返回值。返回指针的函数，在字符串一小节和结构一章可看到实用的例题。这里借用一个例题说明概念。

例 10-8 返回局部变量的地址。

```
#include <stdio.h>
int *g();    /* 指针函数 */
void main()
{
        int *p;
        p=g();
        printf(" p: %x(地址)       %d(随机值)\n",p,*p);
}
int *g ()   /* 返回局部变量的地址 */
{
        int value=50;      /* 局部变量 */
        printf("value: %x(地址)        %d(值)\n",&value,value);
        return &value;   /* 警告错误! 返回局部变量的地址 */
}
```

程序运行结果:

value: ffce(地址)　　50(值)

p: ffce(地址)　　28612(随机值)

10.4.3 指针型函数

前面已经介绍过，所谓函数类型是指函数返回值的类型。在C语言中允许一个函数的返回值是一个指针（即地址），这种返回指针值的函数称为指针型函数。

定义指针型函数的一般格式如下：

```
类型说明符 *函数名(形参表)
{ … /*函数体*/   }
```

其中，函数名之前加了“*”号表明这是一个指针型函数，即返回值是一个指针。类型说明符表示了返回的指针值所指向的数据类型。例如：

```
int *ap(int x,int y)
{
    …   /*函数体*/
}
```

表示 ap 是一个返回指针值的指针型函数，它返回的指针指向一个整型变量。下例中定义了一个指针型函数 day_name，它的返回值指向一个字符串。该函数中定义了一个静态指针数组 name。name 数组初始化赋值为 8 个字符串，分别表示各个星期名及出错提示。形参 n 表示与星期名所对应的整数。在主函数中，把输入的整数 i 作为实参，在 printf 语句中调用 day_name 函数并把 i 值传送给形参 n。day_name 函数中的 return 语句包含一个条件表达式，n 值若大于 7，或小于 1，则把 name[0]指针返回主函数，输出出错提示字符串“illegal day”。否则返回主函数，输出对应的星期名。主函数中的第 7 行是个条件语句，其语义是，如输入为负数（i<0）则中止程序运行退出程序。exit 是一个库函数，exit(1)表示发生错误后退出程序，exit(0)表示正常退出。

应该特别注意的是，函数指针变量和指针型函数这两者在写法和意义上的区别。如“int

(*p)();”和“int *p ();”定义的是两个完全不同的量。前者是一个变量说明，说明 p 是一个指向函数入口的指针变量，该函数的返回值是整型量，(*p)中两边的括号不能少。后者则不是变量说明而是函数说明，说明 p 是一个指针型函数，其返回值是一个指向整型量的指针，*p 两边没有括号。作为函数说明，在括号内最好写入形式参数，这样便于与变量说明区别。

对于指针型函数定义，“int *p()”只是函数头部分，一般还应该有函数体部分。

例 10-9 指针函数应用举例，输出对应的星期几。

```
void main()
{
    int i;
    char *day_name(int n);
    printf("input Day No：\n");
    scanf("%d",&i);
    if(i<0) exit(1);
    printf("Day No：%2d-->%s\n",i,day_name(i));
}
char *day_name(int n)
{
    static char *week[]={ "illegal day", "Monday", "Tuesday", "Wednesday", "Thursday",
"Friday", "Saturday", "Sunday"};
    return((n<1||n>7) ? week [0]: week [n]);
}
```

10.4.4 函数指针变量

在C语言中规定，一个函数总是占用一段连续的内存区，而函数名就是该函数所占内存区的首地址。可以把这个函数的首地址（或称入口地址）赋予一个指针变量，使该指针变量指向该函数。然后通过指针变量就可以找到并调用这个函数。把这种指向函数的指针变量称为“函数指针变量”。

指向函数的指针称为函数指针。函数指针是函数的入口地址。可用函数指针调用函数，也可作为函数的形参。

函数指针的一般定义格式如下：

```
类型名 (*指针变量名)();            /*无参数表*/
类型名 (*指针变量名)(类型名表);    /*有参数表*/
```

其中，类型名是指函数返回值的类型。调用函数的一般格式如下：

```
(*指针变量名)(实参表);
```

其中，(*指针变量名)表示“*”后面的变量是定义的指针变量。最后的空括号表示指针变量所指的是一个函数。

例如，“int (*pf)();”表示 pf 是一个指向函数入口的指针变量，该函数的返回值（函数值）是整型。下面通过例子来说明用指针形式实现对函数调用的方法。

例 10-10 求 a 和 b 中较大者，用函数指针实现。

```
#include <stdio.h>
int max1(int a,int b)
```

```
{
    if(a>b) return a;
    else return b;
}
void main()
{
    int max1(int a,int b);
    int (*max2)();
    int x,y,z;
    max2=max1;
    printf("input two numbers: \n");
    scanf("%d%d",&x,&y);
    z=(*max2)(x,y);
    printf("maxnum=%d",z);
}
```

程序运行结果：

```
input two numbers: 13 14
maxnum=14
```

从上述程序可以看出用，函数指针变量形式调用函数的步骤如下：

1）先定义函数指针变量，如“int (*max2)();”。

2）把被调函数的入口地址（函数名）赋予该函数指针变量，如“max2=max1;”。

3）用函数指针变量形式调用函数，如“z=(*max2)(x,y);”。

调用函数指针的一般格式如下：

(*指针变量名) (实参表)

使用函数指针变量还应注意以下两点：

1）函数指针变量不能进行算术运算，这是与数组指针变量不同的。数组指针变量加减一个整数可使指针移动指向后面或前面的数组元素，而函数指针的移动是毫无意义的。

2）函数调用中“(*指针变量名)”的两边的括号不可少，其中的*不应该理解为求值运算，在此处它只是一种表示符号。

在函数调用时，函数之间一般都需要传入和传出数据。传入数据指调用函数向被调用函数传递数据，一般有两种途径：通过形参表；通过全局变量。传出数据指被调用函数向调用函数传递数据，一般有 3 种途径：通过函数返回值；通过指针类型的形参；通过全局变量。选用全局变量传入和传出数据要慎重，因为这种数据传递方式破坏了函数的独立性。

10.5 指针与字符串

在 C 语言中，字符串可以用字符型数组表示，也可以用字符型指针表示。

10.5.1 字符串表示方法

在定义字符型指针时，可以用字符串常量初始化。例如：

```
char *strp="VC++";
```

字符串常量可以赋给字符型指针变量。例如：

```
char *strp;
strp="VC++";
```

上述两种表示法都不是将字符串常量“VC++”复制到 strp 中，而是将字符串常量“VC++”的第一个字符的地址赋给 strp，字符串常量“VC++”成为 strp 的目标，如图 10-13 所示。

向字符指针变量读入一个字符串时，该指针必须已指向有足够内存空间的目标，否则会产生运行错误，如图 10-14 所示。

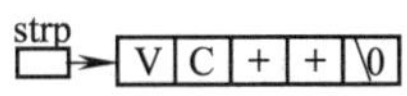

图 10-13　字符串

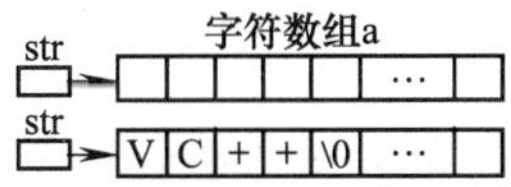

图 10-14　空间不够

例如：

```
char a[80],*str=a;
gets(str);
```

上面语句是正确的。而下面语句是错误的，往往会产生运行错误，因为读入的字符串无内存空间存放：

```
char *str;
gets(str);
```

字符串指针变量的定义说明与指向字符变量的指针变量说明是相同的。只能按对指针变量的赋值不同来区别。对指向字符变量的指针变量应赋予该字符变量的地址。例如，“char c,*p=&c;”表示 p 是一个指向字符变量 c 的指针变量。而“char *s="C Language";”则表示 s 是一个指向字符串的指针变量，把字符串的首地址赋予 s。

例 10-11　通过字符指针输出一个字符串。

```
#include <stdio.h>
void main()
{
        char *p;
        p="cloud computing";
        printf("%s",p);
}
```

程序中首先定义 p 是一个字符指针变量，然后把字符串的首地址赋予 p（应写出整个字符串，以便编译系统把该串装入连续的一块内存单元），并把首地址送入 p。程序中的“char *p;p=" cloud computing ";”等效于“char *p=" cloud computing ";”输出字符串中的所有字符。

例 10-12　在输入的字符串中查找有无“x”字符。

```
#include <stdio.h>
void main()
{
      char st[30],*p;
      int i;
      printf("input a string：\n");
      p=st;
```

```
        scanf("%s",p);
        for(i=0;p[i]!='\0';i++)
            if(p[i]=='x')
            {
                printf("there is a 'x' in the string\n");
                break;
            }
        if(p[i]=='\0') printf("There is no 'x' in the string\n");
    }
```

用字符数组和字符串指针变量都可实现字符串的存储和运算。但是两者是有区别的，在使用时应注意以下几个问题：

1）字符串指针变量本身是一个变量，用于存放字符串的首地址。而字符串本身是存放在以该首地址为首的一块连续的内存空间中并以“\0”作为串的结束。字符数组是由于若干个数组元素组成的，它可用来存放整个字符串。

2）对字符数组作初始化赋值，必须采用外部类型或静态类型，如“static char st[]={"cloud computing "};”；而对字符串指针变量则无此限制，如“char *p=" cloud computing ";”。对字符串指针方式“char *p=" cloud computing ";”，可以写为“char *p;p=" cloud computing ";”而对数组方式“static char st[]={"cloud computing "};”则不能写为“char st[30];st={" cloud computing "};”，而只能对字符数组的各元素逐个赋值。

10.5.2 字符串处理函数的实现

字符串处理库函数是用指针实现的。函数原型摘自头文件 string.h 中的声明。使用前必须加“#include <string.h>”。在函数原型的形参表中，字符型指针前用了关键字 const 修饰，该指针称为指向常量的指针。它的作用是阻止通过间接访问修改目标，即该指针所指向的字符串就不可能被修改，很安全。阅读下列函数，要特别注意指针作为函数形参和函数返回值类型，以及指针表达式的应用。

1. 求字符串长度

函数原型如下：

```
unsigned int strlen(const char *s)
{
    int len=0;
    while(*s++) len++;
    return len;
}
```

执行*s++表达式等价于先取 s 指针所指向的字符，s 指针再加 1，指向下一字符。

2. 字符串复制

函数原型如下：

```
char *strcpy(char *dest,const char *src)
{
    char *temp=dest;  /* 暂存目标串指针，用于返回目标串 */
```

```
        while(*dest++ = *src++)  …;
        return temp;
    }
```

字符串复制是将原字符串 src 一个字符一个字符地复制到目标串 dest，包含“\0”字符。最后返回指针 temp，即返回 dest 原指针值。*dest++和*src++是左值表达式。执行*dest++=*src++表达式等价于先将指针 src 指向的字符复制到指针 dest 指向的存储单元；然后 src 指针加 1，指向下一字符，des 指针加 1，指向下一字符。

注意，由于先执行赋值，然后 src 指针和 des 指针再加 1，所以“\0”字符能复制。

3．字符串连接

函数原型如下：

```
char *strcat(char *dest,const char *src)
 {
      char *temp=dest;
      while(*dest++)   /* 移到 dest 的'\0'位置 */
          …
      dest--;
      while(*dest++ = *src++)   /* 复制 src 串到 dest 串 */
          …
      return temp;
 }
```

字符串连接是先将指针 dest 移到字符“\0”处，然后将 src 串复制到指针 dest 指向的存储单元。最后返回指针 temp，即返回 dest 原指针。

4．字符串比较

函数原型如下：

```
int strcmp(const char *s1,const char *s2)
{
     for(;*s1==*s2;s1++,s2++)
          if(! *s1) return 0;   /* 判别当前两个字符是否为'\0' */
     return *s1-*s2;
}
```

两个字符串比较是对应字符一一比较。当两个字符不等或两个字符均为“\0”时，结束比较，返回*s1-*s2。当前两个字符的值决定了两个字符串比较关系与返回值：

*s1==*s2，*s1=='\0'，*s2=='\0'	串 1==串 2	返回值为 0
*s1>*s2	串 1>串 2	返回大于 0
*s1<*s2	串 1<串 2	返回小于 0

因此，函数 strcmp 的返回值能决定了两个字符串比较关系。图 10-16 表示了两个字符串比较过程。

两个字符不等，返回*s1-*s2，如果两个字符均为“\0”，返回 0。

例 10-13　把一个字符串的内容复制到另一个字符串中，并且不能使用 strcpy 函数。

函数 cprstr 的形参为两个字符指针变量。pss 指向源字符串，pds 指向目标字符串。

```
#include <stdio.h>
cpystr(char *pss,char *pds)
{
    while((*pds=*pss)!='\0')
    {
        pds++;
        pss++;
    }
}
void main()
{
    char *p1=" the Internet of Things ",b[30],*p2;
    p2=b;
    cpystr(p1,p2);
    printf("string 1=%s\nstring 2=%s\n",p1,p2);
}
```

在例 10-13 中，程序完成了两项工作：一是把 pss 指向的源字符复制到 pds 所指向的目标字符中；二是判断所复制的字符是否为“\0”，若是则表明源字符串结束，不再循环，否则 pds 和 pss 都加 1，指向下一字符。在主函数中，以指针变量 p1、p2 为实参，分别取得确定值后调用 cpystr 函数。由于采用的指针变量 p1 和 pss、p2 和 pds 均指向同一字符串，因此在主函数和 cpystr 函数中均可使用这些字符串。也可以把 cpystr 函数简化为以下形式：

```
cpystr(char *pss,char*pds)
{while((*pds++=*pss++)!='\0');}
```

进一步分析还可发现“\0”的 ASCⅡ码为 0，对于 while 语句只看表达式的值为非 0 就循环，为 0 则结束循环，因此也可省去“!= '\0'”这一判断部分，而写为以下形式：

```
cpystr (char *pss,char *pds)
{
    while(*pdss++=*pss++);
}
```

表达式的意义可解释为：源字符向目标字符赋值，移动指针，若所赋值为非 0 则循环，否则结束循环。这样使程序更加简洁。

```
cpystr(char *pss,char *pds)
{
    while(*pds++=*pss++);
}
void main()
{
    char *p1=" the Internet of Things ",b[30],*p2;
    p2=b;
    cpystr(p1,p2);
    printf("string 1=%s\nstring 2=%s\n",p1,p2);
}
```

10.6　多重指针

10.6.1　指向指针的指针

指向指针的指针变量说明的一般格式如下：

类型说明符 **指针变量名;

例如，“int ** pp;”表示 pp 是一个指针变量，它指向另一个指针变量，而这个指针变量指向一个整型量。下面举一个例子来说明这种关系。

一个指针变量的值是另一个指针变量的地址，称该指针为多级指针。图 10-15 表示了一个二级指针。

```
short a=10; short *p1=&a; short **p2=&p1;   /* 建立指针链 */
```

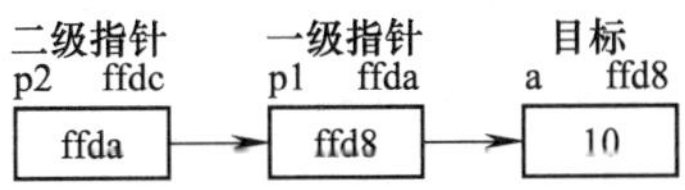

图 10-15　多级指针

建立指针链是程序设计的任务，它不能自动建立。访问变量 a，可以通过一级指针 p1 实现间接访问，也可以通过二级指针 p2 实现间接访问。

例 10-14　指向指针的指针变量。

```
#include <stdio.h>
void main()
{
    int x,*p,**q;
    x=15;
    p=&x;
    q=&p;
    printf("x=%d\n",**q);
}
```

例 10-14 程序中 p 是一个指针变量，指向整型量 x；q 也是一个指针变量，它指向指针变量 p。通过 q 变量访问 x 的写法是**q。程序最后输出 x 的值为 15。

10.6.2　命令行参数

在前面讲述的程序中，main 函数的第一行大部分写成了以下形式：

```
void main( )
```

括号中为空，表示没有参数，实际上 main 函数是可以带参数的。其一般格式如下：

```
main(int argc, char *argv[])
```

argc 和 argv 是 main 函数的形式参数，在操作系统下运行 C 程序时，可以以命令行参数形式，向 main 函数传递参数。

命令行参数的一般格式如下：

运行文件名 参数 1 参数 2 …参数 n

运行文件名和参数之间、各个参数之间要用一个空格分隔。argc 表示命令行参数个数（包括运行文件名），argv 是指向命令行参数的指针数组。指针 argv[0]指向的字符串是运行文件名，argv[1]指向的字符串是命令行参数 1，argv[2] 指向的字符串是命令行参数 2，等。

本章小结

在 C 语言中，指针是一种表示能力极强又十分灵活的数据类型。它能有效地表示和处理复杂的数据结构，特别善于处理动态数据结构。但是，指针的安全性低，表示形式复杂，使用时应特别谨慎。这章所讨论的内容较多，但是指针概念和指针运算是基础，要深入钻研和理解。

1. 指针变量的定义及其含义

指针定义	含义
int *p	p 为指向整型数据的指针变量
int *p[n];	p 为指针数组，由 n 个指向整型数据的指针元素组成
int (*p)[n];	p 为指向含 n 个元素的一维数组的指针变量
int *p();	p 为返回整型指针的函数
int (*p)();	p 为指向返回整型值的函数指针
int **p;	p 为一个指向整型指针的指针变量

2. 指针变量的赋值

将一个地址值赋给一个指针变量就是指针变量的赋值。

赋值表达式	意义
p=&a;	将变量 a 的地址赋给 p
p=array;	将数组 array 的首地址赋给 p
p=&array[i]	将数组 array 第 i 个元素的地址赋给 p
p=max（max 为函数）	将 max 函数的入口地址赋给 p
p=p1	将 p1 的值赋给 p
p=NULL	相当于 p=0，将 NULL 值赋给 p，使 p 成为空指针，即 p 不指向任何有效地址

3. 指针运算

指针变量可以加（减）一个整数，同类型的指针变量可以相减，在关系表达式中允许对两个类型相同的指针变量进行比较，通常指针比较仅用于指向共同目标的两个指针或多个指针。对 void 指针不能进行任何算术运算。

函数指针是函数在内存中的地址。函数指针可以传递到函数、从函数中返回、存放在数组中，可以赋给其他的函数指针变量。

使用指针可以提高程序的运行效率，在调用函数时变量值的改变能够为主调函数所使用，可以实现动态存储分配。

习题与实训

一、习题

1. 以下程序的运行结果是______。

```
sub(int x,int y,int *z)
{*z=y-x;}
main( )
{
    int a,b,c;
    sub(10,5,&a);
    sub(7,a,&b);
    sub(a,b,&c);
    printf("%4d,%4d,%4d\n",a,b,c);
}
```

2. 有 4 组对指针变量进行操作的语句，以下判断正确的选项是______。

A．int *p,*q;q=p;
　　int a,*p,*q; p=q=&a;

B．int a,*p,*q;p=&a;p=*q;
　　int a=20,*p;*p=a;

C．int a=b=0,*p;p=&a;b=*p;
　　int a=20,*p,*q=&a;*p=*q;

D．int a=20,*p,*q=&a;p=q;
　　int p,*q;q=&p;

3. 下面程序段的运行结果是______。

```
# include <stdio.h>
main()
{
    static char a[ ]="Language",b[ ]="programe";
    char *p1,*p2; int k;
    p1=a; p2=b;
    for(k=0;k<=7;k++)
        if(*(p1+k)==*(p2+k))
            printf("%c",*(p1+k));
}
```

二、实训

（一）实训目的

1. 掌握指针的基本概念、指针变量的定义及初始化。
2. 了解或掌握指针与数组的关系，指针与数组有关的算术运算、比较运算，能运用指针处理数组。
3. 学会使用字符串的指针和指向字符串的指针变量。
4. 学会使用指针数组来处理字符串数组。
5. 了解或掌握用指针作为函数参数编程。
6. 了解或掌握返回指针值的函数。

（二）实训内容

1. 从键盘输入 3 个整数，要求设计 3 个指针变量 p1、p2、p3，使 p1 指向 3 个数的最大者，p2 指向次大者，p3 指向最小者，然后由从大到小的顺序输出 3 个数。

2. 分别用下标法、地址法和指针变量 p 访问数组 a[5]={1,3,5,7,9}，用这 3 种方法输出数组各元素的值，每种方法输出的 5 个元素在一行上。

3. 有 3 个字符串 “Data structure”“Computer design”“C Program”，请按字符顺序输出这 3 个字符串（要求用指针数组指向这 3 个字符串）。

4. 一个数组有 10 个元素{1，8，10，2，-5，0，7，15，4，-5}，利用指针作为函数参数编程，输出数组中最大和最小的元素值。

5. 求 3×4 的二维数组中的所有元素之和。

6. 编一程序，将字符串 computer 赋给一个字符数组，然后从第一个字母开始间隔地输出该串。请用指针完成。

7. 编写一程序，将字符串中的第 m 个字符开始的全部字符复制到另一个字符串。要求在主函数中输入字符串及 m 的值并输出复制结果，在调用函数中完成复制。

第 11 章　结构和其他类型

在实际问题中，一组数据往往具有不同的数据类型。例如，在学生登记表中，姓名应为字符型；学号可为整型或字符型；年龄应为整型；性别应为字符型；成绩可为整型或实型。显然不能用一个数组来存放这一组数据。因为数组中各元素的类型和长度都必须一致，以便于编译系统处理。为了解决这个问题，C 语言中给出了另一种构造数据类型——结构，有时也称为结构体。

11.1　结构的概念

1. 结构的定义

结构是一种构造类型，它是由若干“成员”组成的，每一个成员可以是一个基本数据类型或者又是一个构造类型。结构在说明和使用之前必须先定义，如同在说明和调用函数之前要先定义一样。

定义一个结构的一般格式如下：

```
struct 结构名
{
    成员表列
};
```

其中，成员列表由若干个成员组成，每个成员都是该结构的一个组成部分。对每个成员也必须作类型说明，其格式如下：

```
类型说明符 成员名;
```

成员名的命名应符合标识符的书写规定。例如：

```
struct student
{
    int num;
    char name[30];
    char sex;
    float score;
};
```

在这个结构定义中，结构名为 student。该结构由 4 个成员组成：第一个成员为 num，整型变量；第二个成员为 name，字符数组；第三个成员为 sex，字符变量；第四个成员为 score，实型变量。应注意在括号后的分号是不可少的。结构定义之后，即可进行变量说明。凡说明为结构 stu 的变量都由上述 4 个成员组成。由此可见，结构是一种复杂的数据类型，是数目固定，类型不同的若干有序变量的集合。

2. 结构类型变量说明

说明结构变量有以下 3 种方法。以上面定义的 student 为例来加以说明。

1）先定义结构，再说明结构变量。例如：

```
struct student
{
    int num;
    char name[30];
    char sex;
    float score;
};
struct student boy1,boy2;
```

说明了两个变量 boy1 和 boy2 为 student 结构类型。也可以用宏定义使一个符号常量来表示一个结构类型，例如：

```
#define STU struct student
STU
{
    int num;
    char name[30];
    char sex;
    float score;
};
STU boy1,boy2;
```

2）在定义结构类型的同时说明结构变量。例如：

```
struct student
{
    int num;
    char name[30];
    char sex;
    float score;
}boy1,boy2;
```

3）直接说明结构变量。例如：

```
struct
{
    int num;
    char name[30];
    char sex;
    float score;
}boy1,boy2;
```

第三种方法与第二种方法的区别在于第三种方法中省去了结构名，而直接给出结构变量。

说明了 boy1、boy2 变量为 student 类型后，即可向这两个变量中的各个成员赋值。在上述 student 结构定义中，所有的成员都是基本数据类型或数组类型。成员也可以又是一个结构，即构成了嵌套的结构，例如：

```
struct date
{
```

```
        int month;
        int day;
        int year;
    }
    struct
    {
        int num;
        char name[30];
        char sex;
        struct date birthday;
        float score;
    }boy1,boy2;
```

首先定义一个结构 date，由 month（月）、day（日）、year（年）3 个成员组成。在定义并说明变量 boy1 和 boy2 时，其中的成员 birthday 被说明为 data 结构类型。成员名可与程序中其他变量同名，互不干扰。结构变量成员的表示方法在程序中使用结构变量时，往往不把它作为一个整体来使用。

11.2 结构的操作

在 C 语言中除了允许具有相同类型的结构变量相互赋值以外，一般对结构变量的使用，包括赋值、输入、输出、运算等都是通过结构变量的成员来实现的。

11.2.1 结构的引用和初始化

1．结构的引用

表示结构变量成员的一般格式如下：

结构变量名.成员名

运算符“.”表示访问结构成员，其左操作数必须是结构变量名，右操作数是结构的成员名。如果成员本身又是一个结构则必须逐级找到最低级的成员才能使用。例如，boy1.birthday.month，即第一个人出生的月份成员，可以在程序中单独使用，与普通变量完全相同。

如果结构不包含指针类型成员和动态数据结构成员，类型相同的结构可赋值。例如，“student 1=student 2;”是正确的赋值语句。其他情况只能访问结构成员。

例 11-1 给结构变量赋值并输出其值。

```
#include <stdio.h>
void main()
{
    struct student
    {
        int num;
        char *name;
        char sex;
        float score;
```

```
    } boy1,boy2;
    boy1.num=101;
    boy1.name="Peter";
    printf("input sex and score\n");
    scanf("%c %f",&boy1.sex,&boy1.score);
    boy2=boy1;
    printf("Number=%d\nName=%s\n",boy2.num,boy2.name);
    printf("Sex=%c\nScore=%f\n",boy2.sex,boy2.score);
}
```

本程序中用赋值语句给 num 和 name 两个成员赋值，name 是一个字符串指针变量。用 scanf 函数动态地输入 sex 和 score 成员值，然后把 boy1 的所有成员的值整体赋予 boy2。最后分别输出 boy2 的各个成员值。本例表示了结构变量的赋值、输入和输出的方法。

2. 结构的初始化

如果结构变量是静态存储类或外部存储类，则初始化语句表达式应为常量表达式。如果变量是自动存储类或寄存器存储类，则初始化语句表达式允许为任意表达式。

例 11-2 外部结构变量初始化。

```
struct student    /*定义结构*/
{
    int num;
    char *name;
    char sex;
    float score;
} boy2,boy1={101,"Peter",'M',90.5};
```

本例中 boy2、boy1 均被定义为外部结构变量，并对 boy1 作了初始化赋值。

例 11-3 静态结构变量初始化。

```
void main()
{
    static struct student    /*定义静态结构变量*/
    {
        int num;
        char *name;
        char sex;
        float score;
    }boy2,boy1={101,"Peter",'M',90.5};
    boy2=boy1;
}
```

本例是把 boy1、boy2 都定义为静态局部的结构变量，同样可以作初始化赋值。

11.2.2 结构数组

数组的元素也可以是结构类型的。因此可以构成结构型数组。结构数组的每一个元素都是具有相同结构类型的下标结构变量。在实际应用中，经常用结构数组来表示具有相同数据结构的一个群体，如一个班的学生档案、一个车间职工的工资表等。

结构数组的定义方法和结构变量相似，只需说明它为数组类型即可。例如：

```
struct student
{
    int num;
    char *name;
    char sex;
    float scorc;
}boy[6];
```

定义了一个结构数组 boy，共有 5 个元素，boy[0]～boy[5]。每个数组元素都具有 struct student 的结构形式。对外部结构数组或静态结构数组可以作初始化赋值。例如：

```
struct student
{
    int num;
    char *name;
    char sex;
    float score;
}boy[6]={
            {1001,"Rose","F",70},
            {1002,"Peter","M",90.5},
            {1003,"Tom","M",81},
            {1004,"Lisa","F",46.5},
            {1005,"Martin","M",53}
            {1006,"Robot","M",66}
        };
```

当对全部元素作初始化赋值时，也可不给出数组长度。

例 11-4　计算学生的平均成绩和不及格的人数。

```
#include <stdio.h>
struct student
{
    int num;
    char *name;
    char sex;
    float score;
} boy[6]={
            {1001,"Rose","F",70},
            {1002,"Peter","M",90.5},
            {1003,"Tom","M",81},
            {1004,"Lisa","F",46.5},
            {1005,"Martin","M",53}
            {1006,"Robot","M",66}
```

```
    };
    void main()
    {
        int i,c=0;
        float ave,s=0;
        for(i=0;i<6;i++)
        {
            s+=boy[i].score;
            if(boy[i].score<60) c+=1;
        }
        printf("s=%f\n",s);
        ave=s/6;
        printf("average=%f\n count=%d \n",ave,c);
    }
```

例 11-4 程序中定义了一个外部结构数组 boy，共 6 个元素，并作了初始化赋值。在 main 函数中用 for 语句逐个累加各元素的 score 成员值存于 s 之中，如 score 的值小于 60（不及格）则计数器 c 加 1，循环完毕后计算平均成绩，并输出全班总分、平均分和不及格人数。

11.2.3 结构指针变量

一个指针变量当用来指向一个结构变量时，称之为结构指针变量。结构指针变量中的值是所指向的结构变量的首地址。通过结构指针即可访问该结构变量，这与数组指针和函数指针的情况是相同的。

结构指针变量说明的一般格式如下：

struct 结构名*结构指针变量名;

例如，在前面的例 11-1 中定义了 student 这个结构，如要说明一个指向 student 的指针变量 p，可写为：

```
struct student *p;
```

当然也可在定义 student 结构的同时说明 p。与前面讨论的各类指针变量相同，结构指针变量也必须要先赋值后才能使用。赋值是把结构变量的首地址赋予该指针变量，不能把结构名赋予该指针变量。如果 boy 是被说明为 student 类型的结构变量，则 p=&boy 是正确的，而 p=&student 是错误的。

结构名和结构变量是两个不同的概念，不能混淆。结构名只能表示一个结构形式，编译系统并不对它分配内存空间。只有当某变量被说明为这种类型的结构时，才对该变量分配存储空间。因此上面&student 这种写法是错误的，不可能去取一个结构名的首地址。有了结构指针变量，就能更方便地访问结构变量的各个成员。其访问的一般格式如下：

(*结构指针变量).成员名　或　结构指针变量→成员名

例如，(*p).num 或 p->num。

应该注意(*p)两侧的括号不可少，因为成员符“.”的优先级高于“*”。如去掉括号写作*p.num，则等效于*(p.num)，这样意义就完全不对了。下面通过例子来说明结构指针变量的具体说明和使用方法。

例 11-5　结构指针变量。

```
#include <stdio.h>
```

```
struct student
{
    int num;
    char *name;
    char sex;
    float score;
} boy1={1001,"Peter",'M',90.5},*p;
void main()
{
    p=&boy1;
    printf("Number=%d\nName=%s\n",boy1.num,boy1.name);
    printf("Sex=%c\nScore=%f\n\n",boy1.sex,boy1.score);
    printf("Number=%d\nName=%s\n",(*p).num,(*p).name);
    printf("Sex=%c\nScore=%f\n\n",(*p).sex,(*p).score);
    printf("Number=%d\nName=%s\n",p->num,p->name);
    printf("Sex=%c\nScore=%f\n\n",p->sex,p->score);
}
```

本程序定义了一个结构 student，定义了 student 类型结构变量 boy1 并作了初始化赋值，还定义了一个指向 student 类型结构的指针变量 p。在 main 函数中，p 被赋予 boy1 的地址，因此 p 指向 boy1。然后在 printf 语句内用 3 种形式输出 boy1 的各个成员值。从运行结果可以看出：结构变量.成员名、(*结构指针变量).成员名、结构指针变量→成员名，这 3 种用于表示结构成员的形式是完全等效的。

结构指针变量可以指向一个结构数组，这时结构指针变量的值是整个结构数组的首地址。结构指针变量也可指向结构数组的一个元素，这时结构指针变量的值是该结构数组元素的首地址。

设 q 为指向结构数组的指针变量，则 q 也指向该结构数组的 0 号元素，q+1 指向 1 号元素，q+i 则指向 i 号元素。这与普通数组的情况是一致的。

例 11-6 用指针变量输出结构数组。

```
#include <stdio.h>
struct student
{
    int num;
    char *name;
    char sex;
    float score;
}boy[6]={
        {1001,"Rose","F",70},
        {1002,"Peter","M",90.5},
        {1003,"Tom","M",81},
        {1004,"Lisa","F",46.5},
        {1005,"Martin","M",53}
        {1006,"Robot","M",66}
```

```
    };
void main()
{
    struct student *q;
    printf("No\tName\t\t\tSex\tScore\t\n");
    for(q=boy;q<boy+6;q++)
        printf("%d\t%s\t\t%c\t%f\t\n",q->num,q->name,q->sex,q->score);
}
```

本程序中，定义了 student 结构类型的外部数组 boy 并作了初始化赋值。在 main 函数内定义 q 为指向 student 类型的指针。在 for 循环语句的表达式 1 中，q 被赋予 boy 的首地址，然后循环 6 次，输出 boy 数组中各成员值。应该注意的是，一个结构指针变量虽然可以用来访问结构变量或结构数组元素的成员，但是不能使它指向一个成员。也就是说，不允许取一个成员的地址来赋予它。例如，下面的赋值是错误的：

```
q=&boy[1].sex;
```

应该是“q=boy;”（赋予数组首地址）或者是“q=&boy[0];”（赋予 0 号元素首地址）。

11.3 结构的应用

在 C 语言标准中允许用结构变量作函数参数进行整体传送。但是这种传送要将全部成员逐个传送，特别是成员为数组时将会使传送的时间和空间开销很大，严重降低了程序的效率。因此最好的办法就是使用指针，即用指针变量作函数参数进行传送。这时由实参传向形参的只是地址，从而减少了时间和空间的开销。

例 11-7 用结构指针变量作函数参数编程，实现例 11-4，计算一组学生的平均成绩和不及格人数。

```
#include <stdio.h>
struct student
{
    int num;
    char *name;
    char sex;
    float score;
} boy[6]={
            {1001,"Rose","F",70},
            {1002,"Peter","M",90.5},
            {1003,"Tom","M",81},
            {1004,"Lisa","F",46.5},
            {1005,"Martin","M",53}
            {1006,"Robot","M",66}
        };
void main()
{
    struct student *q;
```

```
        void ave(struct student *q);
        q=boy;
        ave(q);
    }
    void ave(struct student *q)
    {
        int c=0,i;
        float ave,s=0;
        for(i=0;i<5;i++,q++)
         {
             s+=q->score;
             if(q->score<60) c+=1;
         }
        printf("s=%f\n",s);
        ave=s/5;
        printf("average=%f\ncount=%d\n",ave,c);
    }
```

本程序中定义了函数 ave，其形参为结构指针变量 q。boy 被定义为外部结构数组，因此在整个源程序中有效。在 main 函数中定义说明了结构指针变量 q，并把 boy 的首地址赋予它，使 q 指向 boy 数组。然后以 q 作实参调用函数 ave。在函数 ave 中完成计算平均成绩和统计不及格人数的工作并输出结果。与例 11-4 程序相比，由于本程序全部采用指针变量作运算和处理，故速度更快，程序效率更高。

例 11-8　输入学生信息，统计总分后输出学生信息。

```
#include <stdio.h>
struct data   /* 日期结构 */
{
    int year;     /* 年 */
    int month;    /* 月 */
    int day;      /* 日 */
};
struct student /* 学生信息结构 */
{
    char no[10];        /* 学号 */
    char name[8];       /* 姓名 */
    char sex[3];        /* 性别 */
    struct data birthday;   /* 出生日期 结构嵌套定义 */
    int score[4];       /* 3 门课的分数和总分 */
};
struct student stscore(struct student stud,int n) /*  统计总分 */
{
    int i;
    for (i=0;i<n;i++)
```

```
            stud.score[3]+=stud.score[i];
        return stud;
    }
    void main()
    {
        struct student stud1={"s20140001","Mike","M",{1990,6,17}, {80,76,63,0}};
        printf("student information: \n");
        printf("%s %s %s %4d %3d %3d %4d %4d %4d %4d\n",stud1.no,stud1.name,
        stud1.sex,stud1.birthday. year,stud1.birthday.month,stud1.birthday.day, stud1.score
        [0], stud1. score[1], stud1.score[2],stud1.score[3]);
        stud1=stscore(stud1,3);
        printf("output student information: \n");
        printf("%s %s %s %4d %3d %3d %4d %4d %4d %4d\n",stud1.no,stud1.name,
        stud1.sex,stud1.birthday.year,stud1.birthday.month,stud1.birthday.day,
        stud1.score[0],stud1.score[1],stud1.score[2],stud1.score[3]);
    }
```

程序运行结果：

```
student information:
s20140001 Mike M 1990    6  17    80   76   63    0
output student information:
s20140001 Mike M 1990    6  17    80   76   63 219
```

结构变量的赋值就是给各成员赋值，可用输入语句或赋值语句来完成。

11.4 动态结构类型

在数组一章中，曾介绍过数组的长度是预先定义好的，在整个程序中固定不变。C 语言中不允许动态数组类型，例如语句“int n; scanf ("%d",&n);int a[n];”中用变量表示长度，想对数组的大小作动态说明，这是错误的。但是在实际编程中，往往会发生这种情况，即所需的内存空间取决于实际输入的数据，而无法预先确定。对于这种问题，用数组的办法很难解决。

为了解决上述问题，C 语言提供了一些内存管理函数，这些内存管理函数可以按需要动态地分配内存空间，也可把不再使用的空间回收待用，为有效地利用内存资源提供了手段。内存管理函数包含在 stdlib.h 头文件中，有些编译系统包含在 malloc.h 头文件中。常用的内存管理函数有以下 3 个。

1. 分配内存空间函数 malloc

函数调用格式如下：

```
(类型说明符*)malloc(size);
```

函数功能：在内存的动态存储区中分配一块长度为 size 字节的连续区域。

函数的返回值为该区域的首地址。“类型说明符”表示把该区域用于何种数据类型。(类型说明符*)表示把返回值强制转换为该类型指针。size 是一个无符号数。例如：

```
p=(char *) malloc (10);
```

表示分配 10 个字节的内存空间，并强制转换为字符数组类型，函数的返回值为指向该字符数组的指针，把该指针赋予指针变量 p。

2. 分配内存空间函数 calloc

函数调用格式如下：

```
(类型说明符*)calloc(n, size);
```

函数功能：在内存动态存储区中分配 n 块长度为 size 字节的连续区域。

函数的返回值为该区域的首地址。(类型说明符*)用于强制类型转换。calloc 函数与 malloc 函数的区别仅在于一次可以分配 n 块区域。例如：

```
p=(struct student *)calloc(2, sizeof(struct student));
```

其中的 sizeof(struct student)是求 student 的结构长度。因此该语句的意思是，按 student 的长度分配两块连续区域，强制转换为 student 类型，并把其首地址赋予指针变量 p。

3. 释放内存空间函数 free

函数调用格式如下：

```
free(void*p);
```

函数功能：释放 p 所指向的一块内存空间，p 是一个任意类型的指针变量，它指向被释放区域的首地址。被释放区应是由 malloc 或 calloc 函数所分配的区域。

例 11-9　输入一个学生数据到分配区域。

```
#include <stdio.h>
#include <stdlib.h>      /*或#include <malloc.h>*/
void main()
{
    struct student
    {
        int num;
        char *name;
        char sex;
        float score;
    } *p;
    p=(struct student *)malloc(sizeof(struct student));
    p->num=1001
    p->name="Peter";
    p->sex='M';
    p->score=90.5;
    printf("Number=%d\nName=%s\n",p->num,p->name);
    printf("Sex=%c\nScore=%f\n",p->sex,p->score);
    free(p);
}
```

例 11-9 中，定义了结构 student 以及 student 类型指针变量 p。然后分配一块 student 大内存区，并把首地址赋予 p，使 p 指向该区域。再以 p 为指向结构的指针变量对各成员赋值，并用 printf 语句输出各成员值。最后用 free 函数释放 p 指向的内存空间。

整个程序包含了申请内存空间、使用内存空间、释放内存空间 3 个步骤，实现存储空间的动态分配。链表的概念在本例中采用了动态分配的办法为一个结构分配内存空间。每一次分配一块空间可用来存放一个学生的数据，可称之为一个结点。有多少个学生就应该申请分配多少块内存空间，也就是说要建立多少个结点。当然用结构数组也可以完成上述工作，但如果预先不能准确把握学生人数，也就无法确定数组大小。而且，当学生留级、退学之后也不能把该元素占用的空间从数组中释放出来。用动态存储的方法可以很好地解决这些问题。

使用动态分配时，每个结点之间可以是不连续的。结点之间的联系用指针实现，即在结点结构中定义一个成员项用来存放下一结点的首地址，用于存放地址的成员，常把它称为指针域。在第一个结点的指针域内存入第二个结点的首地址，在第二个结点的指针域内存放第三个结点的首地址，如此连下去直到最后一个结点。这样连接方式，在数据结构中称为“链表”。链表中的每一个结点都是同一种结构类型。

例如，一个存放学生学号和成绩的结点应为以下结构：

```
struct student
{
    int num;
    int score;
    struct student *next;
}
```

前两个成员项组成数据域，后一个成员项 next 构成指针域，它是一个指向 student 类型结构的指针变量。

例 11-10 建立链表、删除结点、插入结点的函数组织在一起，再建一个输出全部结点的函数，然后用 main 函数调用它们。

```
#include <stdio.h>
#include <stdlib.h>      /*或#include <malloc.h>*/
#define NULL 0
#define TYPE struct student
#define LEN sizeof(struct student)
struct student
{
    int num;
    int age;
    struct student *next;
};
TYPE * create(int n)
{
    struct student *head,*pf,*pb;
    int i;
    for(i=0;i<n;i++)
    {
        pb=(TYPE *)malloc(LEN);
        printf("input Number and Age\n");
        scanf("%d%d",&pb->num,&pb->age);
        if(i==0)
            pf=head=pb;
        else pf->next=pb;
```

```
            pb->next=NULL;
            pf=pb;
        }
        return(head);
}
TYPE *delete(TYPE * head,int num)
{
        TYPE *pf,*pb;
        if(head==NULL)
        {
                printf("\nempty list!\n");
                goto end;
        }
        pb=head;
        while (pb->num!=num && pb->next!=NULL)
                {pf=pb;pb=pb->next;}
        if(pb->num==num)
        {
                if(pb==head) head=pb->next;
                else pf->next=pb->next;
                printf("The node is deleted\n");
        }
        else free(pb);
        printf("The node not been found!\n");
        end: return head;
}
TYPE * insert(TYPE * head,TYPE * pi)
{
        TYPE *pb ,*pf;
        pb=head;
        if(head==NULL)
        {
                head=pi;
                pi->next=NULL;
        }
        else
        {
                while((pi->num>pb->num)&&(pb->next!=NULL))
                {
                        pf=pb;
                        pb=pb->next;
                }
```

```
                if(pi->num<=pb->num)
                {
                        if(head==pb) head=pi;
                        else pf->next=pi;
                        pi->next=pb;
                }
                else
                {
                        pb->next=pi;
                        pi->next=NULL;
                }
        }
        return head;
}
void print(TYPE *head)
{
        printf("Number\t\tAge\n");
        while(head!=NULL)
        {
                printf("%d\t\t%d\n",head->num,head->age);
                head=head->next;
        }
}
void main()
{
        TYPE *head,*pnum;
        int n,num;
        printf("input number of node: ");
        scanf("%d",&n);
        head=create(n);
        print(head);
        printf("Input the deleted number: ");
        scanf("%d",&num);
        head=delete(head,num);
        print(head);
        printf("Input the inserted number and age: ");
        pnum=(TYPE *)malloc(LEN);
        scanf("%d%d",&pnum->num,&pnum->age);
        head=insert(head,pnum);
        print(head);
}
```

本例中，print 函数用于输出链表中各个结点数据域值。函数的形参 head 的初值指向链表第一个结点。在 while 语句中，输出结点值后，head 值被改变，指向下一结点。若保留头指针 head，则应另设一个指针变量，把 head 值赋予它，再用它来替代 head。在 main 函数中，n 为建立结点的数目，num 为待删结点的数据域值，head 为指向链表的头指针，pnum 为指向待插结点的指针。

main 函数中的意义是：输入所建链表的结点数；调用 create 函数建立链表并把头指针返回给 head；调用 print 函数输出链表；输入待删结点的学号；调用 delet 函数删除一个结点；调用 print 函数输出链表；调用 malloc 函数分配一个结点的内存空间，并把其地址赋予 pnum；输入待插入结点的数据域值；调用 insert 函数插入 pnum 所指的结点；再次调用 print 函数输出链表。

从运行结果看，首先建立起 3 个结点的链表，并输出其值；再删 103 号结点，只剩下 105、108 号结点；又输入 106 号结点数据，插入后链表中的结点为 105、106、108。

11.5　联合

联合也是一种构造类型的数据结构，也称作联合体或共用体。在一个“联合”内可以定义多种不同的数据类型，一个被说明为该“联合”类型的变量中，允许装入该“联合”所定义的任何一种数据。这在前面的各种数据类型中都是办不到的，如定义为整型的变量只能装入整型数据，定义为实型的变量只能赋予实型数据。

例如，在学校的教师和学生中填写以下表格：姓名、年龄、职业、单位，其中，“单位”一项学生应填入班级编号，教师应填入某系某教研室。班级可用整型量表示，教研室只能用字符类型。要求把这两种类型不同的数据都填入“单位”这个变量中，就必须把“单位”定义为包含整型和字符型数组这两种类型的“联合”，要么赋予整型值，要么赋予字符串，不能把两者同时赋予它。

11.5.1　联合的定义

定义一个联合类型的一般格式如下：

```
union 联合名
{
      成员表;
};
```

成员表中含有若干成员，成员的一般形式如下：

```
类型说明符 成员名;
```

其中，成员名的命名应符合标识符的规定。例如：

```
union department
{
    int class;
    char office[20];
};
```

定义了一个名为 department 的联合类型，它含有两个成员：一个为整型，成员名为 class；另一个为字符数组，数组名为 office。联合定义之后，即可进行联合变量说明，被说明为 department 类型的变量，可以存放整型量 class 或存放字符数组 office。

联合变量的说明和结构变量的说明方式相同，也有 3 种形式，即先定义再说明、定义同时说明以及直接说明。以 department 类型为例，说明如下：

```
union department
```

```
{
    int class;
    char office[20];
};
union department a,b;   /*说明a,b为department类型*/
```

或者可同时说明为：

```
union department
{
    int class;
    char office[20];
}a,b;
```

经说明后的a、b变量均为department类型。a、b变量的长度应等于department的成员中最长的长度，即等于office数组的长度，共20个字节。a、b变量如赋予整型值时，只使用了2个字节，而赋予字符数组时，可用20个字节。

11.5.2 联合变量的赋值和引用

对联合变量的赋值、引用都只能是对变量的成员进行。联合变量的成员表示如下：

联合变量名.成员名;

例如，a被说明为department类型的变量之后，可使用a.class、a.office，不允许只用联合变量名作赋值或其他操作。还要再强调说明的是，一个联合变量，每次只能赋予一个成员值。换句话说，一个联合变量的值就是联合变员的某一个成员值。

例11-11 设有一个教师与学生通用的表格，教师数据有姓名、年龄、职业、教研室4项。学生有姓名、年龄、职业、班级4项。编程输入人员数据，再以表格输出。

```
void main()
{
    struct
    {
        char name[30];
        int age;
        char job;
        union
        {
            int class;
            char office[20];
        }department;
    }body[2];
    int n,i;
    for(i=0;i<2;i++)
    {
        printf("input name,age,job and department\n");
        scanf("%s %d %c",body[i].name,&body[i].age,&body[i].job);
```

```
            if(body[i].job=='s')
                scanf("%d",&body[i]. department.class);
            else
                scanf("%s",body[i]. department.office);
        }
        printf("name\tage job class/office\n");
        for(i=0;i<2;i++)
        {
            if(body[i].job=='s')
                printf("%s\t%3d %3c %d\n",body[i].name,body[i].age,body[i].job,body[i].
                department .class);
            else
                printf("%s\t%3d %3c %s\n",body[i].name, body[i].age,body[i].job,body[i].
                department.office);
        }
    }
```

本程序用一个结构数组 body 来存放人员数据，该结构共有 4 个成员。其中，成员项 department 是一个联合类型，这个联合又由两个成员组成：一个为整型量 class；一个为字符数组 office。在程序的第一个 for 语句中，输入人员的各项数据，先输入结构的前 3 个成员 name、age 和 job，然后判别 job 成员项。

在用 scanf 语句输入时要注意，凡为数组类型的成员，无论是结构成员还是联合成员，在该项前不能再加&运算符。如程序第 18 行中 body[i].name 是一个数组类型，第 22 行中的 body[i]. department.office 也是数组类型，因此在这两项之间不能加&运算符。

11.5.3 联合和结构的差异

“联合”与“结构”有一些相似之处。但两者有本质上的不同。在结构中各成员有各自的内存空间，一个结构变量的总长度是各成员长度之和。而在“联合”中，各成员共享一段内存空间，一个联合变量的长度等于各成员中最长的长度。应该说明的是，这里所谓的共享不是指把多个成员同时装入一个联合变量内，而是指该联合变量可被赋予任一成员值，但每次只能赋一种值，赋入新值则删去旧值。联合类型必须经过定义之后，才能把变量说明为该联合类型。不能对联合变量初始化，但可以对结构变量初始化。不能把联合变量作为函数参数，但结构变量可以作为函数参数。

11.6 枚举类型

11.6.1 枚举类型的定义

枚举类型定义的一般格式如下：

```
enum 类型名{标识符表};
```

例如，定义一个颜色枚举类型如下：

```
enum COLOR{red, orange, yellow, green, blue, purple };
```

其中，enum 是保留字；red、orange、yellow、green、blue、purple 是 COLOR 的值常量，即 COLOR 只能有对应的 6 个值。枚举类型是有序类型，即 red 为 0，orange 为 1，yellow 为 2，green 为 3，blue 为 4，purple 为 5 等，因此下述语句都是错误的：

```
enum CHARACTER{'A','B','C','D'};    /* 错误 */
enum INT{1,2,3,4,5};                /* 错误 */
```

枚举类型常量的可以重新定义。例如：

```
enum COLOR{ red, orange=6, yellow, green, blue, purple };
```

其中，red 为 0，orange 为 6，yellow 为 7，green 为 8，blue 为 9，purple 为 10。

枚举变量定义的一般格式如下：

```
    enum 类型名 变量表;
```

例如，定义颜色枚举类型变量：

```
enum COLOR c1, c2;
```

11.6.2 枚举类型的赋值和使用

1）枚举型变量可赋枚举值常量，但不能赋序号。例如：

```
enum COLOR{ red,orange,yellow,green,blue,purple };
enum COLOR c1,c2,c3= blue;
c1=red; c2= green;
c1=0; c2=3;                 /* 错误 */
c1=(enum COLOR)0;           /* 正确 */
c2=(enum COLOR)3;           /* 正确 */
```

2）枚举型可进行比较。例如（参数同上）：c1==c2，值为 0；c2>c1，值为 1；c2! =c1，值为 1。

3）枚举型数据不能直接输入、输出，需编一段程序实现。

① 枚举型数据输入：

```
    printf("输入颜色代码(0,1,2,3,4,,5)：");
    scanf("%d",&code);
    switch (code)
    {
        case 0: c1=red;break;
        case 1: c1= orange;break;
        case 2: c1= yellow;break;
        case 3: c1= green;break;
        case 4: c1= blue;break;
        case 5: c1= purple;break;
        default: printf("输入颜色代码错误!\n");exit(1);
    }
```

② 枚举型数据输出：

```
    switch (c1)
    {
        case red: printf("red\n");break;
        case orange: printf("orange\n";break;
```

```
            case yellow: printf("yellow\n");break;
            case green: printf("green\n");break;
            case blue: printf("blue\n");break;
            case purple: printf("purple\n");break;
    }
```

例 11-12　用枚举数组输出颜色。

```
#include <stdio.h>
void main()
{
    enum COLOR{ red,orange,yellow,green,blue,purple };/* 颜色枚举类型 */
    enum COLOR c[6]={(enum COLOR)0,(enum COLOR)1,(enum COLOR)2,
        (enum COLOR)3,(enum COLOR)4, (enum COLOR)5};   /* 颜色数组 */
    int i;
    printf("输出颜色: \n");
    for (i=0;i<6;i++)
        switch (c[i])
        {   case red: printf("red\n");break;
            case orange: printf("orange\n");break;
            case yellow: printf("yellow\n");break;
            case green: printf("green\n");break;
            case blue: printf("blue\n");break;
            case purple: printf("purple\n");break;
        }
}
```

程序运行结果：

```
输出颜色:
red
orange
yellow
green
blue
purple
```

11.7　使用 typedef

结构类型定义也可应用关键字 typedef 声明定义一个结构类型别名，其一般格式如下：

```
typedef 类型 类型别名;
```

类型别名不是一个新类型，仅仅是已有类型的一个别名。例如：

```
typedef struct ymd        /* 日期结构 */
{
    int year;       /* 年 */
```

```
        int month;    /* 月 */
        int day;      /* 日 */
    }DATE;    /* 日期结构类型别名 */
    typedef struct pupil    /* 学生信息结构 */
    {
        char no[10];        /* 学号 */
        char name[9];       /* 姓名 */
        char sex[3];        /* 性别 */
        DATE birthday;      /* 出生日期 结构嵌套定义 */
        int score[4];   /* 3 门课的分数和总分 */
    } STUDENT; /* 学生信息结构类型别名 */
```

结构类型定义，还有以下两种不常用的格式：

```
    struct 结构名                    struct
    {                               {
        成员名表                          成员名表
    }变量名表;                       }变量名表;
```

注意，结构类型名不是变量名，不分配内存空间，仅仅是为结构类型变量名分配内存空间的一个样板。

本章小结

1. 结构和联合是两种构造类型的数据，是用户定义新数据类型的重要手段。结构和联合有很多的相似之处，它们都由成员组成。成员可以具有不同的数据类型。成员的表示方法相同，都可以使用 3 种方式作变量说明。

2. 在结构变量中，各成员都占有自己的内存空间，它们是同时存在的。一个结构变量的总长度等于所有成员长度之和。在联合中，所有成员不能同时占用它的内存空间，它们不能同时存在。联合变量的长度等于最长的成员的长度。

3. "." 是成员运算符，可用它表示成员项，成员还可用 "→" 运算符来表示。

4. 结构变量可以作为函数参数，函数也可返回指向结构的指针变量。而联合变量不能作为函数参数，函数也不能返回指向联合的指针变量，但可以使用指向联合变量的指针，也可使用联合数组。

5. 结构定义允许嵌套，结构中也可用联合作为成员，形成结构和联合的嵌套。

6. 枚举类型是一种基本数据类型。

7. 类型定义 typedef 向用户提供了一种自定义类型说明符的手段。

习题与实训

一、习题

写出下面程序的运行结果。

1.

```
#include <stdio.h>
```

```
struct Stt
{
        char ch1,ch2;
        int n; long m;
        float x; double y;
        int a[10];
};
void main()
{
        struct Stt a;
        printf("输出  1: %u\n",sizeof(struct Stt));
        printf("输出  2: %d\n",sizeof(a));
}
```

2.

```
#include <stdio.h>
struct group
{
        int *p;
        char a[5];
        double z;
};
void main()
{
        int n1=10,n2=20,n3=30;
        struct group x[3]={{&n1,"ABCD",10.75},{&n2,"abcd",20.75},{&n3,"xxxx",30.75}};
        struct group *xp=x;
        printf("输出  1: %d\n",*x[0].p);
        printf("输出  2: %d\n",*xp->p);
        printf("输出  3: %f\n",(*xp).z);
        printf("输出  4: %f\n",++xp->z);
        printf("输出  5: %s\n",(++xp)->a);
 }
```

二、实训

（一）实训目的

1. 了解或掌握结构体类型、结构体变量结构体数组的定义和使用。
2. 了解或掌握链表的概念，对链表进行操作。
3. 了解或掌握共用体的概念与使用。
4. 了解或掌握枚举类型、枚举变量的使用。

（二）实训内容

1. 某班有 10 位学生，每位学生的数据包括学号、姓名、性别、3 门课成绩，要求按名次输出一张成绩单。

格式如下:

名次	姓名	性别	英语	数学	语文	平均分
1						
2						
⋮						
10						

2. 写一个链表操作演示程序。菜单如下:

链表操作演示

1—向链表中插入一个结点

2—显示链表中的数据

0—退出演示

请选择（0—2）

要求每个结点的数据包括一个整数和指向下一个结点的指针。

3. 将 4 个字节拼成 long 型数，这 4 个字符为'a', 'b', 'c', 'd'。写一函数，把由这 4 个字符连续组成的 4 个字节内容作为一个 long int 数输出。

4. 口袋中有红、黄、蓝、白、黑 5 种颜色的球若干个，每次从口袋中取出 3 个。求得到 3 种不同色球的可能取法，并打印每种组合的 3 种颜色（用枚举类型）。

第 12 章　文　　件

存储在内存储器的信息集合，一般称为表，如数组。存储在外部介质上的信息集合称为文件，如磁盘文件。本章讨论磁盘数据文件的基本概念和文件处理的主要库函数。

12.1　文件概述

所谓文件是指一组相关数据的有序集合。实际上在前面的各章中已经多次使用了文件，如源程序文件、目标文件、可执行文件、库文件（头文件）等。文件通常是驻留在外部介质（如磁盘等）上的，在使用时才调入内存中来。从不同的角度可对文件作不同的分类。从用户的角度看，文件可分为普通文件和设备文件两种。

普通文件是指驻留在磁盘或其他外部介质上的一个有序数据集，可以是源文件、目标文件、可执行程序；也可以是一组待处理的原始数据，或者是一组输出的结果。对于源文件、目标文件、可执行程序可以称作程序文件，对输入/输出数据可称作数据文件。

设备文件是指与主机相连的各种外部设备，如显示器、打印机、键盘等。在操作系统中，把外部设备也看作是一个文件来进行管理，把它们的输入和输出等同于对磁盘文件的读和写。通常把显示器定义为标准输出文件，一般情况下在屏幕上显示有关信息就是向标准输出文件输出。如前面经常使用的 printf、putchar 函数就是这类输出。键盘通常被指定为标准的输入文件，从键盘上输入就意味着从标准输入文件上输入数据，scanf、getchar 函数就属于这类输入。磁盘既可作为输入设备，也可作为输出设备，因此，有磁盘输入文件和磁盘输出文件。

在 C 语言中，文件是字符（字节）的序列，称为字节流，或二进制流。根据数据的组织形式，C 语言文件可分为 ASCII 码文件（又称文本文件，或正文文件）和二进制文件。

例如，整数 1025 在这两种文件中的存储形式是不同的，如图 12-1 所示。

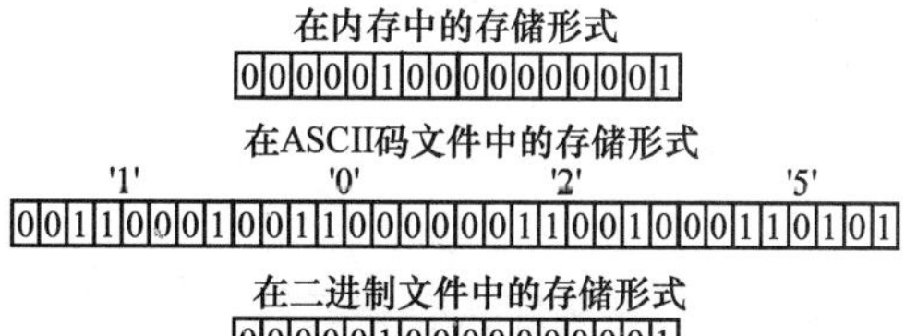

图 12-1　文件的存储形式

二进制文件的存储形式与数据在内存中的存储形式相同，读写是位复制，不需要转换，传输效率高，节省外存空间。ASCII 码文件是以字符形式存储，读写需要转换，传输效率低，占用外存空间较大。这两种文件都是常用的文件。

写文件是从内存向磁盘输出数据。首先将内存中的数据送到文件缓冲区，待文件缓冲区满，再写入磁盘。读文件是从磁盘读出数据存入内存。首先从磁盘读出一批数据送到文件缓冲区，然后从文件缓冲区取出数据存入内存。

文件处理必须包含 3 个基本过程：打开文件、读或写、关闭文件，如图 12-2 所示。

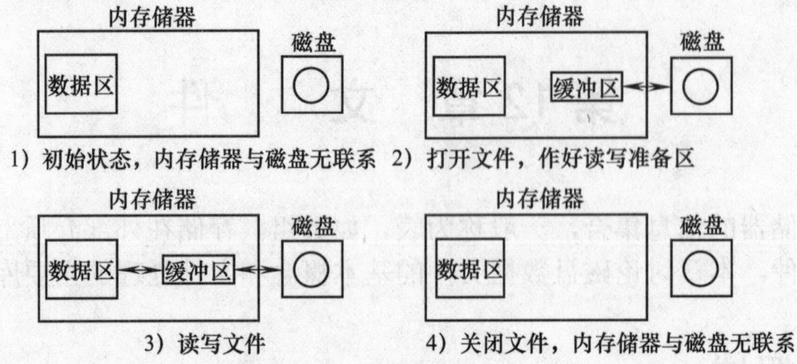

图 12-2　打开文件、读或写、关闭文件

12.2　文件类型指针

在C语言中用一个指针变量指向一个文件，这个指针称为文件指针。通过文件指针就可对它所指的文件进行各种操作。

使用文件必须包含库头文件 stdio.h，且要先定义。文件定义的一般格式如下：

FILE 文件指针；

其中，FILE 是文件缓冲区的类型名，必须大写；文件指针是指向文件缓冲区的指针。

FILE 实际上是由系统定义的一个结构，在库头文件 stdio.h 中定义：

```
typedef struct
{
    short           level;
    unsigned        flags;
    char            fd;
    unsigned char   hold;
    short           bsize;
    unsigned char   *buffer;
    unsigned char   *curp;
    unsigned        istemp;
    short           token;
}FILE;
```

可以看出，该结构中含有文件名、文件状态和文件当前位置等信息。在编写源程序时不必关心 FILE 结构的细节。

例如，"FILE *fp;"表示 fp 是指向 FILE 结构的指针变量，通过 fp 即可找存放某个文件信息的结构变量，然后按结构变量提供的信息找到该文件，实施对文件的操作。习惯上也把 fp 称为指向一个文件的指针。文件在进行读写操作之前要先打开，使用完毕要关闭。所谓打开文件，实际上是建立文件的各种有关信息，并使文件指针指向该文件，以便进行其他操作。关闭文件则断开指针与文件之间的联系，也就禁止再对该文件进行操作。

在C语言中，文件操作都是由库函数来完成的。下面将介绍主要的文件操作函数。

12.3　文件的打开与关闭

12.3.1　文件的打开（fopen 函数）

利用 fopen 函数来打开一个文件。它的一般调用格式如下：

```
fopen(文件说明符,模式);
```

其中，文件说明符指定打开的文件名，可以包含盘符、路径、文件名，是字符串；模式指定打开的文件读写方式，是字符串，必须小写，可选参数如下。

1）文本文件（默认参数 t 可以不写）：r（只读）；r+（读写）；w（只写）；w+（读写）；a（追加，写）；a+（追加，读写）。

2）二进制文件（参数 b 表示二进制）：rb（只读）；rb+（读写）；wb（只写）；wb+（读写）；ab（追加，写）；ab+（追加，读写）。

选择读写模式，打开文件时，当前文件指针指向文件开始；选择追加模式，打开文件时，当前文件指针指向文件末尾。要特别注意，打开已存在文件，如果错选 w 模式或 wb 模式，文件中的数据全部丢失。

对于文件使用方式，还有以下几点说明：

1）文件使用方式由 r、w、a、t、b、+这 6 个字符拼成，各字符的含义如下：r（read），读；w（write），写；a（append），追加；t（text），文本文件，可省略不写；b（banary），二进制文件；+，读和写。

2）凡用 r 模式打开一个文件时，该文件必须已经存在，且只能从该文件读出。

3）用 w 模式打开的文件只能向该文件写入。若打开的文件不存在，则以指定的文件名建立该文件，若打开的文件已经存在，则将该文件删去，重建一个新文件。

4）若要向一个已存在的文件追加新的信息，只能用 a 模式打开文件。但此时该文件必须是存在的，否则将会出错。

5）在打开一个文件时，如果出错，fopen 函数将返回一个空指针值 NULL。在程序中可以用这一信息来判别是否完成打开文件的工作，并作相应的处理。

常用以下程序段打开文件：

```
if((fp=fopen("c:\\c language1","rb")==NULL)
{
    printf("\nerror on open c:\\ c language1 file!");
    getch();
    exit(1);
}
```

这段程序的意义是如果返回的指针为空，表示不能打开 C 盘根目录下的 hzk16 文件，则给出提示信息“error on open c:\\ c language1file!”，下一行 getch 函数的功能是从键盘输入一个字符，但不在屏幕上显示。在这里，该行的作用是等待，只有当用户从键盘按任一键时，程序才继续执行，因此用户可利用这个等待时间阅读出错提示。按键后执行“exit (1)”语句退出程序。

6）把一个文本文件读入内存时，要将 ASCII 码转换成二进制码，而把文件以文本的方式写入磁盘时，也要把二进制码转换成 ASCII 码，因此文本文件的读写要花费较多的转换时间。对二进制文件的读写不存在这种转换。

7）标准输入文件（键盘），标准输出文件（显示器），标准出错输出（出错信息）是由系统打开的，可直接使用。

12.3.2　文件的关闭（fclose 函数）

关闭文件需调用库 fclose 函数。它的一般调用格式如下：

fclose(文件指针);

文件一旦使用完毕，应用关闭文件函数把文件关闭，以避免文件的数据丢失等错误。正常完成关闭文件操作时，fclose 函数返回值为 0，如返回非零值则表示有错误发生。

12.4　文件的读写

文件的读写对文件的读和写是最常用的文件操作。在 C 语言中提供了多种文件读写的函数。

1）字符读写函数：fgetc 和 fputc。

2）字符串读写函数：fgets 和 fputs。

3）数据块读写函数：freed 和 fwrite。

4）格式化读写函数：fscanf 和 fprinf。

使用以上函数都要求包含头文件 stdio.h。

12.4.1　字符读写函数

字符读写函数是以字符（字节）为单位的读写函数。每次可从文件读出或向文件写入一个字符。

1．读字符函数 fgetc

fgetc 函数的功能是从指定的文件中读一个字符，函数调用的格式如下：

字符变量=fgetc(文件指针);

例如，“ch=fgetc(fp);”，其意义是从打开的文件 fp 中读取一个字符并送入 ch 中。

对于 fgetc 函数的使用，有以下几点说明：

1）在fgetc函数调用中，读取的文件必须是以读或读写方式打开的。

2）读取字符的结果也可以不向字符变量赋值，但是读出的字符不能保存。

3）在文件内部有一个位置指针，用来指向文件的当前读写字节。在文件打开时，该指针总是指向文件的第一个字节。使用fgetc函数后，该位置指针将向后移动一个字节。因此可连续多次使用fgetc函数，读取多个字符。应注意文件指针和文件内部的位置指针不是一回事。文件指针是指向整个文件的，需在程序中定义说明，只要不重新赋值，文件指针的值是不变的。文件内部的位置指针用以指示文件内部的当前读写位置，每读写一次，该指针均向后移动，它不需在程序中定义说明，而是由系统自动设置的。

例 12-1　从文件中逐个读取字符并在屏幕上输出。

```
#include <stdio.h>
void main()
{
        FILE *fp1;
```

```
        char ch;
        if((fp1=fopen("game1. c","rt"))==NULL)
        {
                printf("Cannot open file strike any key exit!");
                getch();
                exit(1);
        }
        ch=fgetc(fp1);
        while (ch!=EOF)
        {
                putchar(ch);
                ch=fgetc(fp1);
        }
        fclose(fp1);
    }
```

本程序定义了文件指针 fp1，以读文本文件方式打开文件 game1.c，并使 fp1 指向该文件。如打开文件出错，给出提示并退出程序。程序第 12 行先读出一个字符，然后进入循环，只要读出的字符不是文件结束标志（每个文件末有一结束标志 EOF）就把该字符显示在屏幕上，再读入下一字符。每读一次，文件内部的位置指针向后移动一个字符，文件结束时，该指针指向 EOF。执行本程序将显示整个文件。

2. 写字符函数 fputc

fputc 函数的功能是把一个字符写入指定的文件中，函数调用的格式如下：

fputc(字符量, 文件指针);

其中，待写入的字符量可以是字符常量或变量。例如，“fputc('a', fp);”，其意义是把字符 a 写入 fp 所指向的文件中。

对于 fputc 函数的使用，也要说明几点：

1）被写入的文件可以用写、读写、追加方式打开。用写或读写方式打开一个已存在的文件时将清除原有的文件内容，写入字符从文件首开始。如需保留原有文件内容，希望写入的字符从文件末开始存放，必须以追加方式打开文件。被写入的文件若不存在，则创建该文件。

2）每写入一个字符，文件内部位置指针向后移动一个字节。

3）fputc函数有一个返回值，如写入成功则返回写入的字符，否则返回一个EOF。可用此来判断写入是否成功。

例 12-2　从键盘输入一行字符，写入一个文件，再把该文件内容读出显示在屏幕上。

```
#include <stdio.h>
main()
{
    FILE *fp;
    char ch2;
    if((fp=fopen("string1","wt+"))==NULL)
    {
```

```
            printf("Cannot open file strike any key exit!");
            getch();
            exit(1);
        }
        printf("input a string:\n");
        ch2=getchar();
        while(ch2!='\n')
        {
            fputc(ch2,fp);
            ch2=getchar();
        }
        rewind(fp);
        ch2=fgetc(fp);
        while(ch2!=EOF)
        {
            putchar(ch2);
            ch2=fgetc(fp);
        }
        printf("\n");
        fclose(fp);
    }
```

程序中第 6 行以读写文本文件方式打开文件 string1。第 13 行从键盘读入一个字符后进入循环，当读入字符不为回车符时，则把该字符写入文件之中，然后继续从键盘读入下一字符。每输入一个字符，文件内部位置指针向后移动一个字节。写入完毕，该指针已指向文件末。如要把文件从头读出，须把指针移向文件头。第 19 行 rewind 函数用于把 fp 所指文件的内部位置指针移到文件头。第 20～25 行用于读出文件中的一行内容。

12.4.2 字符串读写函数

1. 读字符串函数 fgets

fgets 函数的功能是从指定的文件中读一个字符串到字符数组中，函数调用的格式如下：

fgets(字符数组名, n, 文件指针);

其中，n 是一个正整数，表示从文件中读出的字符串不超过 n–1 个字符。在读入的最后一个字符后加上串结束标志'\0'。例如，“fgets (str,n,fp);”的意义是从 fp 所指的文件中读出 n–1 个字符送入字符数组 str 中。

例 12-3 从 game2.c 文件中读出一个含 20 个字符的字符串。

```
#include <stdio.h>
main()
{
    FILE *fp;
    char str[21];
    if((fp=fopen("game2.c","rt"))==NULL)
```

```
        {
            printf("Cannot open file strike any key exit!");
            getch();
            exit(1);
        }
        fgets(str,21,fp);
        printf("%s",str);
        fclose(fp);
    }
```

本例定义了一个字符数组 str 共 21 个字节，在以只读文本文件方式打开文件 game2.c 后，从中读出 20 个字符送入 str 数组，在数组最后一个单元内将加上'\0'，然后在屏幕上显示输出 str 数组。输出的 10 个字符正是例 12-1 程序的前 20 个字符。

对 fgets 函数有两点说明：

1）在读出 n−1 个字符之前，如遇到了换行符或 EOF，则读出结束。

2）fgets 函数也有返回值，其返回值是字符数组的首地址。

2．写字符串函数 fputs

fputs 函数的功能是向指定的文件写入一个字符串，其调用格式如下：

    fputs(字符串，文件指针);

其中，字符串可以是字符串常量，也可以是字符数组名，或指针变量。例如，“fputs ("abcd", fp);”的意义是把字符串"abcd"写入 fp 所指的文件之中。

例 12-4　在例 12-2 中建立的文件 string1 中追加一个字符串。

```
#include <stdio.h>
main()
{
    FILE *fp;
    char ch,st[30];
    if((fp=fopen("string1","at+"))==NULL)
    {
        printf("Cannot open file strike any key exit!");
        getch();
        exit(1);
    }
    printf("input a string:\n");
    scanf("%s",st);
    fputs(st,fp);
    rewind(fp);
    ch=fgetc(fp);
    while(ch!=EOF)
    {
        putchar(ch);
        ch=fgetc(fp);
```

```
    }
    printf("\n");
    fclose(fp);
}
```

例 12-4 要求在 string1 文件末加写字符串，因此在程序第 6 行以追加读写文本文件的方式打开文件 string1。然后输入字符串，并用 fputs 函数把该串写入文件 string1。第 15 行用 rewind 函数把文件内部位置指针移到文件首，再进入循环逐个显示当前文件中的全部内容。

12.4.3 数据块读写函数

C 语言还提供了用于整块数据的读写函数，可用来读写一组数据，如一个数组元素、一个结构变量的值等。

读数据块函数调用的一般格式如下：

```
fread(buffer, size, count, fp);
```

写数据块函数调用的一般格式如下：

```
fwrite(buffer, size, count, fp);
```

其中，buffer 是一个指针，在 fread 函数中，它表示存放输入数据的首地址；在 fwrite 函数中，它表示存放输出数据的首地址。size 表示数据块的字节数。count 表示要读写的数据块块数。fp 表示文件指针。

例如，“fread (fa, 4, 5, fp);”，其意义是从 fp 所指的文件中，每次读 4 个字节（一个实数）送入实数组 fa 中，连续读 5 次，即读 5 个实数到 fa 中。

例 12-5 从键盘输入两个学生数据，写入一个文件中，再读出这两个学生的数据显示在屏幕上。

```
#include <stdio.h>
struct student2
{
        char name[20];
        int num;
        int age;
        char addr[30];
}boy1[2],boy2[2],*p1,*p2;
main()
{
    FILE *fp;
    char ch;
    int i;
    p1= boy1;
    p2= boy2;
    if((fp=fopen("stu_list","wb+"))==NULL)
    {
        printf("Cannot open file strike any key exit!");
```

```
            getch();
            exit(1);
        }
        printf("\ninput data\n");
        for(i=0;i<2;i++, p1++)
            scanf("%s%d%d%s", p1->name,& p1->num,& p1->age, p1->addr);
        p1= boy1;
        fwrite(p1,sizeof(struct student2),2,fp);
        rewind(fp);
        fread(p2,sizeof(struct student2),2,fp);
        printf("\n\nname\tnumber age addr\n");
        for(i=0;i<2;i++, p2++)
            printf("%s\t%5d%7d%s\n", p2->name, p2->num, p2->age, p2->addr);
        fclose(fp);
    }
```

本程序定义了一个结构 student2，说明了两个结构数组 boy1 和 boy2 以及两个结构指针变量 p1 和 p2。p1 指向 boy1，p2 指向 boy2。程序第 16 行以读写方式打开二进制文件“stu_list”，输入两个学生数据之后，写入该文件中，然后把文件内部位置指针移到文件首，读出两个学生数据后，在屏幕上显示。

12.4.4 格式化读写函数

fscanf 函数、fprintf 函数与前面使用的 scanf 函数和 printf 函数的功能相似，都是格式化读写函数。两者的区别在于 fscanf 函数和 fprintf 函数的读写对象不是键盘和显示器，而是磁盘文件。

这两个函数的调用格式如下：

fscanf(文件指针，格式字符串，输入表列);

fprintf(文件指针，格式字符串，输出表列);

例 12-6　用 fscanf 函数和 fprintf 函数实现格式化读写。

```
#include <stdio.h>
struct student2
{
        char name[20];
        int num;
        int age;
        char addr[30];
} boy1[2],boy2[2],*p1,*p2;
main()
{
        FILE *fp;
        char ch;
        int i;
```

```
        p1= boy1;
        p2= boy2;
        if((fp=fopen("stu_list","wb+"))==NULL)
        {
            printf("Cannot open file strike any key exit!");
            getch();
            exit(1);
        }
        printf("\ninput data\n");
        for(i=0;i<2;i++,p1++)
            scanf("%s%d%d%s",p1->name,&p1->num,&p1->age,p1->addr);
        p1= boy1;
        for(i=0;i<2;i++, p1++)
            fprintf(fp,"%s %d %d %s\n",p1->name,p1->num,p1->age,p1->addr);
        rewind(fp);
        for(i=0;i<2;i++, p2++)
            fscanf(fp,"%s %d %d %s\n",p2->name,&p2->num,&p2->age,p2->addr);
        printf("\n\nname\tnumber age addr\n");
        p2= boy2;
        for(i=0;i<2;i++,p2++)
            printf("%s\t%5d %7d %s\n",p2->name,p2->num, p2->age,p2->addr);
        fclose(fp);
}
```

与例 12-5 相比，本程序中 fscanf 函数和 fprintf 函数每次只能读写一个结构数组元素，因此采用了循环语句来读写全部数组元素。还要注意指针变量 p1、p2，由于循环改变了它们的值，因此在程序的第 25 行和第 31 行分别对它们重新赋予了数组的首地址。

12.5 文件的定位

前面介绍的对文件的读写方式都是顺序读写，即读写文件只能从头开始，顺序读写各个数据。但在实际问题中常要求只读写文件中某一指定的部分，为了解决这个问题可移动文件内部的位置指针到需要读写的位置，再进行读写，这种读写称为随机读写。实现随机读写的关键是要按要求移动位置指针，这称为文件的定位。文件定位移动文件内部位置指针的函数主要有两个，即 rewind 函数和 fseek 函数。

12.5.1 rewind 函数

rewind 函数前面已多次使用过，其调用格式如下：

rewind(文件指针);

其功能是把文件内部的位置指针移到文件首，没有返回值。

例 12-7 有一个磁盘文件，先将它的内容显示在屏幕上，然后把它复制到另一个文件上。

```
#include <stdio.h>
void main()
{
        FILE *p1,*p2;
        p1=fopen("*file1.c","r");
        p2=fopen("*file2.c","w");
        while(!feof(p1)) putchar(getc(p1));
        rewind(p1);
        while(!feof(p1)) putc(getc(p1),p2);
        fclose(p1);fclose(p2);
}
```

当将文件的内容显示在屏幕上后，文件 file1.c 的位置指针已经指到文件尾，文件结束检测函数 feof 的值为 1，执行 rewind 函数，使文件的位置指针重新定位于文件开始，并使 feof 函数的值为 0。

12.5.2　fseek 函数

fseek 函数用于移动文件内部位置指针，其调用格式如下：

fseek(文件指针, 位移量, 起始点);

其中，“文件指针”指向被移动的文件。“位移量”表示移动的字节数，要求位移量是 long 型数据，以便在文件长度大于 64KB 时不会出错。当用常量表示位移量时，要求加扩展名“L”。“起始点”表示从何处开始计算位移量，规定的起始点有 3 种：文件首、当前位置和文件尾，具体如下：

起始点	表示符号	数字表示
文件首	SEEK—SET	0
当前位置	SEEK—CUR	1
文件末尾	SEEK—END	2

例如，“fseek(fp, 100L, 0);”，其意义是把位置指针移到离文件首 100 个字节处。还要说明的是，fseek 函数一般用于二进制文件。在文本文件中由于要进行转换，故往往计算的位置会出现错误。

文件的随机读写是指在移动位置指针之后，即可用前面介绍的任一种读写函数进行读写。由于一般是读写一个数据块，因此常用 fread 函数和 fwrite 函数。

例 12-8　在学生文件 stu_list 中读出第二个学生的数据。

```
#include<stdio.h>
struct student2
{
        char name[20];
        int num;
        int age;
        char addr[30];
}boy3,*p3;
main()
```

```
{
        FILE *fp;
        char ch;
        int i=1;
        p3=& boy3;
        if((fp=fopen("stu_list","rb"))==NULL)
        {
                printf("Cannot open file strike any key exit!");
                getch();
                exit(1);
        }
        rewind(fp);
        fseek(fp,i*sizeof(struct student2),0);
        fread(p3,sizeof(struct student2),1,fp);
        printf("\n\nname\tnumber age addr\n");
        printf("%s\t%5d %7d %s\n",p3->name,p3->num,p3->age,p3->addr);
}
```

文件 stu_list 已由例 12-5 的程序建立，本程序用随机读出的方法读出第二个学生的数据。程序中定义 boy3 为 student2 类型变量，p3 为指向 boy3 的指针。以读二进制文件方式打开文件。程序第 22 行移动文件位置指针，其中的 i 值为 1，表示从文件头开始，移动一个 student2 类型的长度，然后再读出的数据即为第二个学生的数据。

本章小结

1. C语言把文件当作一个“流”，按字节进行处理。
2. C语言文件按编码方式分为二进制文件和 ASCII 编码文件。
3. C语言中，用文件指针标识文件，当一个文件被打开时，可取得该文件指针。
4. 文件在读写之前必须打开，读写结束后必须关闭。
5. 文件可按只读、只写、读写、追加 4 种操作方式打开，同时还必须指定文件的类型是二进制文件还是文本文件。
6. 文件可按字节、字符串、数据块为单位读写，也可按指定的格式进行读写。
7. 文件内部的位置指针可指示当前的读写位置，移动该指针可以对文件实现随机读写。

习题与实训

一、习题

1. 在C语言中，磁盘数据文件有____________________和________________。

2. 在 C 语言中，输入文件的标准设备是__________，文件指针是__________。输出文件的标准设备是__________，文件指针是__________。

3. 测试 ASCII 码文件和二进制文件的当前文件指针是否已指向文件结束标记，应调用________________函数。

4. 从文件中读一个字符，可调用____函数。

5. 文件作为函数的形参，其形参定义是：____；对应的实参是______________，可包含__________、__________________和__________。

二、实训

（一）实训目的

1. 了解或掌握文件以及缓冲文件系统、文件指针的概念。
2. 了解或掌握使用文件打开、关闭、读写文件的操作函数。
3. 了解或掌握用缓冲文件系统对文件进行访问的方法。

（二）实训内容

1. 把文本文件 d1.dat 复制到文本文件 d2.dat（其中的大写英文字母要转换为小写字母）。
2. 统计当前目录下文本文件 data.txt 中字符'$'出现的次数，并将统计结果写入当前目录下的文本文件 res.txt。

2 第二部分 案例实训

第 13 章 编 译 器

C 语言编译器有很多种，在 MS-DOS 环境下有 Turbo C 2.0、Borland C++ 3.0 和 MS C/C++ 7.0，在 Windows 环境下有 Visual C++ 6.0 和 Borland C++ Builder，在 Linux 环境下有 Gcc。以下对 3 种常见的编译器的使用方法作简要的介绍。

13.1 Turbo C 编译器的使用

Turbo C（简称 TC）是美国 Borland 公司的产品。该公司在 1987 年首次推出 Turbo C 1.0，将文本编辑、程序编译、连接以及程序运行一体化。1989 年，推出 Turbo C 2.0，该版本在原来集成开发环境的基础上增加了查错功能，并可以在 Tiny 模式下直接生成.COM（数据、代码、堆栈处在同一 64KB 内存中）文件，还可对数学协处理器（支持 8087/80287/80387 等）进行仿真。

运行一个 C 语言程序的一般过程是：

1）启动 Turbo C，进入 Turbo C 集成环境。

2）编辑（或修改）源程序。

3）编译。如果编译成功，则可进行下一步操作；否则，返回步骤 2 修改源程序，再重新编译，直至编译成功。

4）连接。如果连接成功，则可进行下一步操作；否则，根据系统的错误提示，进行相应修改，再重新连接，直至连接成功。

5）运行。通过观察程序运行结果，验证程序的正确性。如果出现逻辑错误，则必须返回 2 修改源程序，再重新编译、连接和运行，直至程序正确。

6）退出 Turbo C 集成环境，结束本次程序运行。

1. Turbo C 的启动

在 C 工作目录下输入“tc”，按回车键启动。

Turbo C 启动后，菜单栏出现在屏幕的顶端并被激活，File 菜单成为当前项。Turbo C 的集成开发环境如图 13-1 所示。

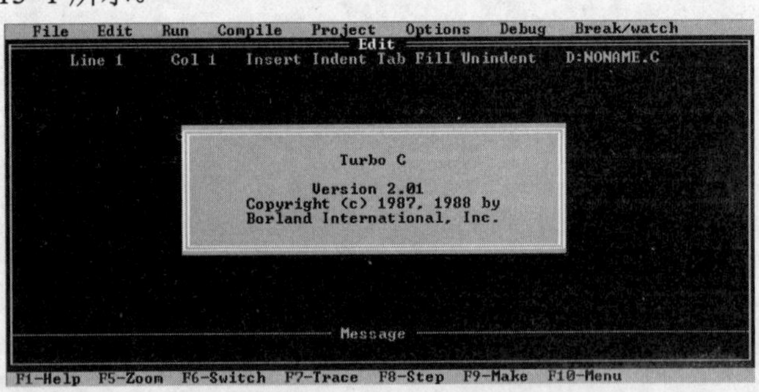

图 13-1 Turbo C 主界面

主菜单的下面是 Edit（编辑）窗口和 Message（消息）窗口。两个窗口中，顶端横线为双线显示的，表示该窗口是活动窗口。

编辑窗口的顶端为状态行，其中各标志的含义如下。

1）Line 1 Col 1：显示光标所在的行号和列号，即光标位置。

2）Insert：表示编辑状态处于“插入”。当处于“改写”状态时，此处为空白。可通过<Insert>键切换。

3）D:NONAME.C：显示当前正在编辑的文件名。显示为“NONAME.C”时，表示用户尚未给文件命名。

屏幕底端是 7 个功能键的说明，以及<Num Lock>键的状态（显示“NUM”时，表示处于“数字键”状态；空白，表示“控制键”状态）。

Turbo C 菜单的使用方法如下：按下<F10>功能键，激活主菜单。如果主菜单已经被激活，则直接转下一步；用左、右方向键移动光带，定位于需要的菜单上，然后再按回车键，打开其子菜单（纵向排列）；用上、下方向键移动光带，定位于需要的命令上，按回车键即可。执行完选定的功能后，系统自动关闭菜单。

注意，菜单激活后又不想使用，可再按<F10/Esc>键关闭，返回原来状态。

2. 退出 Turbo C

退出 Turbo C 有以下两种方法。

1）菜单法：单击“File”→“Quit”命令（先选择 File 主项，再选择并执行 Quit 子项）。

2）快捷键法：按<Alt+X>组合键（先按下<Alt>键并保持，再按字母键<X>，然后同时放开）。

3. 编辑并保存源程序

1）激活主菜单，选择并执行“File”→“Load”命令（快捷键<F3>）。

2）在“Load File Name”窗口，输入源程序文件名。

文件名的输入有两种方法：直接输入和选择输入。

① 直接输入是按照文件名组成字符串，逐个字符输入即可。如果是已经存在的文件，系统就在编辑窗口显示该文件的内容，可供编辑、修改。如果是新文件，则给出一个空白编辑窗口，可供输入新的源程序。如果该文件不在当前目录下，则需要冠以路径名和（或）盘符。

② 选择输入仅适用于已经存在的源程序文件的情况，在提示窗口中直接按回车键，系统就会打开一个窗口，窗口中包含当前目录下、扩展名为.C 的所有文件的文件名。用上、下、左、右方向键，将光带定位于所需的文件名上，按回车键，即可打开一个已存在的源文件。

在编辑源程序过程中，随时都可以按<F2>键（或单击“File”→“Save”命令），将当前编辑的文件存盘，然后继续编辑。常用的编辑操作见表 13-1。

表 13-1　编辑状态常用操作

命　令	含　义
PageDown	下一页
PageUp	返回上一页
Esc	关闭在线帮助、返回原窗口（或状态）
Alt+F1	返回前一个在线帮助屏（无论在线帮助是否被激活）
F1	激活在线帮助，再按<F1>键，则进入在线帮助索引，以便查询其他类别在线帮助信息
Ctrl+F1	查询库函数的在线帮助信息。将光标移到需要查询函数名的首字符上，然后按<Ctrl+F1>组合键，即可获得该库函数的在线帮助信息

4．编译、连接单个源程序文件

选择并执行“Compile”→“Make EXE File”命令（快捷键<F9>），则 Turbo C 将自动完成对当前正在编辑的源程序文件的编译、连接，并生成可执行文件。

如果源程序有语法错误，系统将在屏幕中央的 Compiling（编译）窗口底端显示“Error: Press any key”，即提示“编译有错误，按任意键继续进行”。此时，按空格键，屏幕下端的 Message（消息）窗口被激活，显示出错或警告信息，光带停在第一条消息上。这时编辑窗口中也有一条光带，它总是停在编译错误在源代码中的相应位置。当用上、下键移动消息窗口中的光带时，编辑窗口中的光带也随之移动，始终跟踪源代码中的错误位置。

5．运行与查看结果

（1）运行当前正在编辑的源程序文件

选择“Run”→“Run”命令或按下<Ctrl+F9>快捷键运行程序，程序运行结束后，仍返回到编辑窗口。

当确信源程序不会有编译、连接错误时，也可直接运行，即跳过对源程序的编译、连接步骤。这时，Turbo C 将一次完成从编译、连接到运行的全过程。

（2）查看运行结果

选择“Run”→“User Screen”命令或按下<Alt+F5>快捷键查看运行结果。查看完毕后，按任一键返回编辑窗口。如果发现逻辑错误，则可在返回编辑窗口后，进行修改，然后再重新编译、连接、运行，直至正确为止。

6．编辑下一个新的源程序

选择并执行“File”→“New”命令即可新建一个源程序。如果屏幕提示确认信息“NONAME.C not saved. Save? (Y/N)”，说明当前编辑的源程序还没有保存。输入“Y”或“N”，选择保存还是不保存文件。

如果输入的是“Y”，则保存文件，系统给出换名提示<d: ><path>\NONAME.C。直接按回车键，则用提示的文件名保存文件，若输入了新名字，则用输入的新文件名保存文件。然后系统给出一个空白的编辑窗口，开始编辑下一个新的源程序。

如果输入的是“N”，则系统直接给出一个空白的编辑窗口。

7．基本操作

菜单栏在 Turbo C 2.0 主屏幕最上面一行，如图 13-1 所示。包括 File、Edit、Run、Compile、Project、Options、Debug 和 Break/watch，共 8 项。除 Edit 外，其他各项均有子菜单，只要用<Alt>键加上某项中第一个字母（即大写字母），就可进入该项的子菜单中。

（1）File（文件）菜单

按<Alt+F>组合键可进入 File 菜单，该菜单包括的内容见表 13-2。

菜单中各项可用光标键移动色棒进行选择，按回车键则执行选择的命令。也可用每一项的第一个大写字母直接选择。若要退到主菜单或从它的下一级菜单列表框退回均可用<Esc>键。Turbo C 2.0 所有菜单均采用这种方法进行操作，以下不再说明。

（2）Edit（编辑）菜单

按<Alt+E>组合键进入编辑菜单。若再按回车键，则光标出现在编辑窗口，此时用户可以进行文本编辑。可用<F1>键获得有关编辑方法的帮助信息。与编辑有关的功能键见表 13-3，编辑命令见表 13-4。

表 13-2　File 菜单的内容

菜单项目	说明
Load	装入一个文件，可用类似 DOS 的通配符（如*.C）来进行列表选择。也可装入其他扩展名的文件，只要给出文件名（或只给路径）即可。该项的功能键为<F3>，只要在主菜单中按<F3>键即可进入该项，而不需要先进入 File 菜单再选此项
Pick	将最近装入编辑窗口的 8 个文件列成一个表让用户选择，选择后将该文件装入编辑区，并将光标置在上次修改过的地方。其功能键为<Alt+F3>
New	建立新文件，默认文件名为 NONAME.C，存盘时可改名。
Save	将编辑区中的文件存盘，若文件名是 NONAME.C 时，将询问是否更改文件名，其功能键为<F2>
Write to	可由用户给出文件名将编辑区中的文件存盘，若该文件已存在，则询问是否覆盖
Directory	显示目录及目录中的文件，并可由用户选择
Change dir	显示当前目录，用户可以改变显示的目录
Os shell	暂时退出 Turbo C 2.0 到 DOS 提示符下，此时可以运行 DOS 命令，若想回到 Turbo C 2.0 中，只要在 DOS 状态下输入“EXIT”即可
Quit	退出 Turbo C 2.0，返回到 DOS 操作系统中，其功能键为<Alt+X>

表 13-3　编辑相关的功能键

功能键	说明
F1	获得 Turbo C 2.0 编辑命令的帮助信息
F5	扩大编辑窗口到整个屏幕
F6	在编辑窗口与信息窗口之间进行切换
F10	从编辑窗口转到主菜单

表 13-4　编辑命令

命令	说明
PageUp	向前翻页
PageDn	向后翻页
Home	将光标移到所在行的开始
End	将光标移到所在行的结尾
Ctrl+Y	删除光标所在的一行
Ctrl+T	删除光标所在处的一个词
Ctrl+KB	设置块开始
Ctrl+KK	设置块结尾
Ctrl+KV	块移动
Ctrl+KC	块复制
Ctrl+KY	块删除
Ctrl+KR	读文件
Ctrl+KW	存文件
Ctrl+KP	块文件打印
Ctrl+F1	如果光标所在处为 Turbo C 2.0 库函数，则获得有关该函数的帮助信息
Ctrl+Q[	查找 Turbo C 2.0 双界符的后匹配符
Ctrl+Q]	查找 Turbo C 2.0 双界符的前匹配符

说明：1．Turbo C 2.0 的双界符包括以下几种符号：花括号{}、尖括号<>、圆括号（）、方括号[]、注释符/*和*/、双引号""以及单引号''。

2．Turbo C 2.0 在编辑文件时还有一种功能，就是能够自动缩进，即光标定位和上一个非空字符对齐。在编辑窗口中，<Ctrl+O/L>为自动缩进开关的控制键。

（3）Run（运行）菜单

按<Alt+R>组合键进入 Run 菜单，该菜单项的内容见表 13-5。

表 13-5 Run 菜单的内容

菜单项目	说明
Run	运行程序。运行由 Project/Project name 项指定的文件名或当前编辑区的文件。如果对上次编译后的源代码未做过修改，则直接运行到下一个断点（没有断点则运行到结束）。否则先进行编译、连接后才运行，其功能键为<Ctrl+F9>
Program reset	程序重启。中止当前的调试，释放给程序的空间，其功能键为<Ctrl+F2>
Go to cursor	运行到光标处。调试程序时使用，选择该项可使程序运行到光标所在行。光标所在行必须为一条可执行语句，否则提示错误。其功能键为<F4>
Trace into	跟踪进入。在执行一条调用其他用户定义的子函数时，若用 Trace into 项，则执行长条将跟踪到该子函数内部去执行，其功能键为<F7>
Step over	单步执行。执行当前函数的下一条语句，即使用户函数调用，执行长条也不会跟踪进函数内部，其功能键为<F8>
User screen	用户屏幕。显示程序运行时在屏幕上显示的结果。其功能键为<Alt+F5>

（4）Compile（编译）菜单

按<Alt+C>组合键进入 Compile 菜单，该菜单的内容见表 13-6。

表 13-6 Compile 菜单的内容

菜单项目	说明
Compile to OBJ	编译生成目标码。将一个 C 源文件编译生成.OBJ 目标文件，同时显示生成的文件名。其功能键为<Alt+F9>
Make EXE file	生成执行文件。此命令生成一个.EXE 的文件，并显示生成的.EXE 文件名。其中.EXE 文件名是下面几项之一： 1．由 Project/Project name 说明的项目文件名 2．若没有项目文件名，则由 Primary C file 说明的源文件 3．若以上两项都没有文件名，则为当前窗口的文件名
Link EXE file	连接生成执行文件。把当前.OBJ 文件及库文件连接在一起生成.EXE 文件
Build all	建立所有文件。重新编译项目里的所有文件，并进行装配生成.EXE 文件。该命令不作过时检查
Primary C file	主 C 文件。当在该项中指定了主文件后，在以后的编译中，如没有项目文件名则编译此项中规定的主 C 文件，如果编译中有错误，则将此文件调入编辑窗口，不管目前窗口中是不是主 C 文件
Get info	获得有关当前路径、源文件名、源文件字节大小、编译中的错误数目、可用空间等信息

（5）Project（项目）菜单

按<Alt+P>组合键进入 Project 菜单，该菜单的内容见表 13-7。

项目名具有.PRJ 的扩展名，其中包括将要编译、连接的文件名。例如，有一个程序由 file1.c、file2.c、file3.c 组成，要将这 3 个文件编译装配成一个 file.exe 的执行文件，可以先建立一个 file.prj 的项目文件，其内容如下：

```
file1.c
file2.c
file3.c
```

表 13-7 Project 菜单的内容

菜单项目	说明
Project name	项目名
Break make on	中止编译。由用户选择是否在有 Warning（警告）、Errors（错误）、Fatal Errors（致命错误）时或 Link（连接）之前退出 Make 编译
Auto dependencies	自动依赖。当开关置为 on，编译时将检查源文件与对应的.OBJ 文件日期和时间，否则不进行检查
Clear project	清除项目文件。清除 Project/Project name 中的项目文件名
Remove messages	删除信息。把错误信息从信息窗口中清除掉

此时将 file.prj 放入 Project name 项目中，以后进行编译时将自动对项目文件中规定的 3 个源文件分别进行编译。然后连接成 file.exe 文件。

如果其中有些文件已经编译成.OBJ 文件，而又没有修改过，可直接写上.OBJ 扩展名。此时将不再编译而只进行连接。例如：

file1.obj

file2.c

file3.c

将不对 file1.c 进行编译，而直接连接。

当项目文件中的每个文件无扩展名时，均按源文件对待。另外，其中的文件也可以是库文件，但必须写上.LIB 扩展名。

（6）Options（选项）菜单

按<Alt+O>组合键进入 Options 菜单。该菜单对初学者来说要谨慎使用，其内容见表 13-8。

Compiler 菜单项有许多子菜单，可以让用户选择硬件配置、存储模型、调试技术、代码优化、对话信息控制和宏定义。这些子菜单的内容见表 13-9～表 13-16。

表 13-8　Options 菜单的内容

菜 单 项 目	说　明
Compiler	编译器设置。本项选择又有许多子菜单，可以让用户选择硬件配置、存储模型、调试技术、代码优化、对话信息控制和宏定义。子菜单内容见表 13-9
Linker	连接器设置。设置有关连接的选择项，其子菜单内容见表 13-14
Environment	环境设置。规定是否对某些文件自动存盘及制表键和屏幕大小的设置，其子菜单内容见表 13-15
Directories	路径设置。规定编译、连接所需文件的路径，其子菜单内容见表 13-16
Arguments	命令行参数。允许用户使用命令行参数
Save options	存储配置。保存所有选择的编译、连接、调试和项目到配置文件中，默认的配置文件为 TCCONFIG.TC
Retrive options	装入一个配置文件到 Turbo C 中，Turbo C 将使用该文件的选择项

表 13-9　Compiler 菜单项子菜单内容

菜 单 项 目	说　明
Model	共有 Tiny，Small，Medium，Compact，Large，Huge 这 6 种不同模式可由用户选择
Defines	宏定义选项，打开一个宏定义框，用户可输入宏定义。多重定义可用分号，赋值可用等号
Code generation	代码生成选项，告诉编译器产生什么样的目标代码。其内容见表 13-10
Optimization	代码优化选项。其内容见表 13-11
Source	源代码选项。其内容见表 13-12
Errors	编译错误处理选项。其内容见表 13-13
Names	用于改变段（segment）、组（group）和类（class）的名字，默认值为 CODE、DATA、BSS

表 13-10　Code generation 子菜单内容

菜 单 项 目	说　明
Calling convention	可选择 C 或 Pascal 方式传递参数
Instruction set	可选择 8088/8086 或 80186/80286 指令系列
Floating point	可选择仿真浮点、数学协处理器浮点或无浮点运算
Default char type	规定 char 的类型
Alignonent	规定地址对准原则
Merge duplicate strings	优化，将重复的字符串合并在一起

（续）

菜单项目	说明
Standard stack frame	产生一个标准的栈结构
Test stack overflow	产生一段程序运行时检测堆栈溢出的代码
Line number	在.OBJ 文件中放进行号以供调试时用
OBJ debug information	在.OBJ 文件中产生调试信息

表 13-11　Optimization 子菜单选项

菜单项目	说明
Optimize for	选择是对程序小型化还是对程序速度进行优化处理
Use register variable	用来选择是否允许使用寄存器变量
Register optimization	尽可能使用寄存器变量以减少过多的取数操作
Jump optimization	通过去除多余的跳转和调整循环与开关语句的办法，压缩代码

表 13-12　Source 子菜单选项

菜单项目	说明
Indentifier length	说明标识符有效字符的个数，默认为 32 个
Nested comments	是否允许嵌套注释
ANSI keywords only	是只允许 ANSI 关键字还是也允许 Turbo C 2.0 关键字

表 13-13　Errors 子菜单选项

菜单项目	说明
Error stop after	多少个错误时停止编译，默认为 25 个
Warning stop after	多少个警告错误时停止编译，默认为 100 个
Display warning	是否显示警告错误，默认为 on
Portability warning	移植性警告错误。当 Display warning 为 on 时显示该选项
ANSI Violations	侵犯了 ANSI 关键字的警告错误。当 Display warning 为 on 时显示该选项
Common error	常见的警告错误。当 Display warning 为 on 时显示该选项
Less common error	少见的警告错误。当 Display warning 为 on 时显示该选项

表 13-14　Linker 子菜单内容

菜单项目	说明
Map file menu	选择是否产生.MAP 文件
Initialize segments	是否在连接时初始化没有初始化的段
Devault libraries	是否在连接其他编译程序产生的目标文件时去寻找其缺省库
Graphics library	是否连接 graphics 库中的函数
Warn duplicate symbols	当有重复符号时产生警告信息
Stack warinig	是否让连接程序产生 No stack 的警告信息
Case-sensitive link	是否区分大、小写字

表 13-15　Environment 子菜单内容

菜 单 项 目	说　　明
Message tracking	错误跟踪选项。Current file：跟踪在编辑窗口中的文件错误；All files：跟踪所有文件错误；Off：不跟踪
Keep message	编译前是否清除 Message 窗口中的信息
Config auto save	选 on 时，在 Run、Shell 或退出集成开发环境之前，如果 Turbo C 2.0 的配置被改过，则所做的改动将存入配置文件中。选 off 时不存
Edit auto save	是否在 Run 或 Shell 之前，自动存储编辑的源文件
Backup file	是否在源文件存盘时产生后备文件（.BAK 文件）
Tab size	设置制表键大小，默认为 8
Zoomed windows	将现行活动窗口放大到整个屏幕，其热键为 F5
Screen size	设置屏幕文本大小

表 13-16　Directories 子菜单内容

菜 单 项 目	说　　明
Include directories	包含文件的路径，多个子目录用“;”分开
Library directories	库文件路径，多个子目录用“;”分开
Output directoried	输出文件（.OBJ、.EXE、.MAP 文件）的目录
Turbo C directoried	Turbo C 所在的目录
Pick file name	定义加载的 pick 文件名，如不定义则从 current pick file 中取

（7）Debug（调试）菜单

按<Alt+D>组合键进入 Debug 菜单，该菜单主要用于查错，其内容见表 13-17。

表 13-17　Debug 菜单内容

菜 单 项 目	说　　明
Evaluate	表达式计算。 Expression　计算结果的表达式 Result　显示表达式的计算结果 New value　赋给新值
Call stack	在运行 Turbo C debuger 时用于检查堆栈情况
Find function	在运行 Turbo C debuger 时用于显示规定的函数
Refresh display	如果编辑窗口偶然被用户窗口重写了可用此恢复编辑窗口的内容

（8）Break/watch菜单

按<Alt+B>组合键进入 Break/watch 菜单，该菜单内容见表 13-18。

表 13-18　Break/watch 菜单内容

菜 单 项 目	说　　明
Add watch	向监视窗口插入一监视表达式
Delete watch	从监视窗口中删除当前的监视表达式
Edit watch	在监视窗口中编辑一个监视表达式
Remove all watches	从监视窗口中删除所有的监视表达式
Toggle breakpoint	对光标所在的行设置或清除断点
Clear all breakpoints	清除所有断点
View next breakpoint	将光标移动到下一个断点处

13.2 UNIX 编译器 cc 的使用

UNIX 系统下的 C 语言编译器是 cc，通过处理、编译、汇编和连接 4 个阶段处理源程序代码。在 Linux 系统中的 Gcc 是与其等价的 GNU 编译器。

cc 的基本用法如下：

```
cc [options] [filenames]
```

其中，options 是编译器所需要的参数；filenames 是相关的文件名。

[options]可以为下列值。

-c：只编译，不连接成为可执行文件，编译器只是由输入的.c 等源代码文件生成以.o 为扩展名的目标文件。

-o output_filename：指定输出文件的名为 output_filename。如果不给出该选项，cc 输出的可执行文件名为 a.out。

-g：产生符号调试工具所必要的符号信息。

-O：对程序进行优化编译、连接，采用这个选项，整个源代码会在编译、连接过程中进行优化处理。

-Idirname：将 dirname 所指出的目录加入到程序头文件搜索目录列表中。

-Ldirname：将 dirname 所指出的目录加入到选项-l 搜索的库目录中。

-lname：在连接时，装载名字为 libname.a 的函数库，该函数库位于系统预设的目录或者由-l 选项指定的目录下。例如，-lm 表示连接名为 libm.a 的数学函数库。

用 cc 编译 test.c 文件的命令如下：

```
cc test.c
```

cc 将生成一个名为 a.out 的程序。使用-o 选项的命令如下：

```
cc test.c -o test
```

cc 将生成一个名为 test 的程序。

13.3 Visual C++编译器的使用

Visual C++是在 Windows 上建立 32 位应用程序的强大、复杂的工具，借助于其生成代码的向导，它能在数秒内生成可运行的 Windows 应用程序的外壳。下面介绍用 Visual C++建立控制台应用程序的过程。

1）单击“开始”菜单中的“Microsoft Visual C++ 6.0”，出现如图 13-2 所示的 Microsoft Visual C++ 6.0 系统界面。

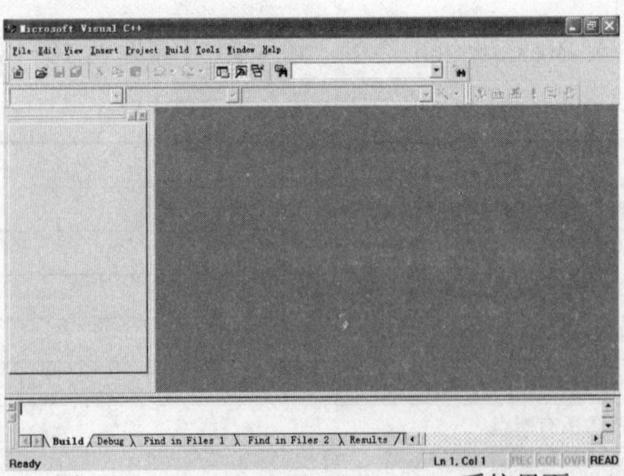

图 13-2 Microsoft Visual C++ 6.0 系统界面

2）从“File”菜单中选择“New”命令，系统弹出“New”对话框，在“Files”选项卡中选择“C++ Source File”选项，如图 13-3 所示。

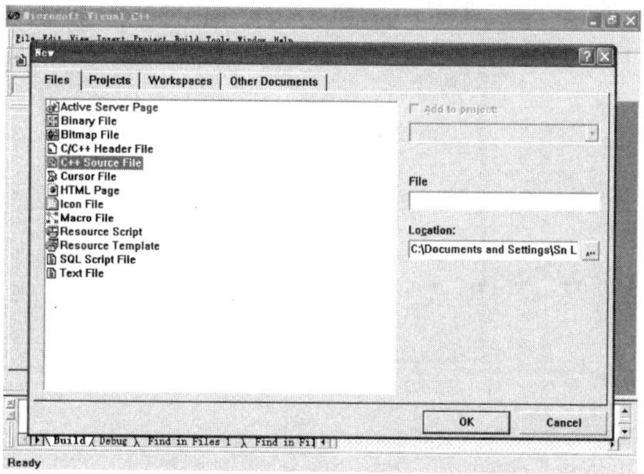

图 13-3 “New”对话框

3）单击右侧的“...”按钮（用于设置存放 C 程序文件的文件夹），出现如图 13-4 所示的“Choose Directory”对话框。选取 D 盘中的“ex”文件夹，单击“OK”按钮返回到“New”对话框。

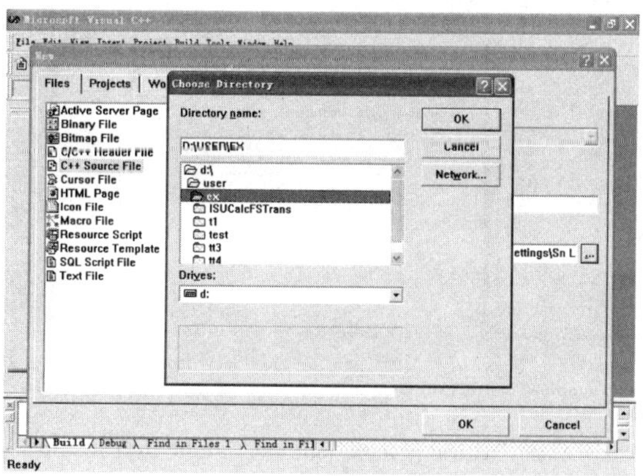

图 13-4 “Choose Directory”对话框

4）在“File”文本框中输入 myfile（表示以 myfile.cpp 文件存放当前程序），如图 13-5 所示，单击“OK”按钮返回。

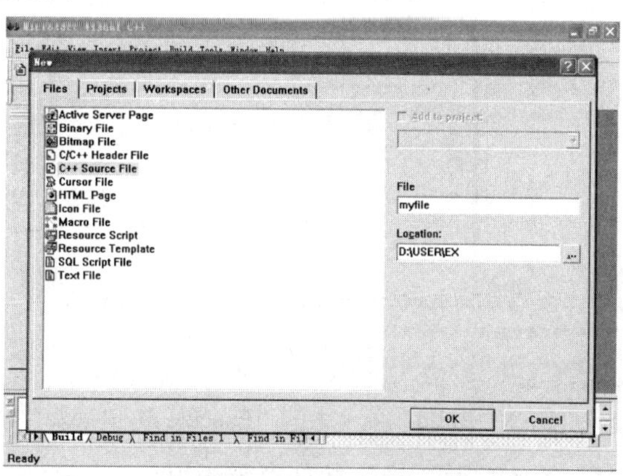

图 13-5 “New”对话框

5）在出现的“myfile.cpp”编辑窗口中输入程序，如图 13-6 所示。

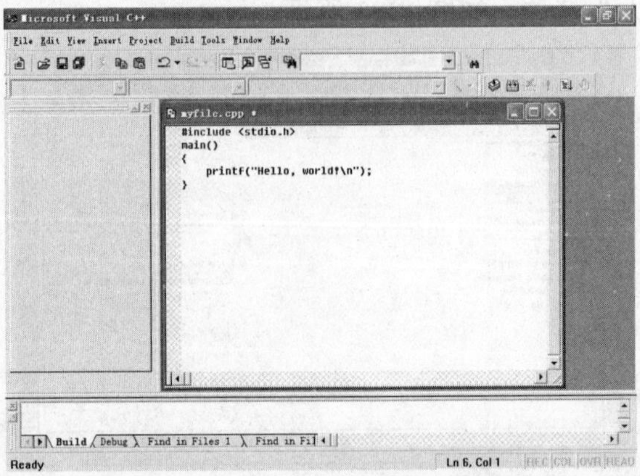

图 13-6 “myfile.cpp”编辑窗口

6）程序输入完毕后，选择“Build”菜单中的“Compile myfile.cpp”命令，如图 13-7 所示。在出现的提示框中单击“Yes”按钮，产生 myfile.exe 可执行文件。

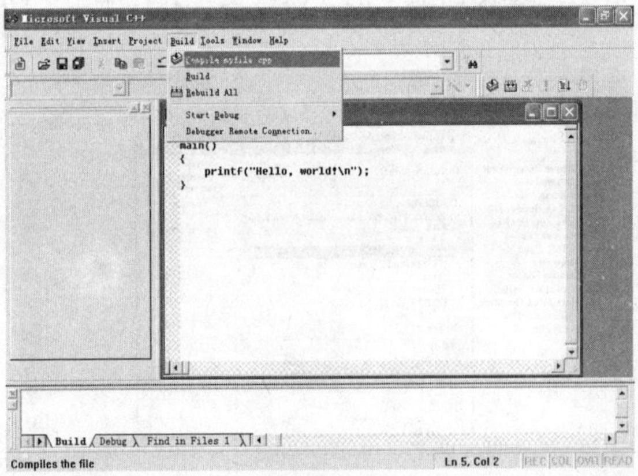

图 13-7 选择“Build”菜单中的“Compile myfile.cpp”命令

7）选择“Build”菜单中的“Execute myfile.exe”命令，如图 13-8 所示。

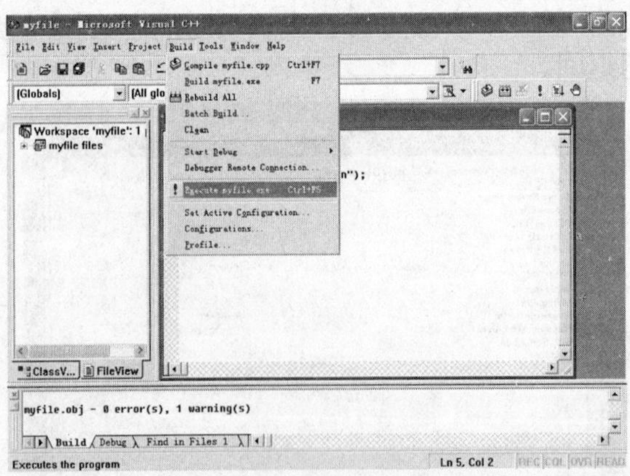

图 13-8 选择“Build”菜单中的“Execute myfile.exe”命令

8）执行该程序，如图 13-9 所示。最后按任意键返回。

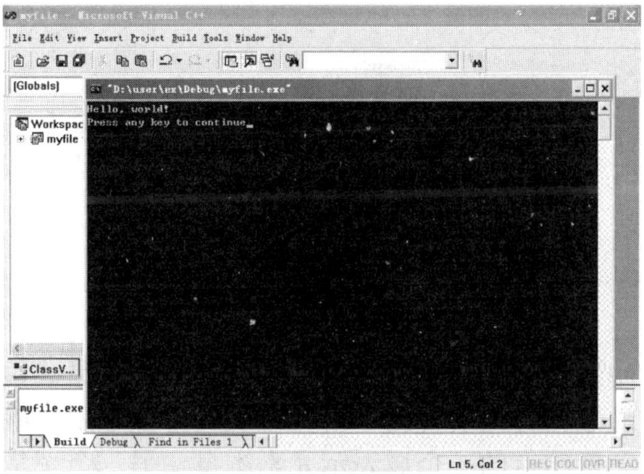

图 13-9　执行 myfile.exe 程序

本章小结

1. Turbo C 是美国 Borland 公司的产品。Turbo C 2.0 能将文本编辑、程序编译、连接以及程序运行一体化，并具有查错功能，并可以在 Tiny 模式下直接生成.COM（数据、代码、堆栈处在同一 64KB 内存中）文件，还可对数学协处理器（支持 8087/80287/80387 等）进行仿真。

2. Linux 系统下的 Gcc（GNU C Compiler）是 GNU 推出的功能强大、性能优越的多平台编译器。Gcc 可以在多种硬件平台上运行，能将 C、C++、Fortran、Java 和 Ada 等多种高级语言源程序编译、连接成可执行文件。

3. Visual C++是在 Windows 上建立 32 位应用程序的强大、复杂的工具，借助于其生成代码的向导，它能在数秒内生成可运行的 Windows 应用程序的外壳。

实训

1. 简述用 Turbo C 2.0 编写调试应用程序的过程。
2. 如何选择 Turbo C 2.0 菜单中的命令？
3. Turbo C 2.0 集成环境的常用快捷键有哪些？使用快捷键的优点是什么？
4. 使用 Turbo C 2.0 编写一个应用程序，对一元二次方程求解。
5. UNIX 的 C 编译器 cc 默认的可执行程序的文件名是什么？如何改变输出的可执行程序的名称？
6. 使用 Visual C++ 6.0 编译器时，为什么要先建立工程？描述建立过程。
7. 使用 Visual C++ 6.0 编写一个控制台应用程序，显示“Hello，world!”。

第 14 章　案例基础算法

14.1　队列

线性表是程序设计中经常用到的一种数据结构。线性链表是线性表的链式存储，其数据元素之间的顺序关系是通过指针来实现的。线性链表的特点是用一组任意的存储单元存储线性表的数据元素。数据元素结点的一个域表示元素本身，另一个域是能指示其后继的指针，用来表示线性表数据元素的逻辑关系。第一个结点是头结点，不存储任何数据，最后的结点是尾结点，其后继指针为空指针，链表头指针 head 指向头结点，如图 14-1 所示。

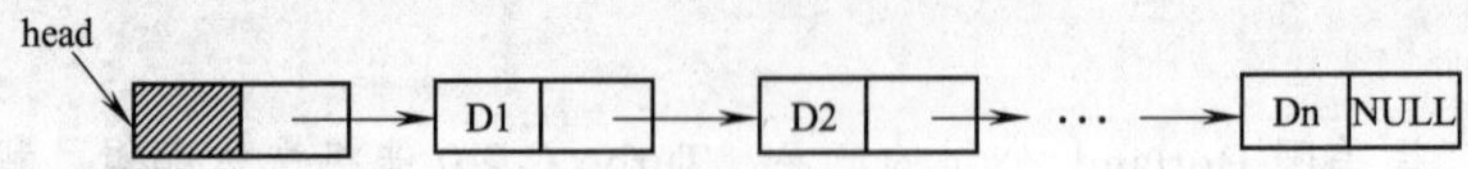

图 14-1　线性链表

链表结点可用结构来描述，定义在头文件 list.h 中：

```
/* list.h */
#include <stdio.h>
#include <stdlib.h>
typedef char DATA;                          /*  定义结点数据域的类型  */
struct linked_list
{
    DATA d;                                 /*  数据域  */
    struct linked_list *next;               /*  后继指针域  */
};
typedef struct linked_list ELEMENT;
typedef ELEMENT *LINK;
```

1. 链表初始化

首先，要对链表进行初始化，构造一个空链表。该链表为只有一个头结点的链表，如图 14-2 所示。

图 14-2　空链表

链表初始化函数为 init_list，定义在文件 list.c 中，代码如下：

```
LINK init_list()
{
    LINK head;
    head=(LINK)malloc(sizeof(ELEMENT));
    head->next=NULL;   /*  将后继指针域置空  */
    return head;
}
```

在 init_list 函数中，首先调用 malloc 函数，分配一个结点作为链表的头结点。由于 malloc

函数的返回值为 void *类型，因此要进行强制类型转换，把它转换为 LINK 类型，即 struct linked_list *类型，才能赋给头指针 head。然后，将头结点的 next 赋值为 NULL，形成链尾结点，构成了如图 14-2 所示的空链表，最后将头指针返回。

队列是一种特殊的先进先出的线性表，具有队头和队尾。插入发生在队列的尾部，删除发生在队列的头部。用链表实现的队列结构如图 14-3 所示。

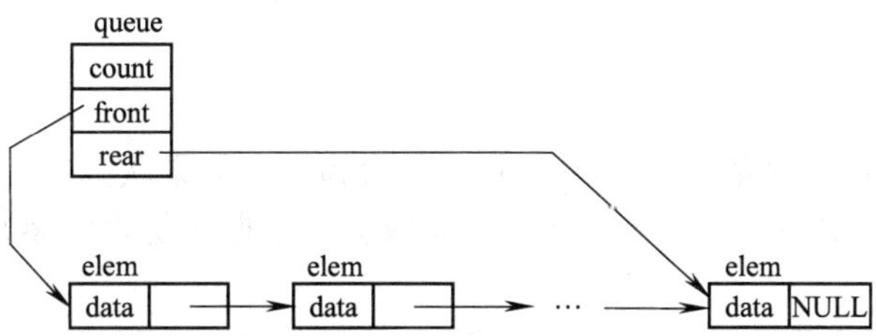

图 14-3　链表队列的实现

在队列 queue 中，有队列的头指针 front、尾指针 rear，队列长度为 count。队列存储在一个线性链表中。队列定义的头文件 queue.h 如下：

```
#include <stdio.h>
#include <stdlib.h>
typedef int data;   /* 队列元素的数据域 */
struct elem /* 队列元素类型 */
{
    data d;
    struct elem * next;
};
typedef struct elem elem;
struct queue
{
    int count;      /* 队列长度 */
    elem *front;    /* 队列头指针 */
    elem *rear;     /* 队列尾指针 */
};
typedef struct queue queue;
extern void iniqueue(queue *q);
extern int empty(queue * q);
extern void enqueue(queue *q, data d);
extern data dlqueue(queue *q);
extern data gethead(queue * q);
extern void clear(queue *q);
extern int current_size(queue *q);
```

2．队列初始化

队列的初始化代码如下：

```
void iniqueue(queue *q)
{
```

```
        q->count=0;
        q->front=NULL;
        q->rear=NULL;
    }
```

初始化队列时，只是简单地把 queue 成员清 0，因此要求实参应该是一个从未使用的队列，否则会造成内存泄漏。

3．空队列检查

empty()是一个查询类函数，用于检查队列是否为空。如果队列为空则返回值为真，否则返回值为假。它直接检查 queue 结构中的 count 成员，根据它是否为零来判断队列是否为空，其代码如下：

```
    int empty(queue * q)
    {
        return q->count==0;
    }
```

4．入队列和出队列操作

在队列中有两种基本操作：一个是入队列操作；另一个是出队列操作。入队列操作 enqueue 函数有两个参数，分别是队列指针和入队列的数据。首先分配一个队列元素 elem，其数据域为入队列的参数，由于要把它插入到链表的末尾，所以其 next 指针域为 NULL。然后把它插入到队列的尾部，即链表的尾部。enqueue 函数的代码如下：

```
    void enqueue(queue *q, data d)
    {
        elem *p;
        p=(elem *)malloc(sizeof(elem));
        p->d=d;
        p->next=NULL;
        if(!empty(q))
        {
            q->rear->next=p;
            q->rear=p;
        }
        else
            q->front=q->rear=p;
        q->count++;
    }
```

下面是出队列操作 dlqueue 函数的代码。在调用该操作之前，应使用 empty 函数检查是否是空队列。如果对空队列执行出队列操作，将返回错误的结果。该操作删除队头元素，并返回队头元素数据域的值。

```
    data dlqueue(queue *q)
    {
        data d;
        elem *p;
```

```
        if(empty(q)) return 0;
        d=q->front->d;
        p=q->front;
        q->front=q->front->next;
        q->count--;
        free(p);
        return d;
    };
```

5．读队列头

gethead 函数的功能与 dlqueue 函数相似。它只是返回队头元素数据域的值，但不删除队头元素，对整个队列不产生任何影响。其代码如下：

```
    data gethead(queue * q)
    {
        if(empty(q)) return 0;
        return q->front->d;
    };
```

6．其他函数

clear 函数用于清除整个队列，释放占用的内存空间。其代码如下：

```
    void clear(queue *q)
    {
        elem *p;
        while(q->front!=NULL)
        {
            p=q->front;
            q->front=q->front->next;
            free(p);
        }
        q->count=0;
        q->rear=NULL;
    }
```

current_size 函数的功能是返回队列中元素的个数，其实现过程如下：

```
    int current_size(queue *q)
    {
        return q->count;
    }
```

14.2　栈

栈是限定仅在表的一端进行插入或删除操作的线性表。插入或删除端称为栈顶，另一端称为栈底。假设栈中元素按 a_1，a_2，…，a_n 的次序进栈，退栈的第一个元素应为栈顶元素 a_n。因此栈又称为后进先出的线性表。

栈的典型操作包括 push（入栈）、pop（出栈）、top（取栈顶元素）、empty（判断是否为空）、full（判断是否已满）和 reset（重置）。push 操作把一个值放在栈上；pop 操作从栈顶提取并删除一个值；top 操作返回栈顶元素的值；empty 操作测试栈是否为空；full 操作测试栈是否已满；reset 操作对栈进行清除。栈的实现可以用数组，也可以使用链表。下面使用数组实现栈结构。栈的类型定义如下：

```
/* stack.h */
#define MAX_LEN 1000
#define EMPTY -1
#define FULL (MAX_LEN-1)
typedef struct stack
{
    char s[MAX_LEN];
    int top;
}stack;
```

在上述的描述中可以看到，栈是用一个一维数组 s[]存储的，栈顶是 top。

常用的操作如下：

```
void reset(stack *stk)              /*  栈初始化  */
{
    stk->top=EMPTY;
}
void push(char c, stack *stk)       /*  入栈  */
{
    stk->top++;
    stk->s[stk->top]=c;
}
char pop(stack *stk)                /*  出栈  */
{
    return stk->s[stk->top--];
}
char top(const stack *stk)          /*  读栈顶元素  */
{
    return stk->s[stk->top];
}
int empty(const stack *stk)         /*  检查栈是否为空  */
{
    return stk->top==EMPTY;
}
int full(const stack *stk)          /*  检查栈是否满  */
{
    return stk->top==FULL;
}
```

下面是一个测试程序。

```
#include <stdio.h>
#include "stack.h"
main()
{
    char ss[]="abcdefg0123456789";
    stack stk;
    int i;
    reset(&stk);
    printf("%s\n",ss);
    for(i=0; ss[i]!='\0';i++)
        if(!full(&stk)) push(ss[i],&stk);
    while(!empty(&stk))
        putchar(pop(&stk));
    putchar('\n');
}
```

上面的测试程序中首先调用 reset 函数初始化栈 stk，然后利用循环将字符串“abcdefg0123456789”中的字符按顺序压入栈中，最后从栈顶取出压入的字符，并输出到控制台上。程序运行结果：

```
abcdefg0123456789
9876543210gfedcba
```

第 1 行输出是原始的字符串，也是入栈的顺序。第 2 行输出是从栈中输出的字符串。可以看到出栈的顺序和入栈的顺序相反。

14.3　表达式的求值

14.3.1　简单计算器的实现

从键盘上输入数据进行加、减、乘、除四则运算（以“a 运算符 b”的形式输入），判断输入的数据是否可以进行计算，若能计算，则输出计算结果程序代码如下：

```
#include <stdio.h>
void main()
{
      float a,b;
      char c;
      printf("请输入运算格式：a+(-,*,/)b\n");
      scanf("%f%c%f",&a,&c,&b);
      switch(c)
      {
          case '+':printf("%f\n",a+b);break;
          case '-':printf("%f\n",a-b);break;
          case '*':printf("%f\n",a*b);break;
```

```
        case '/':
                if(!b)
                        printf("除数不能是零\n");
                else
                        printf("%f\n",a/b);
        break;
        default:printf("输入有误！ \n");
        }
}
```

根据输入格式可以看出，具体输入的数据要求是两个数值型和一个字符型，字符型数据是四则运算符号“+”“–”“*”“/”。由于运算符的个数是固定的，可以作为 case 后面的常量，所以可以用 switch 语句解决问题。在进行除法操作时，除数不能为零，可以用 if 语句判断。

14.3.2 算数表达式的求值

表达式求值是程序设计语言编译中的一个最基本问题。它的实现是栈应用的一个典型例子。表达式的普通记法被称为中缀法，就是操作数分别放在操作符的两边。操作数放在操作符前面的表示方法，称为前缀表达式或波兰表达式；操作数放在操作符后面的表示方法，称为后缀表达式或逆波兰表达式。栈求值中最常用的是波兰记法。例如，5，4，+相当于 5 + 4。在波兰记法中，从左向右，遇到操作符便立即执行。因此，22, 7, 3, *, + 相当于 22 + (7 * 3)。

波兰表达式可以通过使用两个栈的算法进行求值。栈包括波兰表达式栈以及用于存储中间值的求值栈。下面是一种对波兰表达式进行求值的双栈算法，其中所有的操作符都是双目操作符：

1）如果波兰表达式栈为空，求值过程终止。求值栈顶的值即是答案。

2）如果波兰表达式栈不为空，从这个栈中弹出一个元素到 d。

3）如果 d 是个值，把 d 压入到求值栈中。

4）如果 d 是个操作符，对求值栈执行两次弹出操作，第一个弹出值保存到 d2，第二个弹出值保存到 d1。以 d1 和 d2 为操作数并以 d 为操作符，对表达式进行求值，并把结果压入到求值栈中。然后回到第一个步骤。

算数表达式由操作数和操作符组成。在对算数表达式求值时，要先把它转换成波兰表达式。操作符有“+”“–”“*”“/”“(”“)”和“#”，其中#为表达式的分界符，用于标识表达式的开始和结束。任意两个相继出现的操作符 θ_1 和 θ_2 之间的优先关系至多是以下 3 种关系之一：$\theta_1<\theta_2$（θ_1 的优先权低于 θ_2）；$\theta_1=\theta_2$（θ_1 的优先权等于 θ_2）；$\theta_1>\theta_2$（θ_1 的优先权高于 θ_2）。

表 14-1 定义了操作数之间的优先关系。

表 14-1 操作符的优先关系

θ_1 \ θ_2	+	–	*	/	(	)	#
+	>	>	<	<	<	>	>
–	>	>	<	<	<	>	>
*	>	>	>	>	<	>	>
/	>	>	>	>	<	>	>
(	<	<	<	<	<	=	
)	>	>	>	>		>	>
#	<	<	<	<	<		=

算数表达式求值程序首先要实现两个栈，操作符栈 soptr 用于生成波兰表达式，操作数栈 sopnd 用于对波兰表达式求值。其代码如下：

```
#define maxsize 100
typedef struct
{
    char op [maxsize];
    int top;
}optr;
typedef struct
{
    int num [maxsize];
    int top;
}opnd;
optr soptr;   /* 操作符栈 */
opnd sopnd;   /* 操作数栈 */
optr initoptr()   /* 初始化操作符栈 */
{
    optr s;
    s.top=-1;
    return s;
}
opnd initopnd()   /* 初始化操作数栈 */
{
    opnd s;
    s.top=-1;
    return s;
}
void pushoptr(char c)   /* 操作符入栈，c 为入栈的操作符 */
{
    if(soptr.top>=maxsize) printf("运算符栈满");
    else soptr.op[++soptr.top]=c;
}
char popoptr()            /* 操作符出栈操作 */
{
    char c='\0';
    if(soptr.top<0) printf("运算符栈为空");
    else c=soptr.op[soptr.top--];
    return c;
}
char gettopoptr()       /* 获取操作符栈顶元素，但不出栈 */
{
    return soptr.op[stkoptr.top];
```

```
}
void pushopnd(int x)   /* 操作数入栈操作 */
{
    if(sopnd.top>=maxsize) printf("操作数栈满");
    else sopnd.num[++sopnd.top]=x;
}
int popopnd()          /* 操作数出栈操作 */
{
    int x=0;
    if(sopnd.top<0) printf("操作数栈为空");
    else x=sopnd.num[sopnd.top--];
    return x;
}
```

以上两个栈是采用静态存储结构实现的。在操作符优先级的计算程序中，precede 函数的返回值有 4 种：'<'表示 c1<c2，'='表示 c1=c2，'<'表示 c1<c2，'! '表示 c1 或 c2 中有非法的操作符，或存在语法错误。全局变量 s1 存放原始的算数表达式，s2 存放转换后的波兰表达式。

波兰表达式的求值结果在操作数栈中，可以通过 result 函数提取。

本章小结

线性链表是线性表的一种实现方法，其数据元素之间的顺序关系是通过指针来实现的。队列是一种先进先出的线性表，具有队头和队尾。插入发生在队列的尾部，删除发生在队列的头部。可以用链表实现队列结构，在队列 queue 中，有队列的头指针 front、尾指针 rear，队列长度为 count。栈是限定仅在表尾进行插入或删除操作的线性表。表尾端称为栈顶，表头端称为栈底。栈又称为后进先出的线性表。

表达式求值是程序设计语言编译中的一个最基本问题，是栈的应用。有一种表达式记法在栈求值中非常有用，称为波兰记法。

实训

1. 利用数组实现一个线性表。
2. 使用静态数组实现一个循环队列。
3. 用链实现栈结构。
4. 修改表达式求值算法，增加两个一元运算符“+”和“–”。

第 15 章　综合案例设计——游戏

15.1　贪食蛇游戏

贪食蛇游戏是一个非常经典的游戏，最早出现在 MS-DOS 系统中，后来出现在 Windows 系统中和网络中，甚至一些手机都带有该游戏。在游戏中，贪食蛇按用户所按的方向键折行，蛇头吃到各种食物后蛇身变长，如果贪食蛇碰上墙壁或者自身，游戏结束。该游戏趣味性强，但实现起来却非常的简单。下面结合 Turbo C 学习贪食蛇游戏的实现。

1. 图形模式

Turbo C 可以把 DOS 初始化成图形模式。对于标准 VGA 显示系统，图形模式的屏幕分辨率为 640 像素×480 像素，颜色数为 16 位。初始化函数如下：

```
void far initgraph( int far * graphdriver, int far * graphmode, char far * parhtodriver );
```

该函数的用法如下：

```
int gd=DETECT,gm;
initgraph(&gd,&gm,"d:\\tc");
```

其中，gd 的值为 DETECT，是由系统自动检测和选择图形模式；gm 返回系统选择的最高分辨率；"d:\\tc"是系统搜索驱动程序文件的路径；cleardevice 函数用于清屏，其原形如下：

```
void far cleardevice(void);
```

退出图形模式时，使用 closegraph 函数。

2. 常用的图形界面函数

setcolor 函数用于设置画线的颜色，其原形如下：

```
void far setcolor( int color );
```

其中，参数 color 取值为 0～15。

setfillstyle 函数用于设置图形的填充模式，其原形如下：

```
void far setfillstyle( int pattern, int color );
```

其中，pattern 为填充方式；color 为填充的颜色。

setlinestyle 函数用于设置当前画线的宽度和类型，其原形如下：

```
void far setlinestyle( int linestyle, unsigned upattern, int thickness);
```

bar 函数用于画一个二维条形图，并用当前的填充模式填充，其原形如下：

```
viod far bar( int left, int top, int right, int bottom) ;
```

rectangle 函数用于在屏幕上画一个矩形，其原形如下：

```
void far rectangle( int left, int top, int right, int bottom );
```

settextstyle 函数设置图形输出的文本属性，其原形如下：

```
void far settextstyle( int font, int direction, int charsize );
```

其中，font 为字体；direction 为文本的方向，0 为水平方向，1 为垂直方向；charseze 为输出文字的放大倍数。

outtextxy 函数用于在屏幕指定位置显示文字，其原形如下：

```
void far outtextxy( int x, int y, char * textstring);
```

该函数在坐标（x，y）处显示字符串 textstring。

3．游戏的实现

全局变量的定义如下：

```
#define N 200
#include <graphics.h>
#include <stdlib.h>
#include <dos.h>
#define LEFT 0x4b00
#define RIGHT 0x4d00
#define DOWN 0x5000
#define UP 0x4800
#define ESC 0x011b
int score=0;          /*得分*/
int gamespeed=50;  /*游戏速度自己调整*/
struct Food
{
    int x;  /*食物的横坐标*/
    int y;  /*食物的纵坐标*/
    int yes;   /*判断是否要出现食物的变量*/
}food;   /*食物的结构体*/
struct Snake
{
    int x[N];
    int y[N];
    int node;   /*蛇的节数*/
    int direction;   /*蛇移动方向*/
    int life;   /* 蛇的生命,0活着,1死亡*/
}snake;
```

该段代码定义了游戏的得分 score。游戏的执行速度由变量 gamespeed 控制，该变量的值是两步之间延时的毫秒数。food 是游戏中随即出现的食物，snake 是贪食蛇，由多个节构成，每个节的坐标存放在数组 x[N]和 y[N]中。direction 是蛇的运动方向，1 为右，2 为左，3 为上，4 为下。life 是蛇的生命状态，0 代表蛇是活的，1 代表蛇死亡，当蛇撞到墙或自己，蛇就死亡了。

Init 函数是一段图形界面初始化的程序。首先调用 initgraph 函数初始化图形显卡，进入到图形模式，驱动程序由系统自动检测，搜索路径是“c:\tc”，读者在实现该程序时应根据 Turbo C 的实际安装路径来填写该参数。然后调用 cleardevice 函数清屏。代码的实现如下：

```
void Init(void)
{
    int gd=DETECT,gm;
    initgraph(&gd,&gm,"c:\\tc");
    cleardevice();
}
```

在进入图形模式后，调用 DrawK 函数在屏幕的四周绘制围墙，范围是左上角为（50，40）、右下角为（610，460）。代码实现如下：

```
void DrawK(void)
{
    int i;
    setcolor(11);
    setlinestyle(SOLID_LINE,0,THICK_WIDTH);   /*设置线型*/
    for(i=50;i<=600;i+=10)   /*画围墙*/
    {
        rectangle(i,40,i+10,49);   /*上边*/
        rectangle(i,451,i+10,460);   /*下边*/
    }
    for(i=40;i<=450;i+=10)
    {
        rectangle(50,i,59,i+10);   /*左边*/
        rectangle(601,i,610,i+10);   /*右边*/
    }
}
```

首先调用 setcolor 函数将画线颜色设置为亮青色，再调用 setlinestyle 函数将线型设置为实线，线宽为 3 个像素。接下来绘制围墙，围墙是由 10×10 的小矩形构成。

以上的过程做完之后就可以开始游戏了。GamePlay 函数是游戏的主过程。先将蛇初始化为两节，方向向右，蛇头的位置是（110，100）。调用 PrScore 函数（该函数在后面介绍）显示游戏分数。然后进入游戏循环。在循环中，调用 kbhit 函数检查是否有一个有效的键按下。如果是，该函数返回非零整数，否则返回 0。如果当前没有一个有效的键被按下，程序将产生一个食物，放在一个随机位置上。然后蛇按照 direction 所指示的方向运动一节的距离，如果蛇撞到自己或撞到墙壁，则死亡，游戏结束。如果蛇头的位置与食物相同，蛇则吃掉食物，并在蛇尾长出一节。如果有一个有效的键被按下，则调用 bioskey 函数读键盘，该函数返回一个整数，高 8 位是键的扫描码，低 8 位是键的 ASCII 码。如果是<Esc>键，则程序结束。如果是方向键，则重新设置 direction 方向。程序的代码如下：

```
void GamePlay(void)
{
    int i, key;
    randomize();   /*随机数发生器*/
    food.yes=1;   /*1表示需要出现新食物,0表示已经存在食物*/
    snake.life=0;   /*活着*/
    snake.direction=1;   /*方向往右*/
    snake.x[0]=110;snake.y[0]=100;   /*蛇头*/
    snake.x[1]=100;snake.y[1]=100;
    snake.node=2;   /*节数*/
    PrScore();   /*输出得分*/
    while(1)   /*可以重复玩游戏,按<Esc>键结束*/
    {
        while(!kbhit())   /*在没有按键的情况下,蛇自己移动身体*/
        {
            if(food.yes==1)   /*需要出现新食物*/
            {
```

```
        food.x=rand()%400+60;
        food.y=rand()%350+60;
        while(food.x%10!=0)
       /*食物随机出现后必须让食物能够在整格内,这样才可以让蛇吃到*/
            food.x++;
        while(food.y%10!=0)
            food.y++;
        food.yes=0;  /*画面上有食物了*/
    }
    if(food.yes==0)   /*画面上有食物了就要显示*/
    {
        setcolor(GREEN);
        rectangle(food.x,food.y,food.x+10,food.y-10);
    }
    for(i=snake.node-1;i>0;i--)
    /*蛇的每个环节往前移动,也就是贪食蛇的关键算法*/
    {
        snake.x[i]=snake.x[i-1];
        snake.y[i]=snake.y[i-1];
    }
    /*1、2、3、4表示右、左、上、下4个方向,通过这个判断来移动蛇头*/
    switch(snake.direction)
    {
        case 1: snake.x[0]+=10;break;
        case 2: snake.x[0]-=10;break;
        case 3: snake.y[0]-=10;break;
        case 4: snake.y[0]+=10;break;
    }
    for(i=3;i<snake.node;i++)
    /*从蛇的第四节开始判断是否撞到自己了，因为蛇头为两节，
      第三节不能拐过来*/
    {
        if(snake.x[i]==snake.x[0]&&snake.y[i]==snake.y[0])
        {
            GameOver();    /*显示失败*/
            snake.life=1;
            break;
        }
    }
    if(snake.x[0]<55||snake.x[0]>595||snake.y[0]<55|| snake.y[0]>455)
    /*蛇是否撞到墙壁*/
    {
        GameOver();   /*本次游戏结束*/
        snake.life=1;   /*蛇死*/
    }
    if(snake.life==1)
    /*以上两种判断以后,如果蛇死就跳出内循环，重新开始*/
        break;
```

```
            if(snake.x[0]==food.x&&snake.y[0]==food.y)   /*吃到食物以后*/
            {
                setcolor(0);   /*把画面上的食物东西去掉*/
                rectangle(food.x,food.y,food.x+10,food.y-10);
                snake.x[snake.node]=-20;snake.y[snake.node]=-20;
                /*新的一节先放在看不见的位置,下次循环就取前一节的位置*/
                snake.node++;   /*蛇的身体长一节*/
                food.yes=1;   /*画面上需要出现新的食物*/
                score+=10;
                PrScore();   /*输出新得分*/
            }
            setcolor(4);   /*画出蛇*/
            for(i=0;i<snake.node;i++)
               rectangle(snake.x[i],snake.y[i],snake.x[i]+10,snake.y[i]-10);
            delay(gamespeed);
            setcolor(0);   /*用黑色去除蛇的最后一节*/
            rectangle(snake.x[snake.node-1],snake.y[snake.node-1],
            snake.x[snake.node-1]+10,snake.y[snake.node-1]-10);
         }  /*endwhile(!kbhit)*/
         if(snake.life==1)   /*如果蛇死就跳出循环*/
            break;
         key=bioskey(0);   /*接收按键*/
         if(key==ESC)   /*按<Esc>键退出*/
            break;
         else if(key==UP&&snake.direction!=4)
         /*判断是否往相反的方向移动*/
            snake.direction=3;
         else if(key==RIGHT&&snake.direction!=2)
            snake.direction=1;
         else if(key==LEFT&&snake.direction!=1)
            snake.direction=2;
         else if(key==DOWN&&snake.direction!=3)
            snake.direction=4;
      }  /*endwhile(1)*/
   }
```

游戏分数显示 PrScore 函数的代码如下：

```
   void PrScore(void)
   {
      char str[10];
      setfillstyle(SOLID_FILL,YELLOW);
      bar(50,15,220,35);
      setcolor(6);
      settextstyle(0,0,2);
      sprintf(str,"score:%d",score);
      outtextxy(55,20,str);
   }
```

该函数调用 setfillstyle 函数设置图形填充模式为单色填充，填充色为黄色。再调用 bar

函数绘制一个黄色实心矩形。调用 setcolor 函数将绘图颜色设为棕色。最后调用 outtextxy 函数在（55，20）位置上显示分数。

GameOver 函数显示游戏结束画面。首先清屏，显示分数。然后将颜色设为红色，文字显示方式为 4 倍放大。最后在屏幕中央显示“GAME OVER”。实现代码如下：

```
void GameOver(void)
{
    cleardevice();
    PrScore();
    setcolor(RED);
    settextstyle(0,0,4);
    outtextxy(200,200,"GAME OVER");
    getch();
}
```

Close 函数用于在游戏结束后退出图形模式，返回文本模式。代码实现如下：

```
void Close(void)
{
    getch();
    closegraph();
}
```

游戏程序的主函数如下：

```
void main(void)
{
    Init();         /*图形驱动*/
    DrawK();        /*开始画面*/
    GamePlay();     /*玩游戏具体过程*/
    Close();        /*图形结束*/
}
```

主函数非常简单，依次调用 Init 函数、DrawK 函数、GamePlay 函数和 Close 函数。

游戏的执行画面如图 15-1 所示。

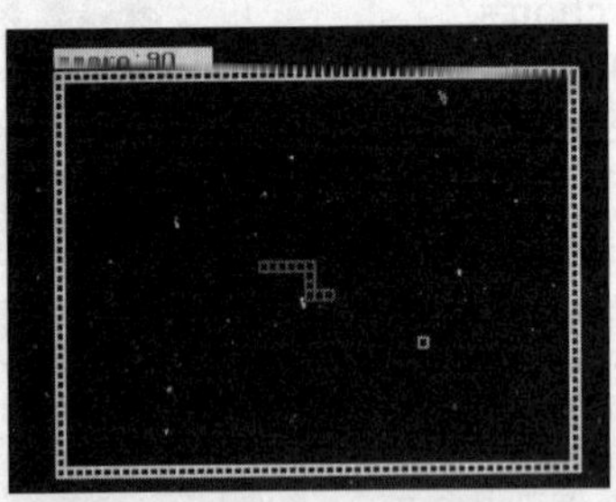

图 15-1　贪食蛇游戏的显示换面

15.2　迷宫问题

走迷宫是实验心理学中一个古典问题。根据给定的迷宫图，计算机探索前进方向，找出一条从入口到出口的路径。用计算机解迷宫路径的程序，就是仿照人走迷宫而设计的，也是对盲人走路的一个机械模仿。

假设迷宫是一个矩形，把它分成许多小方格，在每个小方格上或者已筑成墙或者没有，这就成为一个迷宫。走迷宫就是从一个小方格沿上、右上、右、右下、下、左下、左和左上 8 个方向到邻近的方格，当然不能穿墙。设迷宫的入口是在左上角的方格，而出口是右下角的方格。在计算机中，迷宫可用一个二维的数组来表示。若某小方格是墙，则相应数组元素为 1，否则为 0，表示可走的路。

走迷宫的基本思想是：在当前位置上，从上方开始，沿顺时针方向依次向 8 个方向探测前进路径，向探测到的通路方向前进一步，如此循环，直到迷宫的“出口”，或判断后宣布这是一个不存在通路的死迷宫。

在程序中先定义了下面的 3 个常量。

```
#define MAX_ROW 9
#define MAX_COL 6
#define MAX_STEPS (MAX_ROW*MAX_COL)
```

其中，MAX_ROW 是迷宫的行数，MAX_COL 是迷宫的列数，MAX_STEPS 是行走的最大步数。迷宫的定义如下：

```
int maze[MAX_ROW][MAX_COL];
```

在迷宫中行走时，如果在某个路径上走不通了，要沿着走过的路径回退，再从新的方向上试探。回退栈的定义如下：

```
typedef struct
{
    short int row;
    short int col;
    short int dir;
}element;
element stack[MAX_STEPS];
int top=-1;
```

其中，stack 是回退栈，top 是栈顶。栈元素 element 中的 row 和 col 是前一步的坐标，dir 是下一个试探方向。在程序中用一个数组标识走过的路经。在探索时，走过的路经就不能再走了。其定义如下：

```
int mark[MAX_ROW][MAX_COL];
```

在计算下一步的坐标时，用一个增量数组来帮助计算，原理如图 15-2 所示。

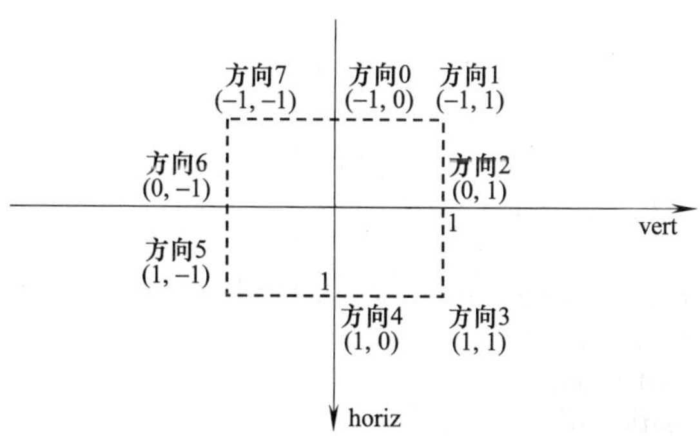

图 15-2 增量原理

增量数组的定义如下：

```
typedef struct
{
    short int vert;
```

```
        short int horiz;
    }offsets;
    offsets move[8]={{-1,0},{-1,1},{0,1},{1,1},{1,0},{1,-1},{0,-1},{-1,-1}};
```

入栈和出栈的实现如下：

```
    void add(int *top,element a)    /*入栈函数*/
    {
        stack[++*top]=a;
    }
    element mdelete(int *top)    /*出栈函数*/
    {
        return stack[(*top)--];
    }
```

走迷宫的算法要求迷宫的外墙为 1，探索步骤为：

1）将起点设为（1，1），方向为右，并把该点入回退栈。

2）从栈中弹出一个回退点。

3）计算下一步坐标。

4）如果下一步的坐标是出口则找到通路，转第 7 步。

5）如果下一步是没有走过的通路，则把当前坐标和下一个方向入回退栈，并把下一步作为当前步，方向为上。否则，计算下一个探索方向。

6）如果 8 个方向没有探索完，转第 3 步；否则，如果回退栈不空，转第 2 步。如果回退栈空，则没有通路，算法结束。

7）输出路经。

该算法实现如下：

```
    void path(void)    /*搜索出口*/
    {
        int i, row, col, next_row, next_col, dir, found = 0;
        element position;
        mark[1][1] = 1;    /* 将（1,1）设为已走过路径 */
        /* 设定第一步从（1,1）开始，行走方向为右 */
        top = 0;
        stack[0].row = 1;
        stack[0].col = 1;
        stack[0].dir = 1;
        /* 如果没有回退到起始点，且没有找到出口则循环 */
        while( top > -1 && !found )
        {
            position = mdelete(&top);    /* 从回退栈中弹出下一回退点 */
            row = position.row;
            col = position.col;
            dir = position.dir;
            /*在顺时针试探中，如果还没有试探完最后一个方向，即“左上”方向，则
              继续试探，直到试探完最后一个方向，或找到出口*/
            while( dir < 8 && !found )
            {
                next_row = row + move[dir].vert;    /* 设置下一步的坐标 */
                next_col = col + move[dir].horiz;
```

```
                if( next_row == EXIT_ROW && next_col == EXIT_COL )
                    found = 1;   /* 找到出口 */
                else if( !maze[next_row][next_col] && !mark[next_row][next_col] )
                {
                    mark[next_row][next_col] = 1;   /* 将下一步标识为已试探 */
                    position.row = row; position.col = col;
                    position.dir = ++dir;   /* 设置下一个试探方向，并入回退栈 */
                    add(&top, position);
                    /* 在下一步上开始新的试探 */
                    row = next_row; col = next_col; dir = 0;
                }
                else ++dir;
            }
        }
        if( found==1 )
        {
            printf("The path is:\n");
            printf("row    col\n");
            printf("\n");
            for( i = 0; i <= top; i++ )
            {
                printf("%2d %5d", stack[i].row, stack[i].col);
                printf("\n");
            }
            printf("%2d %5d\n",row,col);
            printf("%2d %5d\n",EXIT_ROW,EXIT_COL);
        }
        else printf("The maze does not have a path\n");
    }
```

迷宫算法的测试程序如下：

```
    int main()
    {
        int i,j;
        init();
        printf("The maze is:");
        for(i=0;i<MAX_ROW;i++)
        {
            printf("\n");
            for(j=0;j<MAX_COL;j++)
                printf("%d",maze[i][j]);
        }
        printf("\n");
        path();
        return 0;
    }
    void init()
    {
        /*迷宫:0 为通路，1 为墙，最外围必须是 1，入口是(1,1)，出口是(MAX_ROW-2,
         MAX_COL-2)*/
```

```
    int a[MAX_ROW][MAX_COL]=
    {
        {1,1,1,1,1,1},
        {1,0,0,0,0,1},
        {1,0,1,1,1,1},
        {1,1,0,0,1,1},
        {1,1,0,0,0,1},
        {1,0,1,1,1,1},
        {1,0,0,1,1,1},
        {1,1,1,0,0,1},
        {1,1,1,1,1,1}
    };
    int i,j;
    for(i=0;i<MAX_ROW;i++)    /* 初始化迷宫 */
        for(j=0;j<MAX_COL;j++)
            maze[i][j]=a[i][j];
}
```

程序运行结果：

```
The maze is:
    111111
    100001
    101111
    110011
    110001
    101111
    100111
    111001
    111111
    The path is:
    row   col
     1     1
     1     2
     2     1
     3     2
     3     3
     4     4
     4     3
     4     2
     5     1
     6     2
     7     3
     7     4
```

15.3 黑白棋游戏

黑白棋是一个古典游戏，棋盘是一个 8×8 的方格。开始时在棋盘正中有两白两黑 4 个棋子交叉放置。落子的方法是把自己颜色的棋子放在棋盘的空格上，当自己放下的棋子在横、竖、斜 8 个方向内有一个自己的棋子，则被夹在中间的全部会成为自己的棋子，并且只有在可以翻转棋子的地方才可以落子。如果棋盘上没有地方可以落子，则由对手连下。当棋盘下满时或一方的棋子数为零时棋局结束，棋子多的一方获胜。

全局变量的定义如下：

```
#include <graphics.h>    /* 图形系统头文件 */
#define LEFT 0x4b00      /* 光标左键值 */
#define RIGHT 0x4d00 /* 光标右键值 */
#define DOWN 0x5000 /* 光标下键值 */
#define UP 0x4800 /* 光标上键值 */
#define ESC    0x011b    /* <Esc>键值 */
#define ENTER 0x1c0d /* 回车键值 */
int a[8][8]={0};         /* 存放棋子的数组 */
int key;                 /* 按键值 */
int score1,score2;       /* 两个人的分数 */
char playone[3],playtwo[3];    /* 存放以字符串形式表示的两个人的得分 */
```

DrawInit 函数用来初始化棋盘。设置屏幕背景为蓝色，然后绘制 8×8 的棋盘，在棋盘中间放置两黑两白，共 4 枚棋子。然后统计双方的初始得分，准备开始游戏。代码实现如下：

```
void DrawInit()    /*画棋盘*/
{
    int i,j;
    score1=score2=0;   /*棋手一开始得分都为0*/
    setbkcolor(BLUE);
    for(i=100;i<=420,i+–40)
    {
        line(100,i,420,i);    /*画水平线*/
        line(i,100,i,420);    /*画垂直线*/
    }
    setcolor(0);   /*取消圆周围的一圈东西*/
    setfillstyle(SOLID_FILL,15);    /*白色实体填充模式*/
    fillellipse(500,200,15,15);    /*在显示得分的位置画棋*/
    setfillstyle(SOLID_FILL,8);    /*黑色实体填充模式*/
    fillellipse(500,300,15,15);
    a[3][3]=a[4][4]=1;    /*初始两个黑棋*/
    a[3][4]=a[4][3]=2;    /*初始两个白棋*/
    sctfillstyle(SOLID_FILL,WHITE);
    fillellipse(120+3*40,120+3*40,15,15);
    fillellipse(120+4*40,120+4*40,15,15);
    setfillstylc(SOLID_FILL,8);
    fillellipse(120+3*40,120+4*40,15,15);
    fillellipse(120+4*40,120+3*40,15,15);
    score1=score2=2;    /*有棋后改变分数*/
    DoScore();    /*统计开始分数*/
}
```

下面先介绍一些基本函数。SetPlay 函数用于设置棋子的颜色，玩家 1 为白色，玩家 2 为黑色。代码实现如下：

```
void SetPlayColor(int t)    /*设置棋子颜色*/
```

```
{   if(t%2==1)
        setfillstyle(SOLID_FILL,15);    /*白色*/
    else
        setfillstyle(SOLID_FILL,8);    /*黑色*/
}
```

MoveColor 函数是用来在移动棋子后，恢复原来棋盘格的状态。参数 x 和 y 是棋子的坐标。代码实现如下：

```
void MoveColor(int x,int y)
{
    if(y<100)    /*如果是从起点出发就恢复蓝色*/
        setfillstyle(SOLID_FILL,BLUE);
    else    /*其他情况，如果是棋手1就恢复白色棋子,是棋手2就恢复黑色棋子,否则恢
            复蓝色棋盘*/
        switch(a[(x-120)/40][(y-120)/40])
        {   case 1:
                setfillstyle(SOLID_FILL,15);break;    /*白色/
            case 2:
                setfillstyle(SOLID_FILL,8);break;    /*黑色*/
            default:
               setfillstyle(SOLID_FILL,BLUE);    /*蓝色*/
        }
}
```

DoScore 函数统计分数，通过扫描棋盘格，统计黑白的数量，记录在 score1 和 score2 变量中。代码实现如下：

```
void DoScore()
{
    int i,j;
    score1=score2=0;  /*重新开始计分数*/
    for(i=0;i<8;i++)
        for(j=0;j<8;j++)
            if(a[i][j]==1)   /*分别统计两个人的分数*/
                score1++;
            else if(a[i][j]==2)
               score2++;
}
```

PrintScore 函数在屏幕的右侧输出 playnum 的分数。代码如下：

```
void PrintScore(int playnum)    /*输出成绩*/
{
    if(playnum==1)    /*清除以前的成绩*/
    {
        setfillstyle(SOLID_FILL,BLUE);
        bar(550,100,640,400);
    }
    setcolor(RED);    /* 设置输出文本颜色为红色 */
```

```
        settextstyle(0,0,4);    /*设置文本输出样式，放大4倍*/
        if(playnum==1)   /*判断输出哪个棋手的分,在不同的位置输出*/
        {
            sprintf(playone,"%d",score1);
            outtextxy(550,200,playone);
        }
        else
        {   sprintf(playtwo,"%d",score2);
            outtextxy(550,300,playtwo);
        }
        setcolor(0);
    }
```

playWin 函数输出最后的胜利者。代码如下：

```
    void playWin()   /*输出最后的胜利者结果*/
    {
        settextstyle(0,0,4);
        setcolor(12);
        if(score2>score1)   /*开始判断最后的结果*/
            outtextxy(100,50,"black win!");
        else if(score2<score1)
            outtextxy(100,50,"white win!");
        else
            outtextxy(60,50,"you all win!");
    }
```

QpChange 函数用于判断当一个棋子落到（x，y）后，是否有对方的棋子被改变。函数沿着上、下、左、右、左上、左下、右上和右下 8 个方向检查是否有对方的棋子夹在其中。如果有，改变对方棋子的颜色，并返回 1。如果没有，说明这是一个无效的位置，函数返回 0。其代码实现如下：

```
    int QpChange(int x,int y,int t)   /*判断棋盘的变化*/
    {
        int i,j,k,kk,ii,jj,yes;
        yes=0;
        i=(x-120)/40;   /*计算数组元素的行下标*/
        j=(y-120)/40;   /*计算数组元素的列下标*/
        SetPlayColor(t);   /*设置棋子变化的颜色*/
        /*开始往8个方向判断变化*/
        if(j<6)   /*往右边*/
        {
            for(k=j+1;k<8;k++)
                if(a[i][k]==a[i][j]||a[i][k]==0)   /*遇到自己的棋子或空格结束*/
                    break;
            if(a[i][k]!=0&&k<8)   /* 改变右侧对方棋子的颜色 */
            {
                for(kk=j+1;kk<k&&k<8;kk++)   /*判断右边*/
                {
                    a[i][kk]=a[i][j];   /*改变棋子颜色*/
                    fillellipse(120+i*40,120+kk*40,15,15);
```

```
            }
            if(kk!=j+1)   /*条件成立则有棋子改变过颜色*/
                yes=1;
        }
    }
    if(j>1)   /*判断左边*/
    {
        for(k=j-1;k>=0;k--)
            if(a[i][k]==a[i][j]||!a[i][k])
        break;
        if(a[i][k]!=0&&k>=0)
        {
            for(kk=j-1;kk>k&&k>=0;kk--)
            {
                a[i][kk]=a[i][j];
                fillellipse(120+i*40,120+kk*40,15,15);
            }
            if(kk!=j-1)
                yes=1;
        }
    }
    if(i<6)   /*判断下边*/
    {
        for(k=i+1;k<8;k++)
            if(a[k][j]==a[i][j]||!a[k][j])
                break;
        if(a[k][j]!=0&&k<8)
        {
            for(kk=i+1;kk<k&&k<8;kk++)
            {
                a[kk][j]=a[i][j];
                fillellipse(120+kk*40,120+j*40,15,15);
            }
            if(kk!=i+1)
                yes=1;
        }
    }
    if(i>1)   /*判断上边*/
    {
        for(k=i-1;k>=0;k--)
            if(a[k][j]==a[i][j]||!a[k][j])
                break;
        if(a[k][j]!=0&&k>=0)
        {
            for(kk=i-1;kk>k&&k>=0;kk--)
            {
                a[kk][j]=a[i][j];
                fillellipse(120+kk*40,120+j*40,15,15);
            }
```

```
            if(kk!=i-1)
                yes=1;
        }
    }
    if(i>1&&j<6)   /*右上*/
    {
        for(k=i-1,kk=j+1;k>=0&&kk<8;k--,kk++)
            if(a[k][kk]==a[i][j]||!a[k][kk])
                break;
        if(a[k][kk]&&k>=0&&kk<8)
        {
            for(ii=i-1,jj=j+1;ii>k&&k>=0;ii--,jj++)
            {
                a[ii][jj]=a[i][j];
                fillellipse(120+ii*40,120+jj*40,15,15);
            }
            if(ii!=i-1)
                    yes=1;
        }
    }
    if(i<6&&j>1)   /*左下*/
    {
        for(k=i+1,kk=j-1;k<8&&kk>=0;k++,kk--)
            if(a[k][kk]==a[i][j]||!a[k][kk])
                break;
        if(a[k][kk]!=0&&k<8&&kk>=0)
        {
            for(ii=i+1,jj=j-1;ii<k&&k<8;ii++,jj--)
            {
                a[ii][jj]=a[i][j];
                fillellipse(120+ii*40,120+jj*40,15,15);
            }
            if(ii!=i+1)
                    yes=1;
        }
    }
    if(i>1&&j>1)   /*左上*/
    {
        for(k=i-1,kk=j-1;k>=0&&kk>=0;k--,kk--)
            if(a[k][kk]==a[i][j]||!a[k][kk])
                break;
        if(a[k][kk]!=0&&k>=0&&kk>=0)
        {
            for(ii=i-1,jj=j-1;ii>k&&k>=0;ii--,jj--)
            {
                a[ii][jj]=a[i][j];
                fillellipse(120+ii*40,120+jj*40,15,15);
            }
            if(ii!=i-1)
```

```
                    yes=1;
            }
        }
        if(i<6&&j<6)   /*  右下*/
        {
            for(k=i+1,kk=j+1;kk<8&&kk<8;k++,kk++)
                if(a[k][kk]==a[i][j]||!a[k][kk])
                    break;
            if(a[k][kk]!=0&&kk<8&&k<8)
            {
                for(ii=i+1,jj=j+1;ii<k&&k<8;ii++,jj++)
                {
                    a[ii][jj]=a[i][j];
                    fillellipse(120+ii*40,120+jj*40,15,15);
                }
                if(ii!=i+1)
                        yes=1;
            }
        }
        return yes;   /*返回是否改变过棋子颜色的标记*/
    }
```

下面的 playtoplay 函数是游戏中的主要函数，它实现了人—人对弈的过程。首先通过 bioskey 函数读键盘，如果按键是回车键，则检查当前位置是否有棋子，如果有棋子，则当前落子无效。如果没有棋子，再在当前位置落子。然后调用 QpChange 函数检查是否是一个有效的落子。如果有效，重新统计双方的分数，并轮换到对方走棋。如果无效，则重新走棋，如果无处落子，则轮换到对方走棋。如果按键是方向键，则在相应方向上移动棋子。最后，当棋盘下满棋子或一方的分数为零，则对战结束，调用 playWin 函数显示获胜方。playtolpay 函数的实现过程如下：

```
void playtoplay()   /*人人对战*/
{
    int x,y,t=1,i,j,cc=0;
    while(1)   /*换棋手走棋*/
    {
        x=120,y=80;   /*每次棋子一开始出来的坐标,x为行坐标,y为列坐标*/
        while(1)   /*具体一个棋手走棋的过程*/
        {
            PrintScore(1);   /*输出棋手的成绩*/
            PrintScore(2);   /*输出棋手的成绩*/
            SetPlayColor(t);   /*t变量是用来判断棋手所执棋子的颜色*/
            fillellipse(x,y,15,15);
            key=bioskey(0);   /*接收按键*/
            if(key==ESC)   /*跳出游戏*/
                break;
            else
            if(key==ENTER)   /*如果按键确定就可以跳出循环*/
            {
                if(y!=80&&a[(x-120)/40][(y-120)/40]!=1
                    &&a[(x-120)/40][(y-120)/40]!=2)   /*如果落子位置没有棋子*/
```

```
        {
            if(t%2==1)   /*如果是棋手1移动*/
                a[(x-120)/40][(y-120)/40]=1;
            else   /*否则棋手2移动*/
                a[(x-120)/40][(y-120)/40]=2;
            if(!QpChange(x,y,t))   /*落子后判断棋盘的变化*/
            {   /* 这是一个无效的落子位置 */
                a[(x-120)/40][(y-120)/40]=0;   /*恢复空格状态*/
                cc++;   /*开始统计尝试次数*/
                if(cc>=64-score1-score2)   /*如果尝试超过空格数则停步，换对
                                               方走棋*/
                {
                     MoveColor(x,y);
                     fillellipse(x,y,15,15);
                     break;
                }
                else
                    continue;   /*如果按键无效，重新走棋*/
            }
            DoScore();   /*分数的改变*/
            break;   /*棋盘变化了，则轮对方走棋*/
        }
        Else   /*已经有棋子就继续按键*/
            continue;
    }
    /*4个方向按键的判断*/
    else if(key==LEFT&&x>120)   /*左方向键*/
    {
        MoveColor(x,y);
        fillellipse(x,y,15,15);
        SetPlayColor(t);
        x-=40;
        fillellipse(x,y,15,15);
    }
    else if(key==RIGHT&&x<400&&y>80)   /*右方向键*/
    {
        MoveColor(x,y);
        fillellipse(x,y,15,15);
        SetPlayColor(t);
        x+=40;
        fillellipse(x,y,15,15);
    }
    else if(key==UP&&y>120)   /*上方向键*/
    {
        MoveColor(x,y);
        fillellipse(x,y,15,15);
        SetPlayColor(t);
        y-=40;
```

```
                fillellipse(x,y,15,15);
            }
            else if(key==DOWN&&y<400)  /*下方向键*/
            {
                MoveColor(x,y);
                fillellipse(x,y,15,15);
                SetPlayColor(t);
                y+=40;
                fillellipse(x,y,15,15);
            }
        }
        if(key==ESC)   /*结束游戏*/
            break;
        if((score1+score2)==64||score1==0||score2==0)   /*格子已经占满或一方棋子为
                                                          0判断胜负*/
        {
            playWin();   /*输出最后结果*/
            break;
        }
        t=t%2+1;   /*一方走后，改变棋子颜色即轮对方走*/
        cc=0;   /*计数值恢复为0*/
    }   /*endwhile*/
}
```

该游戏的主函数如下：

```
    void main(void)
    {
        int gd=DETECT,gr;
        initgraph(&gd,&gr,"c:\\tc");   /*初始化图形系统*/
        DrawInit();                        /*画棋盘*/
        playtoplay();                      /*人人对战*/
        getch();
        closegraph();                      /*关闭图形系统*/
    }
```

黑白棋游戏的显示画面如图 15-3 所示。

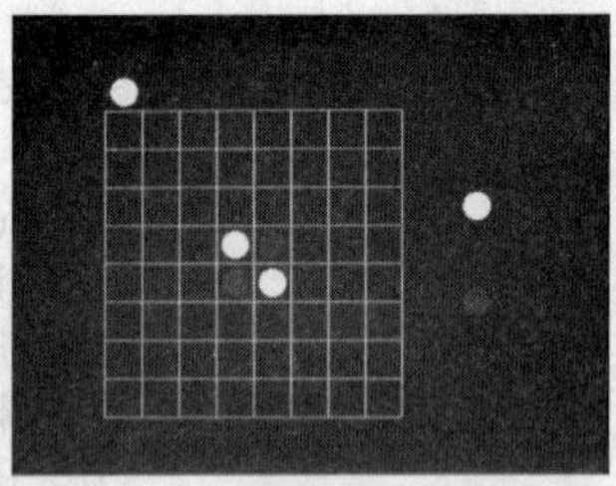

图 15-3　黑白棋游戏的显示画面

本章小结

1. 贪食蛇游戏是一款非常经典的游戏。在游戏中，贪食蛇按用户所按的方向键折行，蛇头吃到各种食物后蛇身变长，如果贪食蛇碰上墙壁或者自身，游戏结束。使用 Turbo C 实现贪食蛇游戏。

2. 黑白棋是一个古典游戏。棋盘是一个 8×8 的方格。开始时在棋盘正中有两白两黑 4 个棋子交叉放置。落子的方法是把自己颜色的棋子放在棋盘的空格上，当自己放下的棋子在横、竖、斜 8 个方向内有一个自己的棋子，则被夹在中间的全部会成为自己的棋子。并且，只有在可以翻转棋子的地方才可以落子。如果棋盘上没有地方可以落子，则由对手连下。当棋盘下满时或一方的棋子数为零时棋局结束，棋子多的一方获胜。使用 Turbo C 实现黑白棋游戏。

3. 走迷宫是心理学中一个古典问题。根据给定的迷宫图，计算机探索前进方向，找出一条从入口到出口的路径。用计算机解迷宫路径的程序，就是仿照人走迷宫而设计的，也是对盲人走路的一个机械模仿。使用 Turbo C 实现迷宫游戏。

实训

1. 使用 Turbo C 在 DOS 图形模式下实现汉字显示。
2. 在 DOS 下编写程序，显示输入按键的扫描码和键值。
3. 修改贪食蛇游戏，增加演示模式，贪食蛇自动吃食物。
4. 继续修改贪食蛇游戏，在出现食物和蛇吃到食物时发出声音。
5. 改进迷宫游戏：①只能在上、下、左、右四个方向行走；②出口可以设在围墙的任何位置。
6. 修改黑白棋游戏，实现人—机对弈。
7. 在黑白棋的基础上，编写五子棋游戏，实现人—人对弈。

第 16 章　C++简介

16.1　C++概述

C++是由 C 语言发展而来的，它不仅扩充了 C 语言面向过程的功能，而且增加了面向对象的功能。

现实世界中任何事物都可以看成对象，每个对象之间存在相互的联系。比如，一所大学是一个对象，一个班级是一个对象，一名学生也是一个对象。在实际生活中，对象是进行活动的主体和基本单位。对象应该有两个要素：一是从事活动的主体，比如班级中的学生；二是活动的内容，如上课、开会、吃饭、娱乐等。

从计算机的角度看，对象应包括两个要素：一是数据，相当于班级中的学生；二是要进行的操作，相当于学生的活动。对象是一个包含数据及和这些数据密切相关的操作的集合。

面向过程的程序设计是围绕功能进行的，用函数实现相应的功能。所有数据都是可以公用的，一个函数可以使用任意一组数据，一组数据又能被多个函数所使用。程序员必须考虑每个细节，即什么时候对什么数据进行什么操作。

面向对象的程序设计采用了新的方法，使用的是一个个对象。不同的数据属于不同的对象。实际上，每一组数据都是某种操作的对象，都有特定用途。把有关数据和操作放在一起，形成整体，与外界相对隔离，这就是把对象“封装”起来了。面向对象程序设计的一个比较重要特性就是“封装性”，即把数据和操作代码封装在一个对象中。程序员的任务主要包括两个方面：一是设计对象；二是通知有关对象完成所需的任务。程序员不断地向各个对象发出命令，让这些对象活动起来，完成自己范围内的工作。各个对象的操作完成了，整体任务也就完成了。

16.2　类和对象的概念

世界上有一些对象具有相同的结构和特性。比如，高一 1 班、高一 2 班、高一 3 班是 3 个不同的对象，但它们属于同一类型的，具有相同的结构和特性。每个对象都属于某一种类型，在 C++中，我们把对象的类型简称为“类”（class）。类代表了某一批对象的共同特性，是对象的抽象。而对象则是类的实例，类似于结构体类型和结构体变量的关系，在 C++中也是先声明一个类，然后再用类去定义若干类的实例——对象。总之，类是用来定义对象的一种抽象数据类型，它的性质和其他数据类型基本相同。

C++最重要的改进就是增加了类这样一种数据类型。在 C++中声明一个类的方法和声明一个结构体类型是相似的。例如下面声明一个学生结构类型：

```
struct student
{
    int num;
    char name[20];
    char sex;
```

```
    int age;
};
struct student stud1,stud2;
```

如果需要对结构体变量中各成员赋值或输出它们的值，则需要另外编写相关的语句。结构体变量中各成员在本作用域中都是“公用”的，不受任何限制，因此程序缺乏安全性。下面声明一个学生“类”：

```
class Student                          //定义学生类
{
    int num;
    char name[20];
    char sex;
    int age;                           //上面 4 行对成员进行定义
    void display()                     //定义成员函数
    {
        cout<<"num:"<<num<<endl;
        cout<<"name:"<<name<<endl;
        cout<<"sex:"<<sex<<endl;
        cout<<"age:"<<age<<endl;    //上面 4 行是操作
    }
};
Studcnt stud1,stud2,              //定义学生类的实例
```

从上例中可以看出，类定义中既包含数据又包括对这些数据的操作，类把数据和操作封装在一起了。display 是一个成员函数，用来输出学生对象中的学号、姓名、性别和年龄。除了封装性外，类还具有“隐藏性”，从而使类中的成员与外界的联系尽可能减少。封装在 Student 中的成员对外界是隐藏性的，外界不可以调用它们。只有本类中的成员函数 display 可以调用它们。在类中没有指定的操作是不能执行的。但不能把全部成员与外界隔离，通常是把数据隐藏，把成员函数作为对外接口，这样就可以从外界发一个命令，通知对象执行成员函数 display，输出某学生的数据信息。

类成员分为两种：一种是属于“私有的”（private），外界不能调用；另一种是属于“公有的”（public），外界可以调用。将上述类的声明变更如下：

```
class Student                          //定义学生类
{
    private:                           //声明私有成员
    int num;
    char name[20];
    char sex;
    int age;
    public:                            //声明公有成员函数
    void display()
    {
        cout<<"num:"<<num<<endl;
        cout<<"name:"<<name<<endl;
```

```
        cout<<"sex:"<<sex<<endl;
        cout<<"age:"<<age<<endl;    //上面 4 行是操作
     }
};
Student stud1,stud2;               //定义学生类的实例对象
```

因为成员函数 display 是公有的，所以外界可以调用该函数。

如果在类声明中既不指定 private（私有），也不指定 public（公有），则默认为私有的。

类中的成员函数往往被称作“方法”，“方法”就是对数据的操作。一个“方法”对应于一种操作。正如上例所示，只有声明为 public 的方法才能被对象外界所激活。对象外界是通过发送“消息”来激活方法的。所谓“消息”就是用程序语句来实现的命令。比如，想输出对象 stud2 中的学生的学号、姓名等信息，可以在程序中写语句：

```
stud2.display();
```

向对象 stud2 发出的一个“消息”，通知它执行 display“方法”。

声明“类”的一般形式如下：

```
class 类名
{
    private:
    私有的数据及成员函数;
    public:
    公有的数据及成员函数;
};
```

C++保留了结构体和共用体类型，并把它们的功能扩展了，允许在声明的结构体和共用体类型中包含成员函数，即可用 struct 或 union 来声明一个“类”类型，但和用 class 声明的类并不完全一样。三者的区别如下：

1）struct 声明的类，若不用 private 或 public 声明，则其成员默认为公有的，在需要时可自己重新指定为 private 或 public。

2）union 声明的类，若不用 private 或 public 声明，则其成员默认为公有的，且不能改变。

3）class 声明的类，若不用 private 或 public 声明，则其成员默认为私有的，需要时可自己重新指定为 private 或 public。

16.3 继承和派生

C++强调软件的可重用性，可重用性是通过“继承”来实现的。

类中可以包含若干数据成员和成员函数。每个类的数据成员和成员函数不是完全相同的。但有时多个类的内容可能部分相同。比如，前面声明的学生类 Student:

```
class Student                          //定义学生类
{
    private:                           //声明以下部分为私有的
    int num;
    char name[20];
    char sex;
```

```
        int age;
        public:                                 //声明以下部分为公有的
        void display()
        {
            cout<<"num:"<<num<<endl;
            cout<<"name:"<<name<<endl;
            cout<<"sex:"<<sex<<endl;
            cout<<"age:"<<age<<endl;   //上面 4 行是操作
        }
    };
    Student stud1,stud2;                        //定义学生类的实例对象
```

如果学校的某部门除了需要用到学号、姓名、性别和年龄以外，还要用到成绩、地址等信息，则可以声明一个新类：

```
    class Student1
    {
        private:
        int num;
        char name[20];
        char sex;
        int age;
        float score;
        char addr[30];
        public:
        void display()
        {
            cout<<"num:"<<num<<endl;
            cout<<"name:"<<name<<endl;
            cout<<"sex:"<<sex<<endl;
            cout<<"age:"<<age<<endl;
            cout<<"score:"<<score<<endl;
            cout<<"addr:"<<addr<<endl;
        }
    };
    Student stud1,stud2;
```

可以看出，新学生类中有相当一部分是原学生类已有的。为了减少重复，C++提供了“继承”机制。所谓的“继承”就是在一个已存在类的基础上建立一个新类。已存在的类称为“父类”或“基类”。新建的类称为“子类”或“派生类”。派生类继承了基类的所有数据成员和成员函数，并可增加新成员。

定义派生类的方法为：

```
    class 派生类名: [引用权限]基类名
    {
      新增加的数据成员
```

```
    新增加的成员函数
};
```

“引用权限”可以是私有（private）的和公有的（public），默认为私有的。下面是一个通过继承来建立派生类的例子。

假设已经声明了一个基类 Student，在此基础上声明一个派生类 Student2:

```
class Student2:public Student
{
    private:
    float score;                        //新增加的数据成员
    char addr[30];                      //新增加的数据成员
    public:
    void display_1()                    //新增加的成员函数
    {
        cout<<"score:"<<score<<endl;
        cout<<"addr:"<<addr<<endl;
    }
};
```

派生类既包括基类成员又包括新增加的成员，派生类的成员函数在引用自己的数据成员时，按前面介绍的规则处理。而当引用从基类继承来的成员时，则要根据基类成员的引用权限和派生类声明的引用权限共同决定。

如果声明一个派生类时将基类的引用权限指定为 public 的，则该类称为基类的公有派生类。

在公有派生类中，基类的公有成员和保护成员也是派生类的公有成员和保护成员，而基类的私有成员成为派生类的“不可访问的成员”，是不能被派生类引用的。例如：

```
class Student                       //声明基类
{
    private:                        //声明以下部分为私有的
    int num;
    char name[20],
    char sex;
    int age;
    public:                         //声明以下部分为公有的
    void display()
    {
        cout<<"num:"<<num<<endl;
        cout<<"name:"<<name<<endl;
        cout<<"sex:"<<sex<<endl;
        cout<<"age:"<<age<<endl;
    }
};
class Student2:public Student       //声明一个公有派生类
{
    private:
```

```
        float score;
        char addr[30];
        public:
        void show()
        {
            cout<<"num:"<<num<<endl;        //企图引用基类的私有成员，错误
            cout<<"name:"<<name<<endl;      //企图引用基类的私有成员，错误
            cout<<"sex:"<<sex<<endl;        //企图引用基类的私有成员，错误
            cout<<"age:"<<age<<endl;        //企图引用基类的私有成员，错误
            cout<<"score:"<<score<<endl;    //引用派生类的私有成员，正确
            cout<<"addr:"<<addr<<endl;      //引用派生类的私有成员，正确
        }
    };
```

可以通过基类的公有成员函数来引用基类的私有数据成员，上面对派生类的 Student2 的声明可改为：

```
    class Student2:public Student         //声明一个公有派生类
    {
        private:
        float score;
        char addr[30];
        public:
        void show()
        {
            display();
            cout<<"score:"<<score<<endl;    //引用派生类的私有成员，正确
            cout<<"addr:"<<addr<<endl;      //引用派生类的私有成员，正确
        }
    };
```

可以在派生类成员函数 show 中引用基类的公有成员函数 display，并通过 display 来引用基类的私有数据成员。

写 main 函数如下（假设对象 a 中已经有数据）：

```
    void main()
    {
        Student2 a;            //定义一个 Student2 派生类的对象 a
        a.display();           //正确，从基类继承的公有成员函数
        a.score=76;            //错误，外界不能引用派生类的私有成员
        a.age=20;              //错误，外界不能引用基类的私有成员
        a.show();              //输出 a 对象的 6 个数据
    }
```

如果声明一个派生类时，将基类的引用权限指定为 private 的，则该类成为基类的私有派生类。

在私有派生类中，基类的公有成员和保护成员也是派生类的公有成员和保护成员，而基

类的私有成员却不能被派生类引用，即成为派生类的“不可访问的成员”，只有基类的成员函数可以引用它。例如：

```
class Student2:private Student              //声明一个私有派生类
{
    private:
    float score;
    char addr[30];
    public:
    void show()
    {
        display();                          //基类的公有成员函数变成派生类的私
                                              有成员函数
        cout<<"score:"<<score<<endl;        //引用派生类的私有成员，正确
        cout<<"addr:"<<addr<<endl;          //引用派生类的私有成员，正确
    }
};
void main()
{
    Student2 a;                             //定义一个 Student2 派生类的对象 a
    a.display();                            //错误，基类的公有成员函数变成派生类
                                              的私有成员函数
    a.score=20;                             //错误，外界不能引用派生类的私有成员
}
```

总之，不能通过私有派生类对象引用从基类继承过来的任何成员。在派生类的成员函数中不能访问基类的私有成员，但可以访问基类的公有成员。

用 protected 声明的成员是保护成员。保护成员也不能被外界引用，但可被派生类的成员函数所引用。

因为基类的私有成员被派生类继承后变成“不可访问的成员”，所以如果想在派生类引用基类的成员，可以将基类的成员声明为 protected。例如：

```
class Student                               //声明基类
{
    protected:                              //基类保护成员
    int num;
    char name[20];
    char sex;
    int age;
    public:                                 //基类公有成员
    void display()
    {
        cout<<"num:"<<num<<endl;
        cout<<"name:"<<name<<endl;
        cout<<"sex:"<<sex<<endl;
```

```
            cout<<"age:"<<age<<endl;
        }
};
class Student2:public Student                //声明一个公有派生类
{
    private:
    float score;
    char addr[30];
    public:
    void show()
    {
        cout<<"num:"<<num<<endl;          //引用基类的保护成员，合法
        cout<<"name:"<<name<<endl;        //引用基类的保护成员，合法
        cout<<"sex:"<<sex<<endl;          //引用基类的保护成员，合法
        cout<<"age:"<<age<<endl;          //引用基类的保护成员，合法
        cout<<"score:"<<score<<endl;      //引用派生类的私有成员，合法
        cout<<"addr:"<<addr<<endl;        //引用派生类的私有成员，合法
    }
};
void main()
{
    Student2 a;                           //定义一个 Student2 派生类的对象 a
    a.show();                             //合法，show 是派生类中的公有成员函数
    a.age=20;                             //错误，外界不能引用保护成员
}
```

从上例可知，基类的保护成员对类的外界来说仍是不可引用的，但对派生类来说它相当于私有成员，可以通过成员函数引用。也就是把保护成员的引用范围扩展到派生类中。

16.4 构造函数和析构函数

我们知道，不同数据类型的变量所分配到的存储空间不同。既然类是一种用户定义的数据类型，那么当定义类的对象时，系统也会根据其所属的类型分配相应大小的存储空间，并对其进行初始化，这些工作由构造函数完成。而当对象的生命周期结束时，则由析构函数来完成对象存储空间的回收和善后工作。每个类都包含构造函数和析构函数，并且它们是由系统自动调用的。构造函数和析构函数可以由系统自动生成，也可以由用户自己定义。

构造函数是类的一种特殊的成员函数。在定义类的对象时，系统会自动调用构造函数来创建并初始化对象。

在类内需要声明构造函数，其实现部分既可以在类内（此时首部后的分号应删除），也可以在类外，这与定义成员函数的方式相同。

在类外定义构造函数的格式如下：

类名::函数名([形式参数])

```
{
    ...
}
```

其中，形式参数允许带有默认值。

构造函数不仅具有一般成员函数的特征，还具有以下特殊的性质：

1）构造函数的函数名必须与类名相同。

2）构造函数没有返回值类型，所以前面不能加 void。

3）构造函数必须为公有（public）属性，否则定义对象时不能自动调用构造函数，编译时也会出错。

4）构造函数只能在创建对象时由系统调用，在定义的对象名后要提供构造函数所需的实际参数，其格式如下：

对象名(实际参数表)

在定义对象的同时系统已经完成了对象的初始化工作，不能在程序中写出形如“对象名.构造函数名(实际参数表)”的调用构造函数语句。

构造函数举例如下：

```
#include <iostream>
using namespace std;
class Date
{
    private:
    int year,month,day;
    public:
    date(int,int,int);                    //构造函数原型声明
    void display();
};
Date::date(int y,int m,int d)             //在类体外实现构造函数，故前面加类名
{
    cout<<"Executing constructor…\n";
    year=y;                               //完成对数据成员初始化
    month=m;
    day=d;
}
void Date::display()
{
    cout<<year<<"-"<<month<<"-"<<day<<endl;
}
int main()
{
    Date today(2014,03,17);               //定义对象同时完成对象的初始化
    cout<<"Today is:";
    today.display();
    return 0;
}
```

程序运行结果：

Executing constructor…

Today is :2014-03-17

输出结果显示系统在创建对象 today 时自动调用构造函数，因为是带参数的构造函数，所以在定义对象 today 时须给出构造函数所需的实际参数表（2014,03,17），根据构造函数的语句分别给 today 的数据成员赋值。

如果程序员在类中没有定义构造函数，系统会自动生成一个默认的构造函数，该构造函数无形式参数，也无任何语句，其功能仅用于创建对象，为对象分配空间但不对其中的数据成员初始化。

当对象生存期结束时，需要释放所占内存资源，这个工作由析构函数来完成。

在类内必须声明 public 属性的析构函数，格式如下：

```
~类名();
```

其实现部分既可以在类内（此时首部后的分号应删除），也可以在类外，这与普通成员函数的定义方式完全相同。

在类外定义析构函数的格式如下：

```
类名::~函数名()
{
   …
}
```

析构函数特性说明如下：

1）析构函数是类的特殊成员函数，其函数名应与类名相同，但在类名前要加“～”号。

2）析构函数没有返回值类型，前面不能添加 void，且必须定义成公有成员函数。

3）析构函数没有形式参数，析构函数不能被重载，每个类只能拥有一个析构函数。

4）构造函数的调用也是自动执行的，在两种情况下自动执行析构函数：第一种是在对象生存期结束时；第二种是在用 delete 运算符释放用 new 运算符动态创建的对象时。

与构造函数类似，如果在程序中没有显式定义的析构函数，系统则会提供一个默认的析构函数。

16.5 C++程序示例

假如有一间饮料店，售卖各种饮料。为了给顾客展示店里售卖的不同饮料的名称、单价及数量，请设计一个类 Yinliao。

```
#include <iostream>
#include <string>
using namespace std;
class Yinliao
{
    public:
    Yinliao(string n,float p,int t)
    {
        name=n;
```

```
            price=p;
            total=t;
        }
        Virtual  ~Yinliao();
        void PrintGoods();
        private:
        string name;
        float price;
        int total;
    };
    void Yinliao :: PrintGoods()
    {
        cout<<"饮料名称:"<<name<<"\n";
        cout<<"饮料单价:￥"<<price<<"\n";
        cout<<"饮料总数:"<<total<<"\n";
    }
    void main()
    {
        Yinliao Cocacoca("可口可乐",5.6,40);
        cout<<"******这是 Yinliao 的第 1 个对象******"<<"\n");
        Cocacoca.PrintGoods();
        Yinliao PepsiCola("百事可乐",6.3,50);
        cout<<"******这是 Yinliao 的第 2 个对象******"<<"\n");
        PepsiCola.PrintGoods();
    }
```

程序运行结果：

```
******这是 Yinliao 的第 1 个对象******
饮料名称: 可口可乐
饮料单价:￥5.6
饮料总数: 40
******这是 Yinliao 的第 2 个对象******
饮料名称: 百事可乐
饮料单价:￥6.3,
饮料总数: 50
```

本章小结

本章简要介绍了面向对象程序设计的基础——类和对象，通过将类中的成员设为私有和保护属性体现了面向对象的第一个重要特性—封装性。类与对象的关系是抽象和具体的关系，对象是类的实例。类的成员分为公有、私有和保护 3 种访问控制属性，在类内部可直接访问类的所有成员，在类外部只能通过对象访问类的公有成员。C++强调软件的可重用性，可重用性是通过“继承”这一机制来实现的。所谓的“继承”就是在一个已存在的类的基础上建立一个新的类。新建的类称为“派生类”或“子类”。派生类继承了基类的所有数据成员和成员函数，并增加新的成员。构造函数和析构函数是类的两种特殊的成员函数。

实训

1. 某饮料店开业，为了招揽顾客，需设计促销方案。店长设定每月的 9 日、19 日、29 日为 8 折促销日。闰年或非闰年，每年 8 折促销日活动的次数不同。请设计一个时间类 CDate，可以输出当前时间，进而判断本年度 8 折促销活动的次数。

2. 某饮料店是 24 小时营业的，为了统计饮料店每天不同时间段的营业情况，店长准备统计每小时售出的饮料情况，请设计一个类 CMytime。

附　　录

附录 A　常用 C 语言标准库函数

C 语言的为程序员提供了许多标准库函数，与这些库函数相关联的是系统所提供的标准头文件。这些头文件包含了标准库的函数原型、宏定义以及其他编程元素。使用库函数必须包含对应的头文件。

1. 诊断函数：<assert.h>

诊断函数见表 A-1。

表 A-1　诊断函数

函数原型	功　能	返回值
void assert(int expr);	如果 expr 为 0，打印出诊断信息，并终止程序	无

2. 字符函数：<ctype.h>

字符函数见表 A-2。

表 A-2　字符函数

函数原型	功　能	返回值
int isalnum(int c);	测试 c 是否是字母数字字符	是，返回真；否，返回假
int isalpha(int c);	测试 c 是否是字母字符	是，返回真；否，返回假
int iscntrl(int c);	测试 c 是否是控制字符	是，返回真；否，返回假
int isdigit(int c);	测试 c 是否是 10 个十进制数字之一	是，返回真；否，返回假
int isgraph(int c);	测试 c 是否是图形字符代码	是，返回真；否，返回假
int islower(int c);	测试 c 是否是 26 个小写字母之一	是，返回真；否，返回假
int isprint(int c);	测试 c 是否是可打印字符	是，返回真；否，返回假
int ispunct(int c);	测试 c 是否是标点符号代码	是，返回真；否，返回假
int isspace(int c);	测试 c 是否是空白符的代码	是，返回真；否，返回假
int isupper(int c);	测试 c 是否是 26 个大写字母之一	是，返回真；否，返回假
int isxdigit(int c);	测试 c 是否是 22 个十六进制数字之一	是，返回真；否，返回假
int tolower(int c);	将 c 转换为小写字母	若 c 为大写字母，返回相应得小写字母；否则，返回 c
int toupper(int c);	将 c 转换为大写字母	若 c 为小写字母，返回相应得大写字母；否则，返回 c

3. 本地化函数：<locale.h>

本地化函数见表 A-3。

表 A-3　本地化函数

函数原型	功　能	返回值
struct lconv * localeconv (void);	返回指向由系统提供的当前 lconv 结构的指针	lconv 结构指针
char *setlocale(int category, const char *locale);	设定本地环境	返回指向新 locale 指针，失败返回 NULL

4. 数学函数：<math.h>

数学函数见表 A-4。

表 A-4　数学函数

函数原型	功能	返回值
double acos(double x);	计算 $cos^{-1}(x)$的值	计算结果
double asin(double x);	计算 $sin^{-1}(x)$的值	计算结果
double atan (double x);	计算 $tan^{-1}(x)$ 的值	计算结果
double atan2(double x, double y);	计算 $tan^{-1}(x/y)$ 的值	计算结果
double ceil(double x);	求出不小于 x 的最小整数	该整数的双精度实数
double cos(double x);	计算 sin x 的值	计算结果
double cosh(double x);	计算 x 的双曲余弦 cosh(x)的值	计算结果
double exp(double x);	求 e^x 的值	计算结果
double fabs(double x);	求 x 的绝对值	计算结果
double floor(double x);	求出不大于 x 的最大整数	该整数的双精度实数
double fmod(double x, double y);	求整除 x/y 的余数	返回余数的双精度数
double frexp(double val, int * eptr);	把双精度数 val 分解为数字部分 x 和以 2 为底的指数 n，即 $val=x*2^n$，n 存放在 eptr 指向的变量中	返回数字部分 x，0.5≤x＜1
double ldexp(double x, int exp);	求 $x*2^{exp}$ 的值	计算结果
double log(double x);	求 $log_e x$，即 ln x	计算结果
double log10(double x);	求 $log_{10} x$	计算结果
double modf(double val, double * iptr);	把双精度数 val 分解为整数部分和小数部分，把整数部分存到 iptr 指向的单元	val 的小数部分
double pow (double x ,double y);	计算 x^y 的值	计算结果
double sin(double x);	计算 sin x 的值	计算结果
double sinh(double x);	计算 x 的双曲正弦函数 sinh(x)的值	计算结果
double sqrt(double x);	计算 x 的平方根	计算结果
double tan(double x);	计算 tan(x)的值	计算结果
double tanh(double x);	计算 x 的双曲正切函数 tanh(x)的值	计算结果

5. 非本地跳转函数：<setjmp.h>

非本地跳转函数见表 A-5。

表 A-5　非本地跳转函数

函数原型	功能	返回值
int setjmp(jmp_buf env);	在 env 中保存当前调用环境，供 longjmp()以后使用	若直接返回，则返回 0；若从 longjmp()返回，则返回其 value 参数
void longjmp(jmp_buf env, int value);	恢复由最近一次 setjmp()调用所保存的环境	无

6. 信号处理函数：<signal.h>

信号处理函数见表 A-6。

表 A-6　信号处理函数

函数原型	功能	返回值
void (*signal)(int sig, void (*func)(int))) (int);	把信号 sig 与信号处理函数 func()关联	若成功，返回 sig 的旧的 func()函数指针；否则，返回 SIG_ERR
int raise(int sig);	引发信号 sig	若成功，返回 0；否则，返回非 0

7. 输入/输出函数：<stdio.h>

输入/输出函数见表 A-7。

表 A-7 输入/输出函数

函数原型	功能	返回值
void clearer(FILE *fp);	清除 fp 所指的文件错误和文件结束标志	无
int fclose(FILE *fp);	关闭 fp 所指的文件，释放文件缓冲区	若出错，返回非 0；否则，返回 0
int feof(FILE *fp);	检查文件是否结束	若文件结束，返回非 0；否则，返回 0
int ferror(FILE *fp);	检查与 fp 相关联的文件的错误指示符是否已经被设置	是，返回非 0；否则，返回 0
int fflush(FILE *fp);	把输出缓冲区的内容写入文件	若成功，返回 0；否则，返回 EOF
int fgetc(FILE *fp);	从 fp 所指定的文件中取得下一个字符	返回所得到的字符。若读人出错，返回 EOF
int fgetpos(FILE *fp, fpos_t *pos);	把 fp 的文件位置指针保存在*pos 中	若成功，返回 0；否则，返回非 0
char *fgets(char *buf, int n, FILE *fp);	从 fp 指向的文件读取一个长度为(n–l)的字符串，存入起始地址为 buf 的空间	返回 buf，若遇文件结束或出错，返回 NULL
FILE *fopen(char *filename, char *mode);	以 mode 指定的方式打开名为 filename 的文件	若成功，返回文件指针；否则，返回 0
int fpintf(FILE *fp, const char *format, args, …);	把 args 的值以 format 指定的格式输出到 fp 所指定的文件中	实际输出的字符数
int fputc (char ch，FILE *fp）;	将字符 ch 输出到 fp 指向的文件中	输出的字符 ch。若出错，返回 EOF
int fputs(char *str, FILE *fp);	将 str 指向的字符串输出到 fp 所指定的文件	返回非负值，若出错返回 EOF
int fread(char *ptr, unsigned size, unsigned n, FILE *fp);	从 fp 所指定的文件中读取长度为 size 的 n 个数据项，存到 Ptr 所指向的内存区	返回所读的数据项个数，如遇文件结束或出错返回 0
FILE *freopen(const char *filename, const char *mode, FILE *fp);	关闭与 fp 关联的文件，打开文件 filename 并和 fp 相关联	若成功，返回 fp；否则，返回 NULL
Int fscanf(FILE *fp, const char * format, args, …);	从 fp 指定的文件中按 format 给定的格式将输入数据送到 args 所指向的内存单元	已输入的数据个数
int fseek(FILE *fp, long offset, int base);	将 fp 所指向的文件的位置指针移到以 base 所指出的位置为基准、以 offset 为位移量的位置	若成功，则返回 0
int fsetpos(FILE *fp,const fpos_t *pos);	将 fp 的文件位置指针设置为*pos	若成功，返回 0；否则，返回非 0
long ftell(FILE *fp);	返回 fp 所指向的文件中的读写位置	若出错，则返回–1
int fwrite(char *ptr, unsigned size, unsigned n, FILE *fp);	把 ptr 所指向的 n*size 个字节输出到 fp 所指向的文件中	写到文件中的数据项的个数
int getc(FILE *fp);	从 fp 所指向的文件中读入一个字符	返回所读字符，若文件结束或出错，则返回 EOF
int getchar();	从标准输入设备读取下一个字符	返回所读字符，若文件结束或出错，则返回 EOF
char *gets(char *str);	从标准输入设备读取一个字符串，并存储到 str 所指的空间中	若成功，返回 str；否则，返回 NULL
void perror(const char *s);	将字符串 s 输出到标准错误输出 stderr	无
int printf (char *format, args, …);	将列表 args 输出到标准输出设备	输出字符数。若出错，返回负数
int putc(int ch, FILE *fp);	把一个字符 ch 输出到 fp 所指的文件中	输出的字符 ch。若出错，返回 EOF
int putchar (char ch);	把字符 ch 输出到标准输出设备	输出的字符 ch。若出错，返回 EOF
int puts (char * str);	把 str 指向的字符串输出到标准输出设备，将'\ 0'转换为换行	返回非负数。若出错，返回 EOF
int remove(const char * filename);	删除 filename 所指定的文件	若成功，返回 0；否则，返回–1
int rename(const char * oldname, const char * newname);	把 oldname 文件改名为 newname	若成功，返回 0；否则，返回–1
void rewind(FILE *fp);	将 fp 指示的文件中的位置指针置于文件开头位置，并清除文件结束标志和错误标志	无

（续）

函数原型	功　能	返回值
int scanf(const char *format, args, …);	从标准输入设备按 format 指向的格式字符串规定的格式，输入数据给 args 所指向的单元	读入并赋给 args 的数据个数。遇文件结束返回 EOF
void setbuf(FILE *fp, char *buf);	如果 buf 不空，则调用 setvbuf(fp, buf, _IOFBF, BUFSIZ)；否则，调用 setvbuf(fp, NULL, _IONBF, BUFSIZ)	无
int setvbuf(FILE *fp, char *buf, int mode, size_t size);	根据 buf、mode 和 size 为文件设置缓冲区模式	若成功，则返回 0
int sprintf(char *s, const char * format,…);	根据 format 格式化正文，并存放在 s 中，以'\0'结束	返回格式化的字符数目
int sscanf(const char *s, const char *format, args, …);	在 s 中按 format 指向的格式字符串规定的格式，输入数据给 args 所指向的单元	读入并赋给 args 的数据个数。遇字符串结束返回 EOF
FILE *tempfile(void);	建立临时二进制文件	若成功，返回临时文件指针；否则，返回 NULL
char *tmpnam(char *s);	创建唯一文件名，如果 s 不空，则将临时文件名放入 s 所指空间	文件名指针
int ungetc(int c, FILE *fp);	将 c 退回到 fp 中	若成功，返回 c；否则，返回 EOF
int vfprintf(FILE *fp, const char *format, va_list ap);	根据 format 格式化正文，并将格式化的字符输出到 fp 中	返回输出的字节数
int vprintf(const char *format, va_list ap);	根据 format 格式化正文，并将格式化的字符输出到 stdout 中	返回输出的字节数
int vsprintf(const char *format, va_list ap);	根据 format 格式化正文，并将格式化的字符存放在 s 中	返回格式化的字符数目

8. 基本工具函数：<stdlib.h>

基本工具函数见表 A-8。

表 A-8　基本工具函数

函数原型	功　能	返回值
void abort(void) ;	异常终止程序	无
int abs(int i);	返回绝对值| i |	计算结果
int atexit(void(* func)(void));	注册由 func 描述的函数，作为终止函数	若成功，返回 0；否则，返回非 0
double atof(const char *s);	把 s 指向的字符串转换成双精度型	转换的结果
int atoi(const char *s);	把 s 指向的字符串转换成整型	转换的结果
long atol(const char *s);	把 s 指向的字符串转换成长整型	转换的结果
void *bsearch(const void *key, const void *base, size_t nelem, size_t size, int (* cmp)(const void *ck, const void *ces);	在一个元素值有序的数组中搜索与关键字 key 相匹配的第一个数组元素。数组有 nelem 个元素，每个元素 size 字节，base 为第一个元素的地址。调用 cmp 比较函数来进行关键字与数组中元素的比较	返回数组中与搜索关键字 key 相匹配的第一个数组元素的地址。否则，返回空指针
void *calloc(size_t nelem, size_t size) ;	分配 nelem*size 字节的内存并清 0	若成功，返回指向新分配块的指针；否则，返回空指针
div_t div(int numer, int denom);	用 denom 来整除 numer，返回商和余数	整除结果 div_t
void exit(int status);	调用由 atexit 注册的函数，并关闭所有文件，返回控制给目标环境	无
void free(void *ptr);	释放 ptr 指向的空间	无
char *getenv(const char *name);	查询一个与 name 相匹配的环境变量	若有，返回指向含有目标环境值的静态对象的指针；否则，返回空指针
long labs(long i);	计算 i 的绝对值	计算结果
ldiv_t ldiv(long numer, long denom);	用 denom 来整除 numer，返回商和余数	整除结果 ldiv_t

（续）

函数原型	功能	返回值
void *malloc(size_t size);	分配一个 size 大小的数据对象	若成功，返回该对象的地址；否则，返回空指针
void qsort(void *base, size_t nelem, size_t size, int (* cmp)(const void *e1, const void *e2));	对 base 指向的，有 nelem 个元素的，每个元素 size 字节的数组进行排序。调用 cmp 指向的比较函数进行对任意两个数组元素的比较	无
int rand(void);	产生一个随机数	产生的随机数
void *realloc(void *ptr, size_t size);	把 ptr 指向的内存大小修改为 size 个字节	若成功，返回新的基地址；否则，返回 NULL
void srand(unsigned int seed);	设置随机数生成函数的种子	无
double strtod(const char *s, char **endptr) ;	把字符串 s 转换为双精度数。如果 endptr 非空，strtod 将*endptr 置为指向转换停止的字符	转换结果
long strtol(const char *s, char **endptr, int base);	把字符串 s 转换为长整型数。如果 endptr 非空，strtol 将*endptr 置为指向转换停止的字符。base 为基数	转换结果
unsigned long strtoul(const char *s, char **endptr, int base);	把字符串 s 转换为无符号长整型数。如果 endptr 非空，strtoul 将*endptr 置为指向转换停止的字符。base 为基数	转换结果
int system(const char *s);	把 s 作为命令传递给命令解释器执行	命令的返回值

9．字符串函数：<string.h>

字符串函数见表 A-9。

表 A-9　字符串函数

函数原型	功能	返回值
void *memchr(const void *s, int c, size_t n);	在由 s 所指的块的头 n 个字节中搜索第一次出现的 c	若成功，它返回匹配元素的地址；否则，返回空指针
int memcmp (const void *s1, const void *s2, size_t n);	按字典顺序比较两个无符号字符型块 s1 和 s2 的大小	0（s1 与 s2 相同）；正数（s1 大于 s2）；负数（s1 小于 s2）
void *memcpy(void *s1, const void *s2, size_t n);	把 s2 指向的内存拷贝到 s1 指向的内存中	返回 s1
void *memove(void *s1, const void *s2, size_t n);	把 s2 指向的内存拷贝到 s1 所指向的内存	返回 s1
void *memset(void *s, int c, size_t n);	把 s 指向的内存块中的 n 个字节置为 c	返回 s
char *strcat(char *s1, const char *s2);	把字符串 s1 拷贝到字符串 s1 的后面	返回 s1
char *strchr(const char *s, int c);	在字符串 s 中查找第一次出现的(char)c	若成功，返回找到的元素的地址；否则，返回空指针
int strcmp(const char *s1, const char *s2);	按字典顺序对串 s1 和 s2 进行比较	0（s1 与 s2 相同）；正数（s1 大于 s2）；负数（s1 小于 s2）
int strcoll(const char *s1, const char *s2);	根据 setlocale 所设置的对照顺序来比较 s1 和 s2 指向的串	0（s1 与 s2 相同）；正数（s1 大于 s2）；负数（s1 小于 s2）
char *strcpy(char *s1, const char *s2);	把串 s2 的内容复制到 s1 中	返回 s1
size_t strcspn(const char *s1,const char *s2);	计算 s1 中完全由不包括 s2 中的字符所组成的第一个子字符串的最大长度	返回子字符串的长度
char *strerror(int errcode);	返回一个指向与错误码 errcode 相对应的错误信息字符串的指针	返回错误信息字符串指针
size_t strlen(const char *s);	计算字符串 s 不包含终结空字符的长度	返回 s 的长度
char *strncat(char *s1, const char *s2, size_t n);	将字符串 s2 中不多于 n 个字符添加到另一个串 s1 中	返回 s1

（续）

函数原型	功能	返回值
int strncmp(const char *s1, const char *s2, size_t n);	比较字符串 s1 和 s2 相对应的字符，直到相对应的字符不相同或者比较完 n 个字符	0（s1 与 s2 相同）；正数（s1 大于 s2）；负数（s1 小于 s2）
char *strncpy(chat *s1, const char *s2, size_t n);	从 s2 中复制 n 个字符到字符串 sl	返回 s1
char *strpbrk(const char *s1, const char *s2);	在 s1 中搜索与 s2 中的任一字符匹配的第一个字符	若成功，返回找到的字符地址；否则，返回 NULL
char *strrchr(const char *s, int c);	查找(char) c 在 s 中最后一次出现的位置	若成功，返回匹配字符的地址；否则，返回 NULL
size_t strspn(const char *s1, const char *s2);	计算 s1 中由 s2 中的字符组成的第一个最大子字符串的长度	最大子字符串长度
char *strstr(const char *s1, const char *s2);	查找 s2 在 s1 中首次出现的位置	若成功，返回 s1 中匹配字串的基地址；否则，返回 NULL
char *strtok(char *s1, const char *s2);	如果 s1 非空，扫描 s1 串；否则，扫描上次调用这个函数对存储的字符串。用 s2 种的字符作为标记分隔符	返回有标记分隔的串的指针
size_t strxfrm(char *s1, const char *s2, size_t n);	转换字符串 s2，存储在 s1 中，长度不超过 n	转换字符串的长度

10. 日期和时间函数：<time.h>

日期和时间函数见表 A-10。

表 A-10　日期和时间函数

函数原型	功能	返回值
char *asctime(const struct tm *tptr);	把 tptr 所指的时间转换为字符串	时间字符串的地址
clock_t clock(void);	返回函数被调用时程序使用的 CPU 时间	若 CPU 时钟不可用，返回–1
char *ctime(const time_t *tod);	把在*tod 中的日期和时间转换成当地时间的正文表达形式	时间转换串的地址
double difftime(timet_t1, time_t t0);	计算 t1–t0，以秒为单位计算	返回时间差
struct tm *gmtime(const time_t *tod);	把在*tod 中的日期时间转换成 GMT 时间	返回时间结构地址
struct tm *localtime(const time_t *tod);	把*tod 中的日期时间转变为结构类型	返回时间结构地址
time_t mktime(struct tm *tptr);	把存在*tptr 的值转换成日历形式	返回日历时间。若转换失败，返回–1
size_t strftime(char *s, size_t n, const char *format, const struct tm *tptr);	把*tptr 按照 format 格式生成格式化正文，存放在 s 指向的大小为 n 的数组中	返回格式化正文的长度
time_t time(time_t *tod);	返回当前日历时间，如果 tod 不是 NULL，返回值同时存储于*tod 中	返回当前的日历时间

附录 B　ASCII 字符集

表 B-1 给出了 ASCII 字符集。其中，字符码 0～31 以及 127 是不可打印的；字符码 32 打印一个空格；数字 0～9 的字符码是连续的，字母 A～Z 的字符码是连续的，字母 a～z 的字符码也是连续的；对应的大写字母和小写字母之差为 32。

表 B-1　ASCII 字符集

0～0x1F 0～037					0x20～0x3F 040～077		0x40～0x5F 0100～0137		0x60～0x7F 0140～0177	
十六进制	八进制	十进制	字符	名称	十进制	字符	十进制	字符	十进制	字符
0	0	0	^@	NUL	32	SP	64	@	96	`
1	1	1	^A	SOH	33	!	65	A	97	a
2	2	2	^B	STX	34	"	66	B	98	b
3	3	3	^C	ETX	35	#	67	C	99	c
4	4	4	^D	EOT	36	$	68	D	100	d
5	5	5	^E	ENQ	37	%	69	E	101	e
6	6	6	^F	ACK	38	&	70	F	102	f
7	7	7	^G	BEL,\a	39	'	71	G	103	g
8	010	8	^H	BS, \b	40	(	72	H	104	h
9	011	9	^I	TAB,\t	41	)	73	I	105	i
0x0A	012	10	^J	LF, \n	42	*	74	J	106	j
0x0B	013	11	^K	VT, \v	43	+	75	K	107	k
0x0C	014	12	^L	FF, \f	44	,	76	L	108	l
0x0D	015	13	^M	CR, \r	45	-	77	M	109	m
0x0E	016	14	^N	SO	46	.	78	N	110	n
0x0F	017	15	^O	SI	47	/	79	O	111	o
0x10	020	16	^P	DLE	48	0	80	P	112	p
0x11	021	17	^Q	DC1	49	1	81	Q	113	q
0x12	022	18	^R	DC2	50	2	82	R	114	r
0x13	023	19	^S	DC3	51	3	83	S	115	s
0x14	024	20	^T	DC4	52	4	84	T	116	t
0x15	025	21	^U	NAK	53	5	85	U	117	u
0x16	026	22	^V	SYN	54	6	86	V	118	v
0x17	027	23	^W	ETB	55	7	87	W	119	w
0x18	030	24	^X	CAN	56	8	88	X	120	x
0x19	031	25	^Y	EM	57	9	89	Y	121	y
0x1A	032	26	^Z	SUB	58	:	90	Z	122	z
0x1B	033	27	^[	ESC	59	;	91	[	123	{
0x1C	034	28	^\	FS	60	<	92	\	124	|
0x1D	035	29	^]	GS	61	=	93	]	125	}
0x1E	036	30	^^	RS	62	>	94	^	126	～
0x1F	037	31	^_	US	63	?	95	_	127	DEL

附录 C　运算符的优先级和结合性

表 C-1 按照优先级从高到低列出了 C 语言中的操作符及其结合性。

表 C-1　运算符的优先级和结合性

<table>
<tr><th>运　算　符</th><th>含　　义</th><th>类　　型</th><th>优　先　级</th><th>结　合　性</th></tr>
<tr><td>()</td><td>括号</td><td></td><td>16</td><td>从左向右</td></tr>
<tr><td>[]</td><td>下标</td><td>后缀</td><td>16</td><td>从左向右</td></tr>
<tr><td>.</td><td>直接选择成员</td><td>后缀</td><td>16</td><td>从左向右</td></tr>
<tr><td>-></td><td>间接选择成员</td><td>后缀</td><td>16</td><td>从左向右</td></tr>
<tr><td>++　—</td><td>自增、自减</td><td>后缀</td><td>16</td><td>从左向右</td></tr>
<tr><td>++　—</td><td>自增、自减</td><td>前缀</td><td>15</td><td>从右向左</td></tr>
<tr><td>sizeof</td><td>长度</td><td>单目</td><td>15</td><td>从右向左</td></tr>
<tr><td>~</td><td>按位取反</td><td>单目</td><td>15</td><td>从右向左</td></tr>
<tr><td>!</td><td>逻辑非</td><td>单目</td><td>15</td><td>从右向左</td></tr>
<tr><td>−　+</td><td>算数负、正</td><td>单目</td><td>15</td><td>从右向左</td></tr>
<tr><td>&</td><td>地址</td><td>单目</td><td>15</td><td>从右向左</td></tr>
<tr><td>*</td><td>间接访问</td><td>单目</td><td>15</td><td>从右向左</td></tr>
<tr><td>（类型）</td><td>类型转换</td><td>单目</td><td>14</td><td>从右向左</td></tr>
<tr><td>* / %</td><td>乘法、除法、取余</td><td>双目</td><td>13</td><td>从左向右</td></tr>
<tr><td>+　−</td><td>加法、减法</td><td>双目</td><td>12</td><td>从左向右</td></tr>
<tr><td><<　>></td><td>左移、右移</td><td>双目</td><td>11</td><td>从左向右</td></tr>
<tr><td><　<=　>　>=</td><td>关系运算</td><td>双目</td><td>10</td><td>从左向右</td></tr>
<tr><td>==　!=</td><td>相等、不等</td><td>双目</td><td>9</td><td>从左向右</td></tr>
<tr><td>&</td><td>按位与</td><td>双目</td><td>8</td><td>从左向右</td></tr>
<tr><td>^</td><td>按位异或</td><td>双目</td><td>7</td><td>从左向右</td></tr>
<tr><td>|</td><td>按位或</td><td>双目</td><td>6</td><td>从左向右</td></tr>
<tr><td>&&</td><td>逻辑与</td><td>双目</td><td>5</td><td>从左向右</td></tr>
<tr><td>||</td><td>逻辑或</td><td>双目</td><td>4</td><td>从左向右</td></tr>
<tr><td>?:</td><td>条件运算</td><td>三目</td><td>3</td><td>从右向左</td></tr>
<tr><td>=　+=　−=　*=　/=　%=
>　>=　<　<=　&=　^=　|=</td><td>赋值</td><td>双目</td><td>2</td><td>从右向左</td></tr>
<tr><td>,</td><td>逗号运算</td><td>双目</td><td>1</td><td>从左向右</td></tr>
</table>

参 考 文 献

[1] Herbert Schildt.ANSI C 标准详解[M]．王曦若，译．北京：学苑出版社，1994.

[2] 谭浩强．C 程序设计[M]．3 版．北京：清华大学出版社，2005.

[3] 严蔚敏．数据结构[M]．北京：清华大学出版社，2007.

[4] 周屹．数据库原理及开发应用[M]．2 版．北京：清华大学出版社，2013.

[5] Brian W Kernighan, Dennis M Ritchie. The C Programming Language[M]．NJ: Prentice Hall PTR, 2004.

[6] 彭忠良．从 MFC 到. NET 类库[M]．北京：机械工业出版社，2003.

[7] 教育部考试中心．全国计算机等级考试二级教程：C 语言程序设计[M]．北京：高等教育出版社，2006.